入門
実践する統計学

藪 友良
Yabu Tomoyoshi

東洋経済新報社

はじめに

　統計学は社会に出てからも非常に役に立つ学問です．IT技術の進歩は多様かつ膨大なデータの蓄積を可能としました．我々の行動はほぼ全て記録され，データ化される時代に突入しようとしています．統計学を実践できる人材が，企業ひいては社会から今まで以上に求められているのです．また，不確実な世界を理解するうえでも，統計学的視点は必要不可欠となっています．しかし，現状では，データを分析し，そこから有用な情報を引き出せる人材も，統計学的視点を身につけた人材も決定的に不足しています．

　統計学というと，難しい理系の学問というイメージを持つ人が多いようです．かくいう私も，大学生時代には統計学に苦手意識を持っていました．もっとも，縁あって経済学を専攻した私は，経済理論をデータから検証する必要性に直面しました．経済理論からは，金利を低下させたら国内需要が活性化し，国内総生産が増えることを導くことはできます．しかし，金利1％の低下によって国内総生産が何％増えるかは，統計学を利用しなければ明らかとはなりません．こうして（しぶしぶ）統計学の勉強を始めた私でしたが，その道のりは決して平坦なものではありませんでした．統計学の教科書は山ほどありましたが難しい公式が羅列されているばかりで，当時の私を大変悩ませました．「自分が学生のとき，こんな本があって欲しかった」．そういう思いから生まれたのが本書です．本書は，自分のような文系出身者にあっても統計学を深く理解でき，統計学を自由自在に操れるスキルを身につけ，さらには社会において統計学を実践できる人材となるための絶好の書であるといえます．

　本書の特徴は3つです．第1の特徴は，豊富な実用例です．これらの実用例は，経済学，経営学，保険，スポーツ，医療，教育，心理学など多岐にわたっています．初学者にとっては，統計学がどのように役に立つのかを知ることは，統計学を学ぶ意識を高めるだけでなく，統計学を実際に用いるうえでも有用な知識となります．これらの実用例を理解することで，単なる理論体系ではなく，

「生きた」知識として統計学を身につけることができます．

　第2の特徴は，高等学校初級年程度の数学で内容を理解できるようにしたことです．証明はできるだけ詳細に記述し，証明の理解が容易となるよう心がけました．証明は章末にまとめていますが，必ずしもこれらを読まなくても，各章の概要が把握できるようになっています．

　第3の特徴は，上級の専門書に進むための基礎を本書によって身につけられることです．統計学の入門書と上級書の間には大きな隔たりがありますが，本書はその橋渡しの役割を果たすことでしょう．

　本書の構成は以下のとおりです．1章では，統計学の概要を説明します．1章を読むことで，統計学の全体像が把握でき，その有用性が認識できるはずです．つづく基礎編（2〜8章）では統計学の基礎を，応用編（9〜12章）では回帰分析を中心に説明します．基礎編は統計学，応用編は計量経済学という個別の学問分野の学習のために用いることができる内容となっています．なお，付録Aでは本書を理解するうえで必要な数学の知識を，付録Bではエクセルの使い方を，付録Cでは実証分析の手引をまとめています．文献紹介では，本書を読み終えた後，どのように勉強を進めていったらよいかを紹介しています．また，練習問題の詳細な解答と理解をより深めるための追加資料は次のサポートウェブサイトからダウンロードできます．

　http://www.fbc.keio.ac.jp/~tyabu/tokei/

　本書の想定する読者は，大学生もしくは社会人であり，かつ真剣に統計学を勉強したいと考えている人です．お手軽に2時間ぐらい勉強して，統計学を理解した気になりたい人は残念ながら本書の対象ではありません．さらに，本書は文系出身者だけでなく，理系出身者にも有益な本となることでしょう．理系出身者にとっては理論の理解は容易かもしれませんが，その理論をどのように用いるかを知らなければ宝の持ち腐れです．本書を読むことで，理論の実用方法も深く理解できるはずです．

　本書は著者が慶應義塾大学，東京大学，筑波大学において担当した統計学と計量経済学の講義内容に基づいたものです．授業を履修してくれた学生たちから沢山の有益なコメントをいただきました．また，本書の作成に当たって，石川竜一郎，大久保正勝，大津敬介，大貫摩里，沖本竜義，郡司大志，齋藤雅士，

新谷元嗣，鈴木通雄，竹内明香，寺西勇生，長倉大輔，野田顕彦，畑瀬真理子，平田英明，宮﨑憲治，山崎哲靖，山本勲，山本慶子，山本竜市，藪健治の各氏から，多くの貴重なコメントをいただきました．兄である藪太一は，何度も未完成の原稿を読み，いつも率直な感想を教えてくれました．大関晃，小椋彩夏，杉山慎太郎，中原彩花，山下拓真の各氏からは，学部生の視点から難易度や疑問点を教えていただきました．東洋経済新報社の須永政男，高井史之，茅根恭子の各氏からは多くの貴重なコメントをいただきました．これまで学部，大学院時代を通じて，恩師である黒川和美，田村晶子，伊藤隆敏，渡辺努，ピエール・ペロンの各先生から多くを教えていただきました．伊藤隆敏先生からは，本書の構想段階において，データ分析で実際に直面する疑問に答える本を目指すようアドバイスをいただきました．これらの方々に厚く御礼を申し上げます．

最後に，いつもあたたかい励ましをしてくれる家族，とくに妻に心から感謝したいと思います．本書を通じ，統計学を好きになった，データ分析に興味がわいたという読者が一人でもいてくれたら，これに勝る喜びはありません．

藪　友良

サポートウェブサイトのご案内

サポートウェブサイトでは，練習問題の解答や追加資料などを提供しています．各自ダウンロードしてお使いください．

https://www.fbc.keio.ac.jp/~tyabu/tokei

目　次

はじめに

1章　統計学とは ── 1
  1.1　統計学の概要　1
  1.2　データ　3
  1.3　データの収集　5
    1.3.1　無作為抽出　5
    1.3.2　質問の仕方　8
  1.4　確率の計算　11
  1.5　仮説検定　14
  1.6　回帰分析　15
  1.7　統計学以外の視点　17
  練習問題　21

基礎編

2章　データの記述 ── 25
  2.1　図表の作成　25
    2.1.1　ゲーム結果をまとめよう　25
    2.1.2　代表的分布の形状　28
  2.2　標本特性値　29
    2.2.1　中心を表す標本特性値　29
      2.2.1.1　平　均　29

2.2.1.2 中央値 30
2.2.1.3 最頻値 32
2.2.1.4 中心を表す3つの特性値の使い方 32
2.2.1.5 加重平均 35
2.2.2 ばらつきを表す標本特性値 38
2.2.3 データの線形変換 40
2.2.3.1 入試の得点調整 41
2.2.3.2 線形変換のイメージ 43
2.3 範囲と割合の関係 45
補足：証明 49
練習問題 50

3章 相関 ——————————————— 53

3.1 図表の作成 53
3.1.1 散布図 53
3.1.2 さまざまな散布図 55
3.2 標本共分散と標本相関係数 58
3.2.1 標本共分散 58
3.2.2 標本相関係数 62
3.3 標本相関係数の注意点 65
3.3.1 相関と因果関係の違い 65
3.3.2 非線形関係 68
補足：証明 70
練習問題 71

4章 確率 ——————————————— 75

4.1 標本空間 75

4.1.1　概念の定義　75
　　4.1.2　ベン図　76
　4.2　確　率　77
　　4.2.1　先験的確率　78
　　4.2.2　経験的確率　79
　　4.2.3　主観的確率　83
　　4.2.4　確率の公理　84
　4.3　和事象の確率　87
　4.4　積事象の確率　90
　　4.4.1　条件付き確率　90
　　4.4.2　乗法定理　92
　　4.4.3　独　立　95
　4.5　ベイズの定理　98
　補足：証明　102
　練習問題　106

5章　確率変数と確率分布 —————————— 109

　5.1　確率変数と確率分布　109
　5.2　期待値　111
　　5.2.1　期待値の定義　111
　　5.2.2　線形変換した確率変数の期待値　114
　5.3　分散と標準偏差　114
　　5.3.1　分散と標準偏差の定義　116
　　5.3.2　線形変換した確率変数の分散　120
　5.4　複数の確率変数　123
　　5.4.1　同時確率　123

5.4.2　複数の確率変数の関数の期待値　125

　　5.4.3　共分散と相関係数　127

5.5　連続確率変数　134

補足：証明　135

練習問題　138

6章　主要な確率分布 ――――――――――――――― 141

6.1　離散確率分布　141

　　6.1.1　ベルヌーイ分布　141

　　6.1.2　二項分布　144

6.2　連続確率分布　146

　　6.2.1　正規分布　146

　　6.2.2　標準正規分布　149

　　6.2.3　正規分布の標準化　152

　　6.2.4　正規分布の性質　155

6.3　確率変数の和と平均の分布　156

　　6.3.1　和と平均の期待値と分散　156

　　6.3.2　中心極限定理　161

二項分布の正規近似　163

補足：証明　166

練習問題　168

7章　母数の推定 ――――――――――――――――― 171

7.1　推定の考え方　171

7.2　基本概念　172

　　7.2.1　無作為抽出されるデータの性質　172

　　7.2.2　推定量と推定値　176

7.2.3 推定量の優劣を判断する基準　177
7.3　点推定の統計的性質　179
7.3.1 母割合の推定　181
7.3.2 母平均の推定　182
7.4　区間推定　183
7.4.1 母割合の区間推定　183
7.4.2 母平均の区間推定　186
練習問題　190

8章　仮説検定 ─────────────── 193
8.1　仮説検定の手順　193
8.2　母平均と母割合の検定　194
8.2.1 新薬の効果を検証する　194
8.2.2 棄却域の決定　197
8.2.3 帰無仮説の採択の意味　201
8.2.4 仮説の設定方法　202
8.2.5 両側検定　205
8.3　差の検定　209
練習問題　217

応用編

9章　正規分布の派生分布 ─────────── 221
9.1　χ^2分布　221
9.1.1 χ^2分布とは　221
9.1.2 χ^2分布表　222
9.1.3 χ^2分布を用いた定理　224

9.1.4　標本分散の分布　225

9.1.5　母分散と母標準偏差の信頼区間　225

9.2　t 分布　228

9.2.1　t 分布とは　229

9.2.2　t 分布表　230

9.2.3　母平均の推定と検定　232

F 分布　235

補足：証明　241

練習問題　243

10章　回帰分析の基礎 ———— 245

10.1　回帰分析とは　245

10.2　回帰分析の起源　246

10.3　最小2乗法　249

10.4　決定係数　255

補足：証明　262

練習問題　264

11章　単回帰分析 ———— 265

11.1　確率的モデル　265

11.2　標準的仮定　266

11.3　最小2乗推定量の確率的性質　270

11.3.1　確率変数としての最小2乗推定量　270

11.3.2　不偏性　270

11.3.3　分散と一致性　271

11.3.4　σ^2 の推定　274

11.4 信頼区間と仮説検定　275
　11.4.1 最小2乗推定量の分布　275
　11.4.2 信頼区間　276
　11.4.3 t 検定　278
　11.4.4 p 値　280
11.5 決定係数についての考察　282
　11.5.1 決定係数はどれぐらいの値が必要か　282
　11.5.2 決定係数を基準に説明変数の選択をしていいのか　283
補足：証明　285
練習問題　289

12章　重回帰分析 ──────── 291

12.1 重回帰分析のすすめ　293
12.2 推定方法と自由度調整済み決定係数　293
　12.2.1 推定方法　293
　12.2.2 自由度調整済み決定係数　294
12.3 多重共線性　295
　12.3.1 多重共線性の問題　295
　12.3.2 多重共線性の定義　296
　12.3.3 弱い意味の多重共線性　297
12.4 ダミー変数　299
　12.4.1 一時的ダミー　299
　12.4.2 定数・係数ダミー　301
　12.4.3 季節ダミー　306
12.5 パネル分析　309
　12.5.1 パネルデータ　309

12.5.2　固定効果モデル　309
12.6　回帰分析で直面する問題　312
12.6.1　理論と整合的な説明変数を選ぶ　312
12.6.2　結果の見せ方　315
12.6.3　説明変数の重要性　315
最小2乗法について　317
練習問題　317

付　録

A　数学の復習　319
B　エクセルの使い方　331
C　実証分析の手引　341

文献紹介　347
付　表　349
索　引　355

コラム目次

1章
1-1 無作為抽出の難しさ　7
1-2 選択肢の設定で答えが変わる　10
1-3 偽陽性の実体験　13

2章
2-1 資産公開　31
2-2 貯蓄額はいくらか　33
2-3 所得格差と政府規模の関係　36
2-4 相対的年齢効果　42
2-5 投資信託の選び方　47

3章
3-1 変化率の幻想　59
3-2 割合から日本経済の全体像をつかむ　67

4章
4-1 大数の法則と死亡保険　81
4-2 人々は非論理的か　86
4-3 足利事件とDNA鑑定　89
4-4 大相撲に八百長は存在しているか　93
4-5 本物はどっち　96
4-6 マリリンに聞け　101

5章
5-1 宝くじっておトクなの　115
5-2 日本破綻の可能性　121
5-3 成功する分散投資と成功しない分散投資　133

6章

6-1 大相撲に八百長は存在するか　147

6-2 正規分布からいかさまを暴く　150

6-3 サブプライムローン問題　160

7章

7-1 労働力調査　173

7-2 内閣支持率のバイアス　180

7-3 野生生物の数の推定　187

8章

8-1 新薬の効果を測定する　196

8-2 間違った陰性反応　203

8-3 ベンフォードの法則　207

8-4 出口調査について　212

8-5 死の天使　216

9章

9-1 t分布の歴史　231

9-2 サマーズの辞任　239

10章

10-1 平均への回帰　248

10-2 ワインの価格を回帰分析で予測する　254

10-3 生産関数の歴史　261

12章

12-1 ブルース・ウィリス　292

12-2 消費者物価指数の季節性　307

12-3 ロージャック　313

1章 統計学とは

統計学という言葉を聞いたことがある方は多くても，統計学とは何かを答えられる方は少ないでしょう．一言でいえば，統計学とはデータを収集し，それを分析する学問です．統計学が対象としうる事象は多岐に及び，日常生活の中でも統計学を活用した事例は数多く存在しています．

たとえば，みなさんがテストを受けた場合を考えてください．学生は自分の得点しか知りませんが，当然ながら教員は学生全員の得点を把握しています．学生全員の得点はデータにほかなりません．このデータを使って平均や偏差値を計算し，教員は学生の理解度を把握することができます．資産運用にも統計学の知識は欠かせません．企業の決算書というデータを分析すれば，優良な投資対象を決定することができます．また，中央銀行である日本銀行が行う景気判断にも，統計学の知識は不可欠です．日本銀行の調査統計局という部署では，全国からデータを収集，分析し，景気判断および将来予測を行っています．

本章では，さまざまな事例を紹介しながら，統計学の全体像を説明します．これらの事例から統計学の有用性を認識できるはずです．全ての物事は多様な視点から分析することで，真実の姿を明らかにすることができます．統計学はその重要な一面を見せてくれる学問なのです．本章を読んで，これから勉強する統計学の概要を把握していくと同時に，統計学を勉強する必要性を感じとっていってください．

1.1 統計学の概要

統計学（statistics）の最も基本的な概念であるデータと母集団について説明します（図 1-1 参照）．**データ**（data）とは観測値の集まりのことであり，**標本**（sample）ともいわれます．また，データに含まれる観測値の数を**サンプルサイズ**（sample size）といいます．**母集団**（population）はデータの源泉で

図1-1 母集団とデータ：概念図

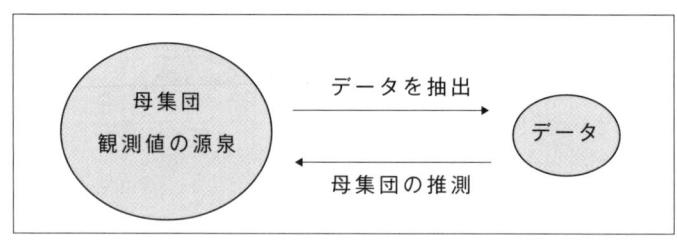

あり，より具体的には，データの抽出元である集団やデータを生成する構造自体を意味します．

統計学の関心は母集団そのものの性質を調べることです．しかし，母集団全てを調査することは，コストと時間の両面から困難です．そこで，母集団の一部であるデータを抽出し，母集団の性質を調査しようというのが統計学です．これは，大鍋に入ったスープの味を確認するために，小さじ1杯分だけを味見するのと同じことです．

たとえば，日本の内閣支持率を考えてみましょう．内閣支持率とは，有権者のうち内閣を支持している人々の割合です．母集団は有権者全員ですが，有権者は日本全国で約1億人もおり，当然ながら全数調査は困難です．そこで実際は1000人程度に聞取り調査をしています．統計学の表現を用いると，サンプルサイズは1000，データは聞取り調査の結果ということになります．

統計学は，記述統計と推測統計と呼ばれる2つの分野から構成されます．**記述統計**はデータを分かりやすくまとめることを目的とし，**推測統計**はデータから母集団の特性を推測することを目的としています．全数調査が可能であれば，データはまさに母集団そのものなので，その特性を直接知ることができます．しかし，多くの場合，全数調査は時間とコストの両面から困難であって，推測統計が必要となります．

母集団とデータの理解を，以下の2つの例を通じて確認しましょう．

例1（テレビの視聴率） テレビ局の収入源の多くは広告収入です．したがって，テレビ局にとっては，視聴率は広告主から広告料をとるうえで大事な交渉

材料となります．視聴率が高いほど広告効果も高いため，広告主である企業から高額の広告料を得ることができるからです．テレビ局は，視聴率つまり「全世帯のうち何％の世帯がある番組を見ているか」を調べています．実際には，ビデオリサーチ社が，テレビ局からの依頼で地域ごとの視聴率を調査しています．同社による関東地方の視聴率調査では，全世帯数1500万世帯のうち600世帯だけが調査対象とされています．つまり，母集団が1500万世帯で，サンプルサイズは600世帯です．600世帯のうち120世帯がある番組を見ていた場合，その視聴率は20％と推定されます．

視聴率は限られた情報から計算されており（データは母集団の0.004％），その推定には誤差が生じます．こうしたことから，上記のビデオリサーチ社は「本当の視聴率が10％なら，95％の確率でその誤差は2.4％の範囲に収まる」としています．このことは，本当の視聴率が10％であれば，95％の確率で視聴率は7.6〜12.4％の範囲に収まることを意味します（数字の根拠は7章で解説します）．

例2（サイコロ） 正6面体のサイコロを1000回振って，出た目を全て記録したとします．この場合のデータは，記録した結果を指します．他方，このときの母集団は，これまでの例のように何らかの集団があって，そこからデータを抽出したわけではないので，1，2，3，4，5，6の目が1/6の確率で生じるというデータの生成構造自体を指します．サイコロ投げは無限に繰返しが可能です．このような母集団をとくに**無限母集団**といいます．

1.2 データ

抽出された個々のデータには観測番号を付けます．そして，それぞれの番号に対応した変数Xの値を記録します．たとえば，無作為に選ばれた5人に身長を聞いたところ，その身長が172.9cm，180.3cm，142.1cm，120.2cm，172.3cmであれば，表1-1のようにまとめることができます．IDが観測番号で，変数Xが身長です．

身長のデータは，{172.9, 180.3, 142.1, 120.2, 172.3}です．より一般的

表 1-1　観測表

ID	X
1	172.9
2	180.3
3	142.1
4	120.2
5	172.3

な形で $\{x_1, x_2, x_3, x_4, x_5\}$ と表すこともあります．x_i は ID が i 番目の人の身長で，たとえば x_1 は ID が 1 番目の人ですから172.9となります．なお，統計学では，できるだけ一般的な表記を用いて，さまざまな法則が証明されます．表記が一般的であれば，その適用範囲も広がるからです．次章からは，一般的な表記を用いた説明を行いますが，慣れるようにしてください．

身長のように連続的な値をとりうる変数を**連続変数**，離散的な値だけをとりうる変数を**離散変数**といいます．通常の計測器で計測した身長は連続的な値はとりませんが，理論的には小数点が何桁も存在しますから，身長は連続変数であるといえます．これに対し，ある試合での勝ち負けを記録したデータは，勝ったら1，負けたら0をとる変数と考えられますから，離散変数であるといえます．内閣支持率の聞取り調査も，支持すると答えたら1，支持しないと答えたら0とすると，これも離散変数といえます．

データには，**時系列データ**（time-series data），**横断面データ**（cross-sectional data），**パネルデータ**（panel data）があります．時系列データは時間の経過とともに観測されるデータで[1]，横断面データとはある1時点において複数の対象を記録したデータです．また，同一対象を調査した横断面データが複数時点にまたがって利用できるとき，パネルデータと呼ばれます．図1-2を1974～2021年にわたる47都道府県の県内総生産の記録であると考えてください．たとえば，1974～2021年の東京都の県内総生産であれば時系列データ，1975年だけの47都道府県の県内総生産であれば横断面データ，データ全体はパネルデータとなります．

---

1) 時系列データは観察頻度によって，その呼び方は異なります．年単位で記録されたデータを**年次データ**，四半期単位を**四半期データ**，月単位を**月次データ**といったりします．

図1-2 データのかたち：概念図

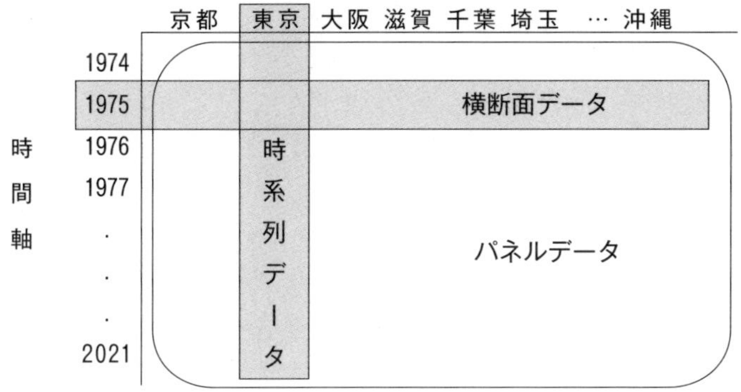

| | 京都 | 東京 | 大阪 | 滋賀 | 千葉 | 埼玉 | … | 沖縄 |

時間軸: 1974, 1975, 1976, 1977, ・, ・, ・, 2021

- 横断面データ（1975年の行）
- 時系列データ（東京の列）
- パネルデータ（全体）

(出所) 北村行伸「パネルデータ分析」(『ESP』2007年10月号) をもとに作図．

1.3 データの収集

1.3.1 無作為抽出

　データを抽出する際には，できるだけバイアスがない形で，母集団を代表するデータを取り出す必要があります．**バイアス**とは偏りのことで，この場合のバイアスとは，母集団を代表しないデータを取り出してしまうことを意味します．たとえば，大学生の意識調査をするため，友人にだけ聞取り調査をしたとします．「類は友を呼ぶ」というように，あなたの友人はあなたに似た人が多いかもしれません．たとえば，同性が多いかもしれませんし，性格も偏りがあるかもしれません．したがって，あなたの友人という調査対象は母集団である大学生を代表していない可能性があります．バイアスのあるデータの分析からは，バイアスのある結果が出てしまいます．

　バイアスの発生を回避する方法に**無作為抽出**（random sampling）があります．無作為抽出とは，母集団を構成するどの個体もデータとして選ばれる確率が同じになる抽出法です．大学生の意識調査の例でいえば，男性も女性も，まじめな人もそうでない人も，同じ確率で選ばれるような方法です．

　では，無作為抽出はどのようなものでしょうか．1つの方法は，各面に0か

ら9までの数字が書かれた10面体のサイコロを用いて行われるものです（エクセルを用いた無作為抽出の方法は付録B参照）．たとえば，1000人の学生から1人を無作為抽出するには，まず全員に000から999までの番号を付けます．番号の付け方はどのような順番でもかまいません．そして，10面体のサイコロを3回振ります．たとえば，サイコロの1番目が3，2番目が7，3番目が4であれば374番の学生，同様にして，サイコロの目が0，9，1の順であれば091番の学生，0，0，0の順であれば000番の学生を選ぶというものです．こうすれば，1人の学生が選ばれる確率は等しくなります．背が高いから選ばれやすいとか，低いから選ばれやすいなどのバイアスはありません．

　無作為抽出は理論的には簡単なものですが，現実には誤ったデータ抽出が頻繁に行われており，バイアスのあるデータが多数存在しています．以下で，そうした事例を紹介しましょう．

例1（米国大統領選）　1936年の米国大統領選において，『リテラシー・ダイジェスト』誌が勝利者を予想するため，電話や自動車の保有者などから選ばれた約237万人に聞取り調査を行いました．その結果，共和党候補ランドン氏が圧倒的な優勢とされましたが，実際の選挙では民主党候補ルーズベルト氏の勝利となりました．なぜ調査結果は誤ったのでしょうか．

　共和党は競争政策を重視し，富裕層からの支持が多いのに対し，民主党は弱者保護を重視し，貧困層からの支持が多い政党です．当時，電話や自動車は富裕層が保有するものであったため，電話や自動車の保有者への調査は富裕層に対する調査にほかならなかったのです．すなわち，共和党支持者に共和党を支持しているかを聞く調査に過ぎず，その結果がランドン氏の優勢と出るのは当たり前のことです[2]．

---

[2]　ギャラップ社は無作為抽出した約3000人に対する調査で，ルーズベルトの勝利を正しく予測しました．

コラム 1-1 　無作為抽出の難しさ

　内閣支持率の実際の調査では，どのように無作為抽出が行われているのでしょうか．調査を行う民間企業が，無作為抽出で選ばれた個人の連絡先を自由に知ることができればよいのですが，現実には個人情報保護法によってそうしたことは認められません．このため，民間企業は厳密な無作為抽出ではなく，できるだけ無作為抽出に近い形で調査を行っています．ここでは日本経済新聞社のRDD方式（random digit dialing）を紹介します．手順は以下のとおりです．

(1) 電話番号（固定電話と携帯電話）の集合から，約1万4000件の番号を無作為抽出する．

(2) 抽出された番号のうち，現在使われていない番号，会社の番号を除去する．この結果，経験的に約2000件の世帯・個人の番号が得られる．オペレーターは，約900件程度の協力を目標として電話をする．

(3) 固定電話の場合，まず各世帯の有権者の人数を確認する．そして，有権者の人数以下の乱数を発生させ，年齢が上から○番目（乱数）の有権者に答えてもらう．たとえば，人数が3人であれば，1，2，3のどれかをとる乱数を発生させる．回答者が不在であれば，帰宅時間を聞いて，再度，連絡をする．いったん決まった回答者は変更できない．

(4) 携帯電話の場合，電話に出た人が運転中など安全面の問題を確認した後，問題がなければ質問に答えてもらう．

　RDD方式は，無作為抽出として優れた調査方法に見えますが，問題点もあります．まず，2000件中900件程度の協力を目標としていますが，調査に非協力的な人々（およそ1100件）すなわち無回答はデータから除外されます[3]．次に，回答が不明瞭であった場合，「お気持ちに近いのはどちらですか」と「重ね聞き」する可能性です．重ね聞きは，支持・不支持ともに値が高くなる効果があります．ここで問題は，新聞社によって重ね聞きの有無が異なる点です（2020年時点：日経新聞，読売新聞，産経新聞は重ね聞きあり）．最後に，自分が購読している新聞社であれば，調査に協力する傾向があるかもしれません．日本経済新聞社の調査では『日本経済新聞』の購読者が多く含まれ，『日本経済新聞』の考え方に同調している人々が多いと思われます．新聞社によって読者層は異なり，

データに偏りが生まれてしまいます．たとえば，民主党の鳩山内閣発足時（調査期間：2009年9月16～17日）の支持率は，『毎日新聞』77％，『日本経済新聞』75％，『読売新聞』75％，『朝日新聞』71％，『産経新聞』69％となっており，最大でおよそ8％もの差がありました．

どれほど良い調査機関でも，完全な無作為抽出はできませんが，実際の調査では，できるだけ完全な無作為抽出に近づけることが求められているのです．

例2（ビギナーズラック） ビギナーズラックとは，「賭事などで，初心者が往々にして好結果を収めること」ですが，それは存在するでしょうか．実際に，ギャンブル好きな人に同じ質問をすると，「初めてのギャンブルで勝った」と答える傾向があるようです．これは，ビギナーズラックの存在を示唆するものでしょうか．

そこで，初めてギャンブルをして勝ったらギャンブルを続ける傾向があり，負けるとギャンブルをやめる傾向があると仮定します．筆者は，大学生のとき初めてのパチンコで，瞬時に5000円を失った経験があります．大金を失ったショックから，以降パチンコはやめました．このような経験を持っているのは，筆者だけではないようなので，上記の仮定は現実味を帯びてきます．この仮定が正しければ，ギャンブルを続けている人々だけを対象に調査を行えば，ビギナーズラックがあったと答えるのは当然の結果となります．ビギナーズラックの存在を検証するためには，ギャンブルをやり続けた人々だけでなく，やめた人々も調査しない限り，正しい答えは得られないということです．

1.3.2 質問の仕方

テレビの視聴率や内閣支持率の調査は**社会調査**（social research）と呼ばれます．社会調査とは，人々の意識や行動などの実態をとらえるための調査ですが，実施するうえで，無作為抽出のほかにも注意すべきことがあります．以下

---

3) 有効回答率とは，調査対象人数のうち有効な回答が得られた割合です．有効回答率が高いほど，調査の信頼性は高いといえます．この場合，有効回答率は45％（＝900/2000）で，回答率は低いとはいえませんが，データが母集団を代表していない可能性があります．

では，とくに3つの注意点を述べます．

第1に，面接員の誘導的な質問は回答に影響を与えます．郵政民営化に賛成か反対かを調査するとき，面接員が「市場原理主義によって格差が拡大しています．あなたは郵政民営化に賛成ですか」と聞いたとします．原理主義や格差という言葉は悪い意味で使うことが多いものです．質問の中に「民営化は悪い」というメッセージが暗に含まれており，回答者は民営化に賛成と言い難い状況に置かれることとなります．

第2に，質問の設定の仕方によって回答が変わる場合があります．コラム1-2では，雑誌販売において選択肢の設定が重要であることを説明しています．

第3に，答えにくい質問を聞かれた場合には，回答者は嘘をつく可能性があります．たとえば，先生（もしくは上司）が「未成年のとき飲酒したことがありますか」，「男女差別は許容されますか」とあなたに質問した場合，たとえ「はい」という答えを持っていたとしても，違法性や反道徳性を気にして，率直に「はい」と答えることは難しいと思われます．このような質問に対して正直に答えてもらうための方法に，回答のランダム化があります．

例1（回答のランダム化） ここでは「未成年のとき飲酒したことがありますか」という質問に正直に答えてもらうため以下の方法をとります（参考文献[8]参照）．まず，回答者は質問者に見えないようにサイコロを振り，そして，6の目が出たらどのような質問に対しても「はい」と答え，1〜5の目が出たら「未成年のとき飲酒したことがありますか」という質問に答えてもらいます．つまり，回答者が「はい」と答えても，質問者にとっては本当の「はい」なのか，6の目が出たことによる「はい」なのかが分からないため，回答者は正直に回答しやすくなります．こうした回答のランダム化を実施しても嘘をつく人はいるでしょう．しかし，回答のランダム化によって嘘をつく動機は大きく低下し，通常の調査に比べて本当の答えが得られる可能性が高くなります．たとえば，1200人の聞取り調査で，700人が「はい」と答えたとします．1200人の1/6である200人は6の目が出たから「はい」と答えており，意味がある回答はそもそも1000人だけです．また，意味がある「はい」は700−200＝500人だけです．したがって，意味がある「はい」の割合は500/1000，つまり50％の人

コラム1-2　選択肢の設定で答えが変わる

　聞取り調査の際，選択肢の設定の仕方によって回答が変わる場合があり，注意が必要です．ダン・アリエリー『予想どおりに不合理』（早川書房，2008年）には，ある雑誌の購読料金の設定が例にあげられています．
　この雑誌社では，ある雑誌の購読料について次の料金設定をしています（数値は原書と異なります）．

　　　　① ネットでの雑誌閲覧　　　　5000円
　　　　② 雑誌の購読　　　　　　　　1万円
　　　　③ 雑誌の購読＋ネットでの閲覧　1万円

これらの選択肢が与えられると，③を選ぶ人が最も多くなるようです．②と③は同じ値段ですが，③はネットでも雑誌閲覧ができますから②を選ぶ人はいません．では，なぜ雑誌社は意味のない選択肢②を設けているのでしょうか．試しに意味のない選択肢②を取り除いてみましょう．

　　　　① ネットでの雑誌閲覧　　　　5000円
　　　　③ 雑誌の購読＋ネットでの閲覧　1万円

こうすると③を選ぶ人が減って，①を選ぶ人が増えてしまいます．①，②，③の選択では③が一番ですが，①と③の選択では①が一番となる人が存在するのです．つまり，雑誌社は③を選ばせるために，②という一見すると無意味な選択肢を加えているのです．
　なぜ人々は選択肢が変わると行動を変えるのでしょうか．アリエリーは，人々には相対性を意識した選択を行う性質があると説明しています．人々は比較できるものは意識しますが，比較できないものは無視する傾向があります．たとえば，あなたが友人を合コンに連れていくとき，どのような友人を連れていけば，自分の人気が上がるかを考えてみましょう．自分と違ったタイプを連れていっても，自分との比較はできませんから，自分を良く見せることもありません．相手に良い印象を与えるためには，自分と比較可能な人で劣っている人，つまり，自分とタイプは似ているが劣っている人が望ましいといえます．

が飲酒経験ありと推察されます．

　社会調査を行う際は，質問の内容や仕方によって結果が大きく左右される点に留意する必要があります．質問内容によっては，回答者が本当のことを答えないので，データの取り方（つまり質問の仕方）を工夫し，できるだけ回答者が本当のことを話してくれるような環境を作る必要があるのです．
　社会調査は，我々の意識や行動の実態をとらえる重要な調査です．しかし，世の中の調査には，データ収集の基本を踏まえないで行われたものが数多く存在しています．谷岡一郎氏は，社会調査の現状について次のように述べています．
　「世の中に蔓延している社会調査の過半数はゴミである．始末の悪いことに，このゴミは参考にされたり引用されることで，新たなゴミを生み出している．では，なぜこのようなゴミが作られるのか．それは，この国では社会調査についてのきちんとした方法論が認識されていないからだ．いい加減なデータが大手を振ってまかり通る日本—デタラメ社会—を脱却するために，我々は今こそゴミを見分ける目を養い，ゴミを作らないための方法論を学ぶ必要がある」（谷岡一郎『「社会調査」のウソ—リサーチ・リテラシーのすすめ』文藝春秋，2000年）．
　新聞やテレビで流されている情報をそのまま鵜呑みにするのではなく，それが意味のある情報かを判断する目を養う必要があります．ぜひ本書を通じて，情報の真偽を判断する統計学的視点を養ってもらえたらと思います．

1.4　確率の計算

　米国の政治家であり，物理学者でもあったB・フランクリンは，「死と税金のほかには，確実なものはなにもない」と語っています．世の中の多くは不確実であり，その事実を無視するのではなく，不確実性を確率的に把握して上手に対応することは，人生を賢く生きていくうえで欠かせません．
　簡単な確率の計算は正確に行うことができますが，少し複雑な確率の計算となるとそうはいきません．通常は頼りになる直観も，なぜか確率に関してはう

まく働かないことが多いのです．以下で，我々の直観がいかに頼りにならないかが明らかになる2つの事例を紹介します．これらの事例を読めば，確率を勉強して正しく確率の計算ができるようになることの重要性が理解できるはずです．

例1（HIV 検査の偽陽性問題） HIV 検査は，HIV ウイルスへの感染の有無を調べる検査です．反応は，陽性 ＋ か陰性 − の2つで，陽性なら HIV 感染の「疑いあり」，陰性なら「疑いなし」です．検査は完璧ではなく，感染者なら100％の確率で陽性反応が出ますが，非感染者でも検査に反応する抗体を持っている可能性があり，1％の確率で陽性反応を示すとします．そこで，全人口の0.1％だけが感染者であると仮定した場合に，陽性の検査結果が出たとき，その人が HIV に感染している確率はどのくらいでしょうか．

多くの人は，感染者なら100％の確率で陽性反応が出るため，陽性反応が出たら高い確率で HIV に感染していると考えがちです．しかし，「感染者が検査をして陽性反応が出る確率」と「陽性反応が出たときに，その人が感染している確率」は違います．結論からいうと，陽性反応の出た人が HIV に感染している確率は，わずか9％にしか過ぎません．なぜ答えが9％となるかを説明しましょう（図1-3参照）．全人口を1000人とします．このとき，1人（全人口の0.1％）が感染者，残りの999人が非感染者です．感染者は100％の確率で陽性反応が出ますから，この1名の感染者は必ず陽性と診断されます．非感染者であっても1％の人は陽性として診断されることから，999×0.01から約10人が陽性，残りの約989人は陰性と診断されます．以上より，陽性と診断されるのは10＋1＝11人ですが，実際に感染者は1人に過ぎません．したがって，陽

図1-3　HIV の検査結果

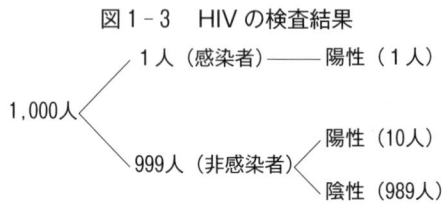

> ### コラム 1-3 偽陽性の実体験
>
> 『読売新聞』のある記事を紹介します．これを読めば，物事を確率的に正しく判断する重要性が理解できると思います．
>
> 「神奈川県内の主婦 B 子さん（21）は昨年 2 月，妊娠 4 カ月の時，産婦人科で HIV 検査の結果を陽性と告げられた．考えもしなかった病名を突然告げられ，おなかの赤ちゃんと私，それに夫はどうなるのかと混乱し，涙が出た．会計を待つ待合室でも，車を運転しながら帰る途中も，泣き続けた．通常，HIV 検査はスクリーニング検査と確認検査の 2 段階で行われる．スクリーニング検査は，あくまでもふるいわけのための安価で簡易な検査．そこで陽性と出ても，その後，より精密な確認検査で陰性と判明する偽陽性である場合が少なくない．特に妊婦の場合は，社会全体よりも陽性者の割合が低いため，スクリーニング検査で陽性とされる人の 9 割以上が偽陽性だという．B 子さんの場合も，偽陽性だったことが後で分かった．スクリーニング検査の結果が陽性だった場合，偽陽性の可能性を十分に説明することが重要だ．ところが，医師が説明なしに陽性と伝えてしまうと，妊婦が『自分は感染している』と思い込み，パニックに陥ってしまうケースがある．エイズ予防財団の矢永由里子さんは，『偽陽性の妊婦が，陰性と判明するまでの間に受ける心の傷については，これまで顧みられてこなかった．しかし，一時的とはいえ陽性と言われることで，夫婦間にひびが入る例もあり，取り返しがつかないことになる』と指摘する」（『読売新聞』2007 年 5 月16 日付）．

性結果を受け感染している確率は 9 ％（＝1/11）となります．換言すれば，陽性と診断されても，本当は感染していない偽陽性の確率が 91％もあるのです（ベイズの定理を用いた厳密な計算方法は 4 章参照）．

　健康診断で精密検査の必要ありと診断されたが，精密検査を受けたら何も問題がなかった，という経験がある人も多いでしょう．HIV 検査に限らず，簡易検査で陽性反応であっても精密検査では陰性ということは，以上のような確率の計算からすれば自然なことであるといえます．

例2（一人っ子政策） 中国には，人口を管理する目的から子どもの出産は1人までという制度があります．しかし，両親の面倒をみるのは男子であるという考えから，女子が生まれたときは戸籍に残さず，男子が生まれるまで子を産み続けるという事象が生じ，問題となっています．そこで，中国にいる子どもの男女比を考えてみましょう．単純化のため，全ての夫婦が男子を産むまで子どもを産み続けるとします．たとえば，一番目が男子ならば子作りをやめます．一番目が女子なら男子を産むことを諦めず，もうひとり子どもを産みます．もし二番目が男子なら終わりで，二番目も女子なら三番目の子を産みます．男子が生まれるまで子どもを産み続けるならば，男子の比率が高くなると考えられます．これは本当でしょうか．

実は，このような行動がとられても男女比は同じままです．何番目の子どもを産むかに関係なく，常に，男子は50%の確率で生まれます．これこそが，男女比がちょうど50%となる理由です．もちろん，どのような夫婦も男子が生まれたら出産をやめるため，全ての夫婦に男子は1人だけです．しかし，どの夫婦についても女子は0人以上います．0人かもしれませんし5人かもしれません．あるいはもっと多い可能性もあります．このため，一人っ子政策は，ある家族における女子の人数にばらつきを与えますが，全体の男女比には影響を与えません[4]．

1.5 仮説検定

仮説検定 (hypothesis testing) とは，仮説がデータと整合的かどうかを検証する方法です．統計学の用語では，検証したい仮説を帰無仮説 (null hypothesis) といい，帰無仮説が誤っていたときの受け皿としての仮説を対立仮説 (alternative hypothesis) といいます．仮説検定では，これらの仮説を設定したうえで，どちらの仮説がデータと整合的であるかを判断します．

---

[4] 男子の出生確率を0.5としましたが，実際には男子の出生確率はこれより少し高く，世界的には約0.51，中国では約0.54となっています．中国の男子の出生確率が高い理由としては，何らかの産み分けをしている可能性も考えられます．

ある会社での社内恋愛を考えてみましょう．若手社員の太郎君は，社内に気になる女性がいます．ところが，太郎君は，彼女がある社内の男性と恋愛中との噂を聞きました．その真偽を確かめるため，太郎君は仮説検定を行うことにしました．帰無仮説を「2人の間に恋愛関係がない」，対立仮説を「2人の間に恋愛関係がある」とします．これらの仮説を検証するため，太郎君は，2人が有給休暇を取っているタイミングがどれだけ一致していたか，を調べました．その結果，2人の有給休暇のタイミングは完全に一致していました．これは偶然と考えるには不自然です．年末年始，お盆休みなどで休みが偶然重なることはありえます．しかし，有給休暇の取得日が完全に一致していたのを，偶然と考えるのは無理がありそうです．この結果から，太郎君は「2人の間に恋愛関係がある」と判断し，太郎君の片思いは終わりを迎えました．

太郎君の悲しい恋の結末はともかく，これを統計学的にいい表すと，太郎君は帰無仮説（2人の間に恋愛関係なし）を棄却して，対立仮説（2人の間に恋愛関係あり）が正しいと判断したということです．さらに厳密にいうと，太郎君は，帰無仮説が正しいとき，休みが一致する確率は低いにもかかわらず，2人の休みが一致していたので，そもそも帰無仮説が誤っていると考えたのです．少し難しい表現かもしれませんが，仮説検定は何も統計学に独自の考え方ではなく，生活の中で自然に行っている考え方なのです．

1.6 回帰分析

経済学などを理解すれば，さまざまな変数間の関係を推察できます．たとえば，金利が上がれば，企業にとっては借入れコストが上昇するため，設備投資が減少します．また家計は預金から得られる収入が増加するため，消費を減らし貯蓄を増やすでしょう．このように，金利の上昇は国内需要（投資や消費など）の減少をもたらし，国内総生産（GDP）を低下させます．これは経済理論から分かります．しかし，経済理論から分かることは方向性（増える，減るなど）となります．これに対して，金利の上げ下げを行う日本銀行が知りたいのは，金利1％の上昇がGDPを何％減らすかといった具体的な政策効果です．このような具体的な数値を知る1つの方法が，変数間の関係を数量的に測る方

法である**回帰分析**です．以下では，銀行などの融資業務で用いられている回帰分析の例として，クレジットスコアを紹介します．

例1（クレジットスコア） クレジットスコア（以下スコア）とは3桁の数値で表される個人の支払い能力を測る尺度で，いわば信用度の偏差値のようなものです．たとえば，回帰分析を用いて，借り手が今後2年間で債務不履行に陥る確率を推定します．債務不履行確率が低ければスコアは高くなり，逆に高ければスコアは低くなります．スコアの高さは信用度の高さを意味し，数値が高いほど融資が受けやすくなります．スコアを用いた融資手法は米国で1960年代に利用され始め，同国における利用件数は2000年には年間100億件以上までに至っています（米国の状況は，参考文献[5]参照．日本でも1998年より利用が開始）．

クレジットスコアでは，たとえば，勤続年数，職業，借家か持ち家か，信用照会された回数，預金残高，過去の支払い滞納歴などが，債務不履行の確率に影響を与える変数として考慮されます．勤続年数が長かったり，公務員だったり，持ち家だったり，預金残高が多かったりすると，統計的に債務不履行の確率が低くなることが分かっており，その結果，スコアは高くなります．逆に，過去に支払いを滞納した記録があると債務不履行の確率が高くなることが分かっているので，スコアは低くなります．また，金融機関からの信用照会の回数が多いと，多額の資金を必要としていると判断され，スコアは低くなります．スコアは，これら変数の情報をパソコンに入力するだけで容易に求めることができます．

先ほどの太郎君は独身ですが，マンションを購入することにしました．太郎君は住宅ローンを組むため，ある銀行に融資審査を受けにいきました．この銀行では700点を選抜ラインと決めていたとします．融資担当者が，太郎君の情報（勤続年数＝2年，借家か持ち家か＝借家，居住年数＝5年，信用照会＝1件，過去の支払い滞納歴＝なし，など）をパソコンに入力すると，スコアは720点と算出されました．太郎君のスコアは700点を超えていますから，融資担当者は太郎君への融資を決定しました．

個人向けの小口融資審査でも，従来は熟練の融資担当者が必要でした．しか

し，クレジットスコアを使えば複数案件を簡単に処理できるようになります．なお，一般的には，融資額の低い案件ではクレジットスコアが活用され，融資額の高い案件は熟練の担当者がより多くの指標を用いて総合的判断をしていることが多いといわれています．

1.7 統計学以外の視点

社会をより深く理解するうえで，統計学の知識がいかに重要であるかを説明してきました．しかし，統計学から重要な視点を得ることはできますが，それはあくまで1つの視点に過ぎません．バランスの良い正しい判断を行うには，統計学以外のさまざまな分野の知識が不可欠です．以下で，統計学の知識のみに基づいた判断の危険性を，3つの事例を通じて確認しましょう．

例1（黒人への差別）「タクシーに乗車した黒人による犯罪率は高い」とされることがあります．「犯罪率が高い」という情報を真に受ければ，黒人はタクシー強盗を行う可能性が高いという印象を受けます．しかし，黒人を取り巻く環境を考慮すると，この情報は異なる意味を持っていることが分かります．かつては黒人に対して差別や悪印象が残っていました．黒人が手を挙げてタクシーをつかまえようとしても，車はすぐには止まらないことが多々ありました．これでは，多くの黒人はタクシーを利用しなくなると考えられます．それでもタクシーを利用するのは，乗車により大きな利益を得られる人々，つまり，最初から犯罪を行うことを考えている人々かもしれません．このように考えると，そもそもタクシーに乗車する黒人の数が少ないうえ，乗車する者は犯罪を行うことを企てている可能性が高いことから，タクシーに乗車する黒人の犯罪率は高くなります．黒人への差別が，タクシーに乗車した黒人による犯罪率を高めている可能性があるのです．

例2（ホットハンド） スポーツの世界では，ある選手が連続的に成功する（調子がとても良い）時期を，その選手はホットハンドにあるといわれます．この現象の真偽を確かめるために，バスケットボールの試合結果を調査した研

究があります[5]．プロ選手の全シュート結果を調べ，シュートが決まったあと，次のシュートが決まる確率を調べたのです．もしホットハンドが本当に存在するならば，いったんシュートが決まった後のシュート成功率は上昇するはずです．しかし，この調査では，その成功率は低下するという予想に反した結果が得られました．

なぜホットハンドという現象が存在すると人々は信じてしまうのでしょうか．その理由として，小数の法則が指摘されています．**小数の法則**（law of small numbers）とは，人々が少ない情報から一般法則を誤って見出してしまうことをいいます．たとえば，150回コインを投げて，表が出たら1，裏が出たら0と記録しましょう．筆者が行ったコイン投げの結果は以下のとおりです．

```
111100001011000001110010000111
011001000000111101001001111101
100011000010000010101100010101
010110111110011000101011100010
001011110100111001111001110110
```

コイン投げですから，もちろん表と裏は**ランダム**に生じています．しかし，人々にはランダムがランダムに見えず，表と裏が連続して起こる傾向を勝手に見出してしまいます．たとえば，最初の4回は連続して表で，その後4回連続して裏が出ており，ランダムには見えません．このとき，人々はこの結果に勝手に意味を見出してしまうのです．ここで1をシュートの成功，0を失敗と考えてください．こう考えると，かりにシュートの成功や失敗がランダムでも，人々はホットハンドのような現象があると信じてしまうのも理解できます[6]．

---

5) この研究に興味のある方は，T・ギロビッチ『人間この信じやすきもの——迷信・誤信はどうして生まれるか』（新曜社，1993年）を参照してください．

6) アップル社は音楽プレーヤー iPod のランダム・シャッフリングの方法において同様の問題に直面しました．すなわち，ランダムネスはときどき繰り返しを生み出すものであるため，同じ歌が繰り返し演奏されるのを聞いた iPod ユーザーからシャッフルがランダムではないとのクレームがあったのです．このため，アップル社の創業者スティーブ・ジョブズは「もっとランダムな感じにするために少しランダムではなくした」と述べています（参考文献[3]参照）．

これとは逆の見方もあります．つまり，データからホットハンドが支持されなかったとしても，その存在が否定できない可能性があるのです．たとえば，もし調子の良い選手がいたら，相手チームのマークは厳しくなるでしょう．このため，ある選手がホットハンドの状態になっても，相手チームのマークが厳しく，シュート成功率は下がる可能性があります．どちらの見方が正しいのかは分かりませんが，数字の裏で何が起こっているかを，バランスよく判断する必要がありそうです．

例3（検挙率低下の理由） 警察は，被害届や事件の通報を受け犯罪発生を認知します．認知件数とは，こうした犯罪の認知数をカウントしたものです．捜査の結果，容疑者を特定し事件を「解決」することを検挙したといいます．検挙率とは，認知件数のうち検挙された割合のことで，検挙率が高いほど捜査能力が高いと見なされます．図1-4は，1990～2010年の認知件数と検挙率を表したものです．横軸が時間軸（年）であり，左の縦軸が認知件数，右の縦軸が検挙率を表します．1999年から認知件数が急増し検挙率は急低下しています．つまり，被害届や通報数は増えていますが，事件の解決が追いついていません．この結果は，捜査能力の低下や犯罪の凶悪化を意味するのでしょうか．

もちろん，その可能性は否定できませんが，それ以外の可能性もあります．別の1つの可能性を示すのが，1999年に起こった「桶川ストーカー事件」です．同事件は，ストーカー被害を警察に相談したのに取り合ってもらえなかった女子大生がストーカーにより殺害されたというものです．谷岡一郎『データはウソをつく―科学的な社会調査の方法』（筑摩書房，2007年）の中で，次のように述べられています．「このあとマスコミを始め，世間が警察を批判したのは当然で，新しく就任した警察庁長官は，ある決断をしたのでした．その決断とは，各地方の責任者を集め，今後は直接の被害が現出していない些細なケースでも，人々の相談にのり，捜査をスタートさせるという方針でした……相談件数が増えますと書類上の認知件数も増える．しかも，その増加分は，具体的被害がないがゆえに犯人がわからないケースが多く，当然のように解決（検挙）にいたることはできません」．つまり，谷岡氏によれば，認知件数が増え，検挙率が下がったのは，捜査能力の低下でも凶悪犯罪の増加でもなく，警察が以

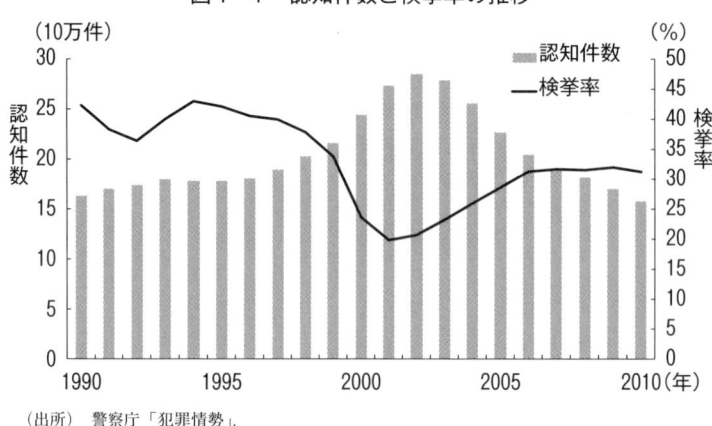

図 1-4 認知件数と検挙率の推移

(出所) 警察庁「犯罪情勢」．

前よりも被害者の声に耳を傾けるようになったからだ，ということです．

　ところで，もう一度，図 1-4 を見てください．2002年頃から認知件数が下がり，検挙率が上がり始めています．このことは，日本が安全になったことを示しているのでしょうか．先と同じ理由から，日本が安全になったのではなく，些細なケースでも捜査をスタートする方針を変えた可能性もあります．データを見て，そのままの数字だけで判断するのは危険なことです．裏にある状況やデータ特有のクセを吟味することも大事なのです．

　本節では統計学のみに基づいた判断の危険性を説明しました．しかし，これらの事例は「統計学を用いたデータ分析が意味を持たない」ことを示しているわけではありません．全ての物事は多様な視点から分析することで，真実の姿を明らかにできます．統計学はその重要な一面を見せてくれる学問です．本書を読み進めることで，統計学という新しい視点が読者の身につき，複合的な見方で物事の分析ができるようになるはずです．

練習問題

1. ①ある1時点の学生100人分の身長の記録，②ある1時点の1000人分の内閣を支持しているかを調査した記録（支持なら1，不支持なら0と記録），③過去10年分の東京都の降水量の記録，④社員100人の5年分の給与の記録．データ①，②，③，④について，連続変数と離散変数のいずれか，時系列，横断面，パネルデータのいずれかを答えてください．

2. 日本の大学生全体の統計学の理解状況を調査するために，ある大学の全学生1000人に理解度を測るテストを行いました．(1)サンプルサイズを答えてください．(2)データ収集は適切でしょうか．適切でないと考える場合，その理由と解決法をあげてください．

3. 銀座の街頭で年収に関するアンケート調査を200人に対して行った結果，回答者の平均年収は800万円でした．一方，国税庁「平成21年分 民間給与実態統計調査」によると，平均年収は405.9万円でした．この街頭調査の何が問題でしょうか．

4. ある国立大学は地方出身者が多く，大学周辺の不動産屋では入学者を事前に取り込む目的から「事前予約」というシステムを導入しています．このシステムを用いれば，受験者は合格発表日まで部屋を押さえることができ，不合格であれば無料でキャンセルできます．地方からの受験者である三郎君は，受験直後に大学周辺を歩いていると，不動産屋の「部屋を事前予約した人は合格率75％」という広告を見つけました．この大学は難関校であり，通常の合格率は30％以下でした．三郎君は縁起をかついで，事前予約を用いて部屋を押さえることにしました．事前予約した人の合格率が高くなる理由について答えてください．なお，不動産屋は嘘をついていないとします．

5. 政府からある会社に対して，アンケートへの協力依頼がありました．アンケートは，詳細な取引内容を尋ねるものでしたが，匿名性が保たれると明記されていました．この会社は，政府に協力的であることが有利と考えて，協力することにしました．この調査に問題があれば述べてください．

6. ある調査会社が，成人男性の読書量を調べるために対面調査を行うことに

しました．ある女性調査員が，調査の一環として会社員の太郎君のもとを訪れました．調査員はとても魅力的であり，太郎君は彼女に良い印象を与えたいと思いました．調査員が「週何冊の本を読んでいますか」と聞くと，太郎君は「週10冊は読んでいますよ」と答えました．この調査に問題点があれば述べてください．

7．対面調査について，その利点と問題点を述べてください．

8．インターネット調査の利点と問題点を述べてください．

9．1982年のカリフォルニア州知事選挙で，白人候補と黒人候補の対決がありました．世論調査では黒人候補が圧倒的有利でしたが，実際には白人候補が勝利しました．この調査の問題点を述べてください．

10．無作為に選ばれた大学生1000人に，「未成年のとき喫煙したことがありますか」と質問したところ，200人が「はい」と答えたとします．(1)この調査では，喫煙経験のある人は全体の何％でしょうか．この調査の問題は何でしょうか．(2)回答者に質問のリスト「①あなたは大学生ですか，②未成年のとき喫煙したことがありますか」を見せます．回答者は質問者に見えないようコインを投げて，コインが表なら①，裏なら②の質問に答えてもらいました．その結果，1000人中700人が「はい」と答えました．喫煙経験者は全体の何％でしょうか．(3)ここで，(1)と(2)で推定結果が異なるのはなぜでしょうか．

11．マンモグラフィーは代表的な乳ガン検査です．陽性と診断されれば「乳ガンの疑いあり」，陰性であれば「乳ガンの疑いなし」とされます．この検査では，本当に乳ガンであれば100％の確率で陽性と診断されますが，乳ガンでなくても9％の確率で誤って陽性と診断されるとします．また，全体の0.3％が乳ガンにかかっているとします．陽性診断が出たとき，その人が本当に乳ガンである確率は何％でしょうか．

基礎編

2章　データの記述

　本章では記述統計を学びます．得られたデータを，どのようにわかりやすくまとめるかということです．具体的には，(1)データを表や図でまとめる方法，(2)データを特徴づける値（平均など）を計算する方法を学びます．自分のアイデアや調査内容を説得的にプレゼンするためには，これらの方法の習得が不可欠となります．

2.1　図表の作成

　本節では，データを分かりやすく図表にまとめる方法を説明します．代表的な度数分布表とヒストグラムについて，以下で詳しく紹介します．

2.1.1　ゲーム結果をまとめよう

　筆者が某大学の授業で行ったゲームの結果を使って，図表の書き方を紹介します．まず，学生（計154人）に次のように説明しました．「0〜100までの好きな実数を紙に書いてください．私がその紙を回収して，書かれた値の平均を計算します．平均の半分に1番近い値を書いた人が勝者です．たとえば，平均が50なら25に1番近い値を書いた人が勝者となります」．さて，読者のみなさんはどの値を書きますか．

　たとえば，大学生の二郎君が「みんな0〜100までの数字を書くから平均は真ん中の50だ」と考えたとしましょう．よって，「その半分の25が正解だろう」というわけです．しかし，全員が同じように考えるので，二郎君は「答えは25ではなく半分の12.5だ」と考えます．しかし，二郎君の思考は止まりません．「みんな12.5と考えるなら，答えは6.25だ．でも，みんな6.25と考えると……」．この思考を続けると，答えと思われる数字はどんどん小さくなり，最終的には0となります．ただし，全員が合理的に考えるわけではありません．一部の人

表2-1 観測表

22.50	8.00	21.21	22.50	28.00	25.00	14.00
24.75	7.30	9.70	3.40	31.42	9.59	12.76
27.50	1.00	10.00	12.50	22.00	9.00	6.25
5.50	10.00	1.23	1.10	24.00	0.00	0.00
25.00	12.00	25.00	3.70	25.00	0.00	
4.12	25.00	13.00	1.86	30.00	6.25	
7.20	10.50	10.00	1.59	27.00	0.50	
10.01	16.50	4.00	26.15	10.21	15.00	
12.54	7.25	3.00	33.82	43.20	23.80	
18.19	2.00	12.50	23.34	49.80	5.25	
25.00	12.56	11.25	39.00	23.32	23.00	
6.66	13.58	44.00	23.50	12.35	20.00	
3.56	23.24	22.50	19.00	4.19	12.51	
3.56	25.00	7.60	36.00	3.00	15.00	
13.56	30.00	0.56	0.00	10.00	27.00	
28.32	13.94	7.40	12.50	21.10	10.00	
14.00	7.05	4.50	50.00	18.50	7.83	
13.00	12.50	25.00	25.40	11.00	8.68	
24.00	6.60	20.00	22.20	25.00	4.60	
11.00	5.24	15.00	10.00	11.50	33.33	
20.00	3.10	15.00	13.00	12.00	20.00	
1.00	12.50	30.00	3.40	13.75	0.26	
13.00	0.00	23.00	18.75	5.00	4.50	
13.70	10.00	49.50	6.25	15.00	16.00	
0.00	25.50	32.40	0.00	11.00	17.00	

は何も考えず，50と書くかもしれません．こう考えると，答えは0に近い値で，5〜10ぐらいと考えるのが妥当でしょう．このゲームで大事なことは，「自分がどう考えるかではなく相手がどう考えるか」を考えることです．

　学生たちの答えをみましょう（表2-1）．観測表には通常，ID番号を付けますが，ここでは省略しました．観測表は数字の羅列ですから，観測表を見ただけで情報を得るのは大変そうです．そこで度数分布表やヒストグラムを用いて分かりやすくまとめてみます．

　度数分布表（frequency table）とは，データを大きさによっていくつかの**組**（**階級**）に分けて，**度数**（各組に入る観測値の数）をまとめた表です．また，

表2-2 度数分布表

以上 未満	階級値	度数	相対度数	累積相対度数
0～4	2	26	0.17	0.17
4～8	6	22	0.14	0.31
8～12	10	21	0.14	0.45
12～16	14	27	0.18	0.62
16～20	18	10	0.06	0.69
20～24	22	16	0.10	0.79
24～28	26	17	0.11	0.90
28～32	30	5	0.03	0.94
32～36	34	4	0.03	0.96
36～40	38	1	0.01	0.97
40～44	42	2	0.01	0.98
44～48	46	0	0.00	0.98
48～52	50	3	0.02	1.00

図2-1 ヒストグラム

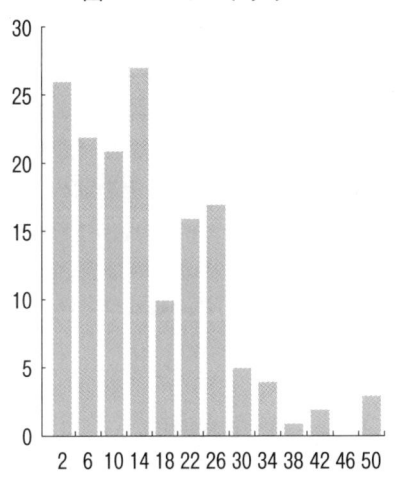

　観測値が属する各組の中心値を**階級値**，総度数に対する各度数の割合を**相対度数**，相対度数を上から順に加えてその累積値を求めたものを**累積相対度数**といいます．得られたデータから**度数分布表**（表2-2）を作りました．表2-2をみると，12～16と書いた学生が27人と一番多く，その相対度数は0.18（＝27/154）ですから全体の18％を占めます．また，48～52と書いた学生も3人いました．次に，累積相対度数を見ると，0～12までが全体の45％となっています（0～4，4～8，8～12の相対度数はそれぞれ0.17，0.14，0.14ですから，これらの和は0.45）．また，0～28では90％となっています．

　次にヒストグラムをみましょう．**ヒストグラム**（histogram）は，各階級の度数を長方形によりグラフ表示したものです．横軸は階級値，縦軸は度数を表しています（図2-1）．図をみると，0～28という実数を書いた学生が多く，それより大きい実数を書いた学生が少ないことが一目で分かります．こうしてみると，多くの学生が合理的な思考を行っていたといえそうです．

　観測表をみると，5人の学生は0と書いていました．数学の問題では0が正解ですが，合理的ではない人の存在を考慮できていなかったといえます．データから平均を計算すると15ですから，平均/2は7.5となります．ゲームの勝者

は7.4と書いた学生でした.

2.1.2 代表的分布の形状

いろいろなデータを図示すると,大きく3つの形状,すなわち釣鐘状の分布,右に歪んだ分布,左に歪んだ分布,があることが分かります.

釣鐘状の分布とは,その名のとおり,左右対称な釣鐘状の分布です(図2-2(a)).この形状をしているデータには,適切に設計された試験の成績,身長,株価の変化率などがあります.後で説明しますが,この分布は非常に多くのデータに当てはまり,統計学で扱う最も重要な分布となります.

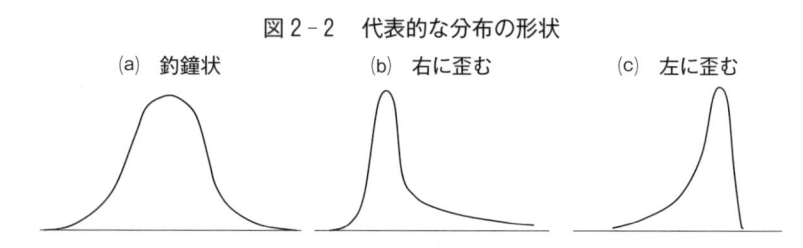

図2-2 代表的な分布の形状

(a) 釣鐘状　　　(b) 右に歪む　　　(c) 左に歪む

右に歪んだ分布とは,右裾が長く,左裾が短い分布です(図2-2(b)).この形状をしているデータには,所得,資産,結婚年齢,体重などがあります.所得や資産の分布をみると,ビル・ゲイツのような大金持ちが少数ですが存在するため,分布の右裾が長くなります.結婚年齢についても,老齢になってから結婚する方もおり,右裾が長くなります.体重も非常に重い人がいますから右裾が長くなります.

左に歪んだ分布とは,左裾が長く,右裾が短い分布です(図2-2(c)).簡単な試験の成績ではこの分布になります.試験が簡単なら,高得点者の数が多いものの最高点は100点なので右裾は短くなる一方,簡単な試験でも点数が悪い人が存在するため左裾は長くなります.また,人間の寿命も左に歪んだ分布をしています.多くは70〜100歳ぐらいで亡くなります.寿命が125歳などという人はいませんから分布の右裾は短くなる一方,若くして亡くなる方も存在するため左裾は長くなります.

2.2 標本特性値

データを図表にまとめれば,一見して特徴を把握できました.ここではデータの特徴を数値で表す**特性値**を紹介します.特性値には,分布の中心やばらつきを測る指標があります.以下で,これらの特性値の定義を説明します.ここでは,データを $\{x_1, x_2, \cdots, x_n\}$ とします(サンプルサイズは n).

2.2.1 中心を表す標本特性値

中心を表す特性値には,**平均**,**中央値**,**最頻値**があります.それぞれの定義と特徴を紹介し,3つの特性値の利用方法を説明します.

2.2.1.1 平均

平均は総和(全てのデータの合計値)をサンプルサイズ n で割ったもので,以下のように定義されます[1].

平均(mean)

$$\bar{x} = \frac{1}{n}\sum_{i=1}^{n} x_i$$

試験の平均点がこの例です.平均は平易に求められるので広範に用いられていますが,**外れ値**(outlier)の影響を受けやすいという欠点があります.外れ値とは,他のデータに比べて,とくに大きすぎたり小さすぎたりする値です.たとえば,$\{1,2,3,4,5\}$ というデータを考えます[2].平均は総和をサンプルサイズで割ったもので,$(1+2+3+4+5)/5=3$ です.ここで5を90に置き換えます(90は他のデータに比べて大きすぎるので外れ値です).新しいデータ $\{1,2,3,4,90\}$ の平均は $(1+2+3+4+90)/5=20$ となり,外れ値の影響で,平均

---
[1] $\sum$(シグマと読む)は足し算を簡易表記する記号で(付録A参照),これを用いれば,総和は $\sum_{i=1}^{n} x_i = x_1+x_2+\cdots+x_n$ と書けます.
[2] データが $\{1,2,3,4,5\}$ とは,$x_1=1$,$x_2=2$,$x_3=3$,$x_4=4$,$x_5=5$ を意味しています.

は3から20へと増加しています．平均を用いる場合には，その前に外れ値がないかを確認しましょう．

例1（ビル・ゲイツの影響） あるレストランの客100人の総資産額は5億円で，平均資産額は500万円でした．このとき，大富豪のビル・ゲイツ氏が突然来客しました．彼の資産額は約5兆9000億円とされますから，レストランにいる101人の総資産額は5億円から5兆9005億円に跳ね上がり，平均資産額も500万円から584億円に増加します．レストランの客は富裕層ではなく，この584億円という数字はビル・ゲイツという外れ値の影響に過ぎません．

2.2.1.2 中央値

外れ値の問題を解決する指標として中央値があります．**中央値**とは，データを小さい順（昇順）に並べたとき，ちょうど中央に位置する値です．まず，データを小さい順に並べ直します（$x_{(1)} \leq x_{(2)} \leq \cdots \leq x_{(n)}$）．ここで，$x_{(i)}$ は i 番目に小さい値です．中央値は以下のように定義されます．

中央値（median）

n が奇数なら：$x_{((n+1)/2)}$ n が偶数なら：$\dfrac{x_{(n/2)} + x_{(n/2+1)}}{2}$

---

n が奇数なら中央に位置する値は1つですが，n が偶数なら中央が2つになるので，偶数と奇数で定義が異なります．たとえば，{2,1,3,5,4}というデータを小さい順に並べ替えると{1,2,3,4,5}となります．$n=5$ は奇数ですから，中央値は真ん中の3です．{1,2,3,4,5,6}は，$n=6$ で偶数です．真ん中は3と4の2つなので，中央値は間（平均）を取り$(3+4)/2=3.5$とします．

定義から明らかですが，データの半数は中央値より小さく，半数は中央値より大きくなります．また，中央値は**外れ値**の影響を受けません．たとえば，データを{1,2,3,4,5}とします（中央値は3）．外れ値の影響を考えるため，最後の5を90に置き換えます．新しいデータは{1,2,3,4,90}ですが，中央値は3で変わりません．先ほどのビル・ゲイツ氏の例で，最大資産を持つ100番目

コラム2-1　資産公開

　公人の資産状況は資産公開制度に基づいて公開されます．表2-3は，2009年に公開された鳩山首相と17閣僚の就任時の資産状況をまとめたものです．第1位は鳩山首相の14億4269万円，最下位は北澤防衛相の609万円で，平均は1億4045万円でした．鳩山首相の資産は他の閣僚と比べてもかなり高額で，鳩山首相の資産は外れ値といえそうです．ここで外れ値の影響を受けない中央値を計算すると，平均よりも小さい3755万円となります（計18人なので，9番目（仙谷行政刷新担当相3987万円）と10番目（千葉法相3523万円）の平均として計算します）．これに対して，2008年の麻生内閣の資産状況は，平均1億4128万円，中央値6889万円でした．平均は鳩山内閣とほぼ同じですが，中央値は麻生内閣の方が大きくなっています．つまり，外れ値の影響を除くと，鳩山内閣の閣僚資産は麻生内閣の閣僚資産より少なくなります．こちらの方が，実態に近い値といえます．

　もっとも，資産公開制度があるといっても，公人の資産状況が正確に公開されているとは限りません．現状では普通預金は流動性が高いという理由から，公開対象とされず，また，公開が要求されている有価証券は，国債や地方債しか含まれず，株式は除外されています．さらに，土地・建物は固定資産税課税標準額であり時価で評価されていません（固定資産税課税標準額は時価より低

表2-3　鳩山内閣の資産状況

	役職	公開資産額 （家族含む）		役職	公開資産額 （家族含む）
鳩山　由紀夫	首相	14億4269万	千葉　景子	法相	3523万
福島　瑞穂	消費者・少子化担当相	2億5000万	直嶋　正行	経済産業相	3333万
藤井　裕久	財務相	2億 214万	菅　直人	副総理	2232万
亀井　静香	金融・郵政改革担当相	1億8745万	平野　博文	官房長官	1875万
岡田　克也	外務相	8641万	前原　誠司	国土交通相	1441万
赤松　広隆	農林水産相	5934万	中井　洽	国家公安委員長	1296万
川端　達夫	文部科学相	5583万	原口　一博	総務相	1220万
小沢　鋭仁	環境相	4014万	長妻　昭	厚生労働相	891万
仙谷　由人	行政刷新担当相	3987万	北澤　俊美	防衛相	609万

> く評価され，閣僚資産は低めに評価されます）．以上から，資産の公開内容は必ずしも実態を反映せず，現状ではあまり意味がないといえます．資産公開制度の本来の目的（政治力を利用した蓄財などを監視）が果たせていない可能性があるのです．

の客とゲイツを置き換えます．このとき，中央の位置は変わらないので，所有資産の中央値は影響を受けず，データの実態をより適切に表すことができます．

中央値にはこのような利点があるにもかかわらず，統計学では平均の方が好まれる傾向があります．なぜなら，平均は計算が平易なだけではなく，その推定精度の確率的評価が容易であるという利点があるからです（7章参照）．

2.2.1.3　最頻値

最後に，分布の中心を測る指標の1つである最頻値を紹介します．**最頻値**（mode）とは，最大の度数を持つ測定値をいいます．度数分布表では最大度数を与える階級の階級値を指します（階級が同じ幅のとき）．言い換えると，最頻値とは，測定値の中で最も多く現れた値です．たとえば，{1,2,2,2,5}の最頻値は2です．最頻値もやはり**外れ値**の影響を受けません．たとえば，5を90に置き換えても最頻値は2です．また，ビル・ゲイツ氏がレストランに入って来ても同じ所得の客はいないため，一番頻度の高い所得は変わりません．

最大度数を与える測定値が複数あると，最頻値も複数になってしまいます．この場合，最頻値は分布の中心を測る指標としては不適格といえます．

2.2.1.4　中心を表す3つの特性値の使い方

分布の中心をとらえる特性値として，平均，中央値，最頻値を説明しました．平均は広範に用いられますが，外れ値に左右されやすい欠点がありました．では，どの特性値を使って中心をとらえればよいのでしょうか．ここでは，3つの値を相互比較することで有用な情報が得られることを説明します．

ヒストグラムの説明で，分布の形状について解説しました．分布の歪みと中心を表す特性値には，一般的には以下の関係があります（図2-4参照）[3]．

コラム2-2　貯蓄額はいくらか

『日本経済新聞』に，日本人の貯蓄額に関する平均，中央値，最頻値についての解説がありました．この記事を読めば，それらの数値の違いが明らかになると思います．

「平均貯蓄額は1244万円．総務省が5月に発表した2010年の家計調査（2人以上世帯のうち勤労者世帯）の数字だ．前年比3.4％増とやや増えた．『これより全然少ない』と落ち込んだ人も多いのではないだろうか．家計を考えるうえでこうした様々な平均値は参考になるが平均値が普通とは異なるかもしれないことをまず知っておきたい．グラフに平均値とは別に中央値の数字がある．これは金額の低い世帯から高い世帯へ順に並べていくと，ちょうど中央にあたる世帯の値．743万円と，平均の6割にすぎない．つまり，平均1244万円というのは，例えば3000万円以上など一部のお金持ちに引き上げられた数字．『普通はどれくらい？』という考えで読むなら中央値の方がむしろ参考になるわけだ．『中央値

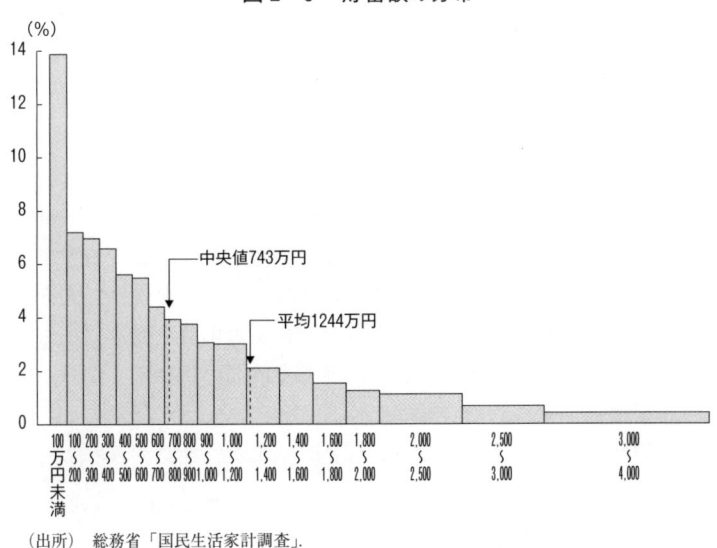

図2-3　貯蓄額の分布

（出所）　総務省「国民生活家計調査」．

にもはるかに届かない』とさらに落ち込んだ人もいるかもしれない．しかし貯蓄は年齢が高い方が多くなる．グラフにはないが，60歳以上の貯蓄が2173万円で全体を引き上げている．平均値と中央値が一致するのは，データが均等に散らばっている場合などだ．2つの数値が異なるとき中央値の方がわかりやすい例は多い．例えば年収も一部の高額所得者によって平均値はつり上げられるので，中央値の方が参考になる．このほか，最も度数の多い値が最頻値．貯蓄のグラフでは，最頻値は100万円未満の約14％．自分の貯蓄の少なさを嘆いた人にとって救いかもしれないが，安心するよりも貯蓄を増やすことを考えよう」（『日本経済新聞』2011年6月21日付）．

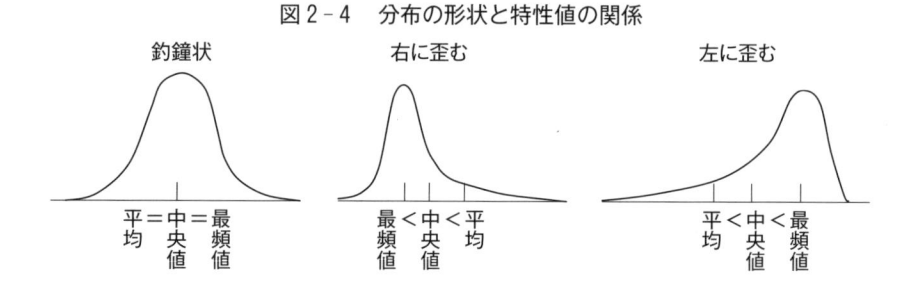

図2-4 分布の形状と特性値の関係

釣鐘状　　　　　右に歪む　　　　　左に歪む

平＝中＝最　　　最＜中＜平　　　　平＜中＜最
均　央　頻　　　頻　央　均　　　　均　央　頻
　　値　値　　　値　値　　　　　　　　値　値

分布が釣鐘状なら，　　　　　平均 ＝ 中央値 ＝ 最頻値
分布が右に歪んでいるなら，　最頻値＜中央値＜平均
分布が左に歪んでいるなら，　平均＜中央値＜最頻値

最頻値は最大の度数を与える値ですから分布の一番高いところです．また，分布が右に歪んでいると平均は大きな値の外れ値の影響を受けて大きくなり，分布が左に歪んでいれば平均は小さな値の外れ値の影響を受けて小さくなります．これに対して，中央値は外れ値の影響を受けない指標ですから，最頻値と平均との間をとります．

特性値を相互比較すれば，分布の形状をおおまかに推測できるようになりま

---

3) 分布の歪みは特性値の大小関係を意味しますが，その逆は必ずしもいえません．これは分布の形状が3種類だけではないからです．

す．たとえば，コラム2-2では，最頻値（50万円）＜中央値（743万円）＜平均（1244万円）となっていることから，貯蓄額の分布は右に歪んでいることが推察できます[4]．

例1（安全運転）「あなたは安全運転をしていますか」と聞かれると，半数以上のドライバーが「平均よりも安全運転をしています」と答えるようです．交通事故の専門家は「半数以上が平均より安全運転をしていることは定義上ありえない」といい，心理学者は「人々は自分の能力を過大評価するバイアスがある」といいます．統計学的視点からこの問題を考えましょう．

　ドライバーが生涯に起こす事故回数を安全運転の尺度とします．つまり，事故回数が少なければ安全運転をしているとみなします．実は，事故回数の分布は右に歪んだ形状をしています．多くの人は生涯にせいぜい1，2回程度の事故しか起こしませんが，一部の人は生涯に何回も事故を起こします．分布が右に歪んでいるとき，中央値＜平均という関係が成立していました．つまり，半数以上のドライバーは，事故回数が平均事故回数よりも少なくなっているのです．こう考えると，半数以上が「平均よりも安全運転をしています」と答えるのは不思議なことではありません．

2.2.1.5 加重平均

　中心を表す1つの指標として平均を紹介しました．ここでは平均を含む広い概念である加重平均を紹介します．

　n 個のデータ $\{x_1, x_2, \cdots, x_n\}$ があり，それぞれの加重（ウェイト）を $\{w_1, w_2, \cdots, w_n\}$ とします．このとき，**加重平均**（weighted average）は

$$\sum_{i=1}^{n} w_i x_i$$

で定義されます．ただし，加重は非負値であり（$w_i \geq 0$），それらの和は1とします（$w_1+w_2+\cdots+w_n=1$）．

　全てのデータに等しい加重を与えると（$w_1=\cdots=w_n=1/n$），加重平均は

---

4) 最大度数を与える階級（0円以上100万円未満）の階級値である50万円を最頻値としました．

コラム2-3 所得格差と政府規模の関係

　図2-5は，2010年の日本における1世帯当たり所得額の分布です．少数ですが非常に所得の高い人が存在するため，右に歪んだ分布をしています．中央値は438万円，平均は549万円ですから，中央値＜平均という関係があります．
　「平均と中央値の乖離が広がるほど政府の規模が拡大する力が働く」といわれます．平均より自分の所得が下回った人々は社会への不満を持ち政府による所得再分配を望む，つまり，所得の乖離が広がるほど大きな政府を望む，と考えられるからです．定義から，中央値よりも所得の低い人々は全体の半分いて，中央値より所得の高い人々はやはり半分います．したがって，中央値＜平均なら，全体の半分以上が自分の状況に不満を持つことになります．そして，この乖離が大きくなると不満を持つ人々が増え，政府による一層の所得再分配を望むと考えられます．米国のデータを用いた研究によると，平均と中央値との乖

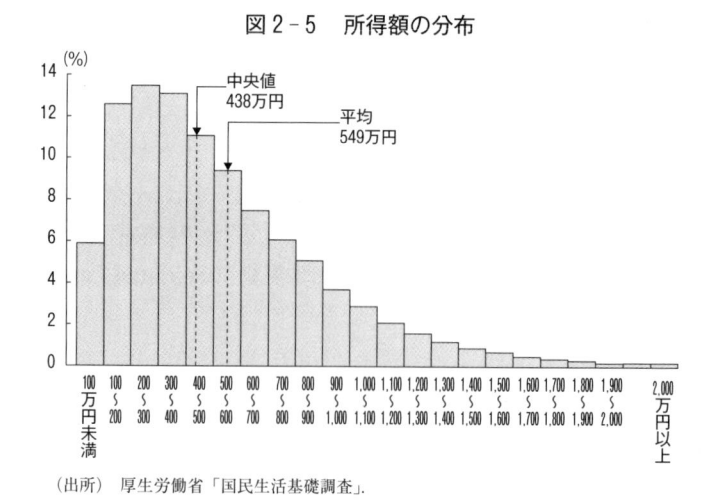

図2-5　所得額の分布

（出所）　厚生労働省「国民生活基礎調査」．

離が広がるほど政府規模は拡大していました[5]．

　この関係は日本についても成り立つでしょうか．小泉首相（在任期間：2001年4月〜06年9月）が進めた改革への反動か，2009年に政権交代した民主党は，所得再分配を進めて大きな政府を志向しています．小泉首相の在任期間における所得の平均と中央値をみると，2001年は中央値485万円，平均602万円ですから，乖離額は117万円で，2006年は中央値451万円，平均566万円ですから，乖離額は115万円でした．つまり，平均と中央値はともに低下しましたが，乖離額自体にそれほど差異はみられません．こう考えると，日本の問題は格差の広がりではなく，国民全体の所得低下が政府への不満につながっていると考えられます．そうであれば，政府のとるべき政策は所得の再分配というよりも，日本経済を活性化させる政策ではないでしょうか．

$$\sum_{i=1}^{n}\frac{1}{n}x_i = \frac{1}{n}\sum_{i=1}^{n}x_i$$

となり，これはまさに平均です．これが $\sum w_i x_i$ を加重平均と呼ぶ理由です．

例1（成績を測る指標 GPA）　GPA（Grade Point Average）は，学生の成績を測る指標で，各科目の単位数と成績をもとに計算されます．米国の大学ではGPAが低いと卒業できません．逆に，GPAが高いと多額の奨学金が受けられ，就職に有利に働きます．そのため，学生たちはGPAを上げようと必死に勉強します．日本でもGPAは少しずつ浸透してきており，現在では約半数の大学がGPAを何らかの形で取り入れています．多くの大学では成績表にGPAを記入する程度ですが，一橋大学のようにGPAを卒業要件（GPA1.8以上）の1つとして活用している大学もあります．

　GPAの計算では，各科目の成績，A（優），B（良），C（可），D（準可），F（落第）に，それぞれ4，3，2，1，0点を配点します．ここで大学生の二郎君の成績をもとにGPAを計算してみましょう．二郎君の総取得単位数は18単位で，8単位のゼミはA，2単位の心理学は残念ながらDでした．二郎

---

[5] Meltzer, A. and Richard, S. (1983), "Tests of a Rational Theory of the Size of Government," *Public Choice* 41, 403-418.

表2-4 二郎君の成績

	単位数	成績	配点
数学	2	C	2
統計	2	B	3
ゼミ	8	A	4
経済学	4	B	3
心理学	2	D	1

君の成績（C，B，A，B，D）は，それぞれ2，3，4，3，1点となります（表2-4）．

5科目の平均は$(2+3+4+3+1)/5=2.6$ですが，これでは8単位のゼミも，2単位の心理学も同じ扱いとなり不公平です．この不公平を取り除くため，GPAの計算では，取得単位数によって異なる加重をつけて各科目の成績を評価します．

$$GPA = \frac{4 \times A取得単位数 + 3 \times B取得単位数 + 2 \times C取得単位数 + 1 \times D取得単位数 + 0 \times F取得単位数}{総取得単位数}$$

$$= 4 \times \frac{A取得単位数}{総取得単位数} + 3 \times \frac{B取得単位数}{総取得単位数} + \cdots + 0 \times \frac{F取得単位数}{総取得単位数}$$

つまり，GPAは成績（0～4）に，その取得割合で加重をとってから足し合わせた加重平均となっています．実際に，二郎君のGPAを計算すると

$$GPA = 4 \times \frac{8}{18} + 3 \times \frac{6}{18} + 2 \times \frac{2}{18} + 1 \times \frac{2}{18} + 0 \times \frac{0}{18} = 3.11$$

となります．二郎君の成績は，平均では2.6ですが，取得単位数を加味したGPAでは，ゼミの成績Aが高く評価されて3.11に上昇しています．

2.2.2 ばらつきを表す標本特性値

統計学の試験を行ったところ，平均点は50点でした．このとき，どのような状況が想像されるでしょうか．試験を受けた学生数が4人の場合を例に，具体的に考えてみましょう．

平均50点から，実にいろいろな状況が考えられます．たとえば，2つのグループAとBがあり，各グループの学生の試験点数は次のとおりであったとし

ます．

グループ A ：40点，42点，58点，60点
グループ B ：20点，35点，45点，100点

平均は両グループともに50点です．しかし，A は点数のばらつきが小さく，B はばらつきが大きくなっています．教員にとって，ばらつきに関する情報は生徒の理解度を測る重要な情報です．ばらつきの大きいグループ B であれば，勉強が遅れている学生の理解度を向上させるため補習が必要かもしれません．

ばらつきを表す特性値を考えましょう．グループ A と B を比較すると，A は平均を中心に狭い範囲でばらつき，B は平均から広範囲に散らばっています．よって，平均からの乖離を考えれば，ばらつきの程度を測る指標が作れそうです．ID 番号 i の人の点数 x_i の平均 $\bar{x}$ からの乖離を**偏差**（deviation）といい，$(x_i - \bar{x})$ と表します．偏差はプラスの人も，マイナスの人もいます．平均より大きければ偏差はプラス，平均より小さければ偏差はマイナスです．このため，偏差を全て足し合わせると，プラスとマイナスが打ち消し合って 0 になり（証明は補足参照），全体のばらつきを測ることはできません．そこで，プラスとマイナスが打ち消し合わないように，偏差を 2 乗してから足し合わせたもので，全体のばらつきを測ることにします．このような考え方を用いたばらつきを表す特性値が標本分散と標本標準偏差です．

標本分散は次のように定義され，ばらつきの程度を測る指標となります．

標本分散（sample variance）
$$s_x^2 = \frac{1}{n-1} \sum_{i=1}^{n} (x_i - \bar{x})^2$$

標本分散は偏差の 2 乗和を $n-1$ で除したものです．なお，除数をサンプルサイズ n ではなく $n-1$ としている理由は6.3.1節例 2 で説明しますが，n が大きければ n で割っても $n-1$ で割っても数字に大きな差異はありません．とりあえず，この点はあまり気にしないで読み進めてください．

標本分散は偏差の 2 乗をもとに求めた値であるため，標本分散の桁数は，データの桁数から変わってしまいます．点数の例で考えてみると，i さんの点数

が100点であれば,平均は50点ですから,偏差の2乗は $(x_i-\bar{x})^2=(100-50)^2$ $=2500$ と桁が大きくなってしまいます.桁数が変わると,データのばらつきの直観がつかみ難くなります.したがって,データの桁数に合わせるため,標本分散の平方根をとって桁を元に戻す必要があります.これが標本標準偏差です.

標本標準偏差は次のように定義され,「各データから平均 $\bar{x}$ までの距離の平均」と解釈されます.

標本標準偏差(sample standard deviation)

$$s_x = \sqrt{\frac{1}{n-1}\sum_{i=1}^{n}(x_i-\bar{x})^2}$$

標本標準偏差は,標本分散 s_x^2 の(正の)平方根ですから,s_x と表します.試験の点数の例では,グループ A の標本分散 s_x^2 と標本標準偏差 s_x は

$$s_x^2 = \frac{(40-50)^2+(42-50)^2+(58-50)^2+(60-50)^2}{4-1}=109.33,$$

$$s_x = \sqrt{s_x^2} = 10.46$$

となり,同様に,グループ B は,それぞれ

$$s_x^2 = \frac{(20-50)^2+(35-50)^2+(45-50)^2+(100-50)^2}{4-1}=1216.67,$$

$$s_x = \sqrt{s_x^2} = 34.88$$

となります.ばらつきを表す特性値である標本分散と標本標準偏差は,グループ B の方が大きく,グループ B の方がばらつきは大きいといえます.また,標本分散は大きな値ですが,平方根をとった標本標準偏差はデータの桁数と整合的で理解しやすい値となっています.

2.2.3 データの線形変換

データの線形変換とは,データ x_i を $y_i=a+bx_i$ と変換することです(a, b は任意の定数).たとえば,$a=2$, $b=3$ のとき,$x_i=4$ は $y_i=2+3\times 4=14$ と変

換されます．以下，入試の得点調整を例に，線形変換の理解を深めましょう．

2.2.3.1 得点調整

　同じ大学，同じ学部の入学試験であっても，受験科目の選択が認められていれば，学生によって受験科目が異なります．しかし，科目によって平均や標本標準偏差も異なるので，受験科目によって有利不利が生じる可能性があります．このため，一部の大学では簡単な点数調整が行われています．

　ここでは仮想的数値例をもとに，得点調整を説明します．ある大学の入学試験では受験科目として世界史と日本史のどちらを選択してもよく，世界史の平均と標本標準偏差は70点と15点，日本史はそれぞれ50点と10点であったとします．このままでは世界史の平均が高いので，日本史で受験した学生に不利になります（ここでは日本史と世界史を受験する生徒群の学力は同じで，平均や標本標準偏差が異なるのは試験問題の難易度が異なるからと考えています）．そこで，日本史の得点の平均と標本標準偏差を世界史のそれに合わせるという点数調整を行います．ここで登場するのが，データの線形変換です．日本史の点数が x_i のとき，点数調整後の新しい点数を $y_i = a + bx_i$ と線形変換します．問題は，定数 a と b をどう決定するかということです．

　まず，線形変換により，平均，標本分散，標本標準偏差がどう変わるのかを確認します．もとの変数 x の平均（$\bar{x}$），標本分散（s_x^2），標本標準偏差（s_x）を使うと，新しい変数 y の平均（$\bar{y}$），標本分散（s_y^2），標本標準偏差（s_y）は，

$$\bar{y} = a + b\bar{x}, \quad s_y^2 = b^2 s_x^2, \quad s_y = |b| s_x$$

と表せます（証明は補足参照）．つまり，定数 a は平均に影響を与えますが，ばらつき（標本分散，標本標準偏差）には影響を与えません．これに対して，定数 b は平均だけでなく，ばらつきにも影響を与えています．

　点数調整前の日本史の平均（$\bar{x}$）と標本標準偏差（s_x）は，それぞれ $\bar{x} = 50$，$s_x = 10$ でした．調整後の日本史の平均（$\bar{y}$）と標本標準偏差（s_y）は，世界史の平均70と標本標準偏差15に合わせます（つまり，調整後の平均を $\bar{y} = 70$ とし，標本標準偏差を $s_y = 15$ とします）．$\bar{y} = a + b\bar{x}$，$s_y = b s_x$ という関係から，a

コラム2-4　相対的年齢効果

　小学校入試では，生まれ月によって試験結果の調整を行うことがあります．日本の法律（「年齢計算ニ関スル法律」民法）では，誕生日の前日に年齢が加算されるとされ，4月1日生まれの5歳の子どもは3月31日に6歳になります．こうして，同一学年には，4月2日から翌年の4月1日生まれの子どもが入学します．4月2日生まれと翌年の4月1日生まれでは実質1歳分の違いがあり，月齢差は結果に大きな違いを生みます．このような実年齢の違いが成績などに影響を与えることを相対的年齢効果といいます．月齢差の違いを考慮するため，小学校入試では生まれ月によって別々の試験が行われる場合があります．たとえば，2009年のお茶の水女子大学附属小学校では，受験者を3グループ（4～7月生まれ，8～11月生まれ，12～3月生まれ）に分け，別々の試験が行われました．

　月齢差による能力の違いは，年齢が上がるにつれ低下するといわれます．しかし，年齢が低いときの成績が，先生からの評価や本人のやる気にも影響を与えると考えれば，その違いは一時的ではなく永続的な効果を与える可能性もあります．図2-6は，プロ野球選手（セリーグ）の誕生月別の人数を図示したものです．4月生まれが73人と一番多く，誕生月がずれるにつれ選手数は減少しています．誕生月の違いがプロ野球の世界でも長期的影響を与えていることが

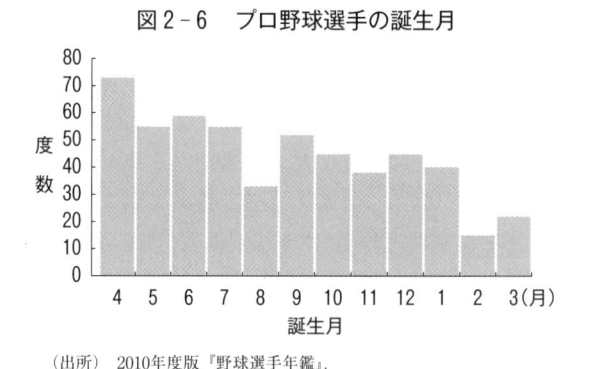

図2-6　プロ野球選手の誕生月

（出所）　2010年度版『野球選手年鑑』．

確認できます．

　もっとも，この結果は早生まれの子どもが能力的に劣ることを意味するものではありません．重要なことは，学年という制度の枠組みの中で，子どもたちに実質的な有利不利が生じており，教育現場で月齢差への何らかの配慮が求められるべきだということです．小学校入試でグループ選抜が行われていることは，そのような配慮の1つとして評価できます．

と b は，連立方程式
$$70 = a + 50b, \quad 15 = 10b$$
を満たすように決定されます．まず，$15 = 10b$ から $b = 1.5$ となります．次に，$70 = a + 50b$ に，$b = 1.5$ を代入すると $a = -5$ となります．

　以上から，日本史の線形変換後の点数は $y_i = -5 + 1.5 x_i$ とされます．たとえば日本史の点数が50点の学生は調整後に $-5 + 1.5 \times 50 = 70$ 点となり，60点の学生は $-5 + 1.5 \times 60 = 85$ 点となります．こうして，日本史と世界史の科目選択による有利不利が解消されます．

例1（摂氏と華氏）　米国では，気温は華氏°F で計測されます．華氏°F で測った気温 x と摂氏℃ で測った気温 y との間には，以下の関係があります．
$$y = -\frac{160}{9} + \frac{5}{9} x$$
x を線形変換したものが y となっています．たとえば，華氏50°F であれば ($x = 50$)，摂氏は $y = -\frac{160}{9} + \frac{5}{9} \times 50 = 10$ ℃ となります．米国のある都市で，年間の平均気温が68°F，標本標準偏差が9°F のとき，摂氏℃ では，平均気温20℃，標本標準偏差5℃ となります．
$$\bar{y} = -\frac{160}{9} + \frac{5}{9} \times 68 = 20, \quad s_y = \frac{5}{9} \times 9 = 5$$

2.2.3.2　線形変換のイメージ

　線形変換のイメージを図で確認しましょう．$b = 1$ として $y_i = a + x_i$ という変換を考えます（x は 0 を中心に分布し，$a > 0$）．たとえば，$a = 2$ で，データ x

図2-7　線形変換のイメージ　(1)

(a) $y_i = a + x_i,\ a > 0$　　　　(b) $y_i = b x_i,\ b > 1$

図2-8　線形変換のイメージ　(2)

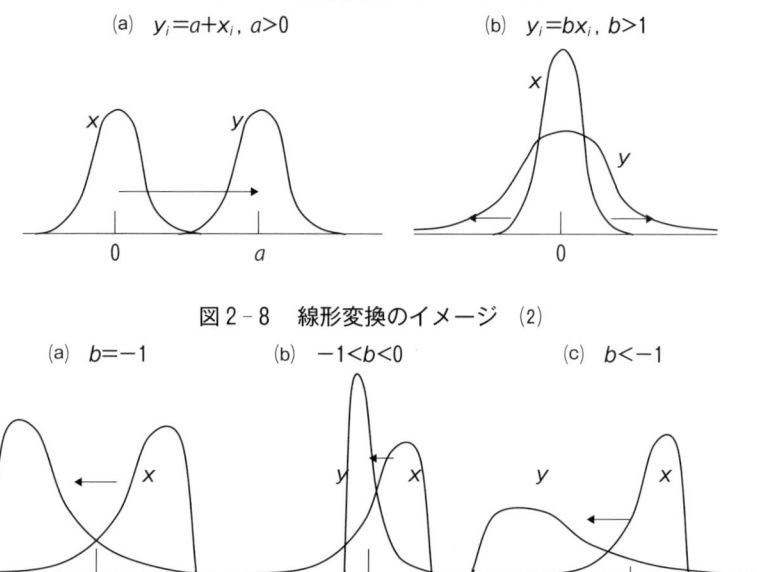

(a) $b = -1$　　　(b) $-1 < b < 0$　　　(c) $b < -1$

が $\{-3, -2, -1, 0, 1, 2, 3\}$ であれば，変換後の新データ y は全ての x に 2 を加えたもので $\{-1, 0, 1, 2, 3, 4, 5\}$ となります．このような変換を施すと，x の分布は全く形状を変えず，a だけ右にシフトします（図2-7(a)）．これは x_i の全ての値に，正の定数 a を加えているため全体が右に a だけシフトしたからです．a の値は分布の形状には影響を与えず，標本分散にも影響はありません．

次に，$a = 0$ とする変換 $y_i = b x_i$ から，b が分布の形状に与える影響を考えてみましょう（x は 0 を中心に分布し，$b > 0$）．まず，$b > 1$ のとき，分布の形状は図2-7(b)のようになります．つまり，分布の位置は変わりませんが，y の分布はばらつきが大きくなります．これは，x の値が正のとき bx は x よりも大きくなり，x が負のとき bx は x よりも小さくなるためです．また，中心が 0 のままなのは，0 に定数 b を掛けても 0 であるからです．これに対して $0 < b < 1$ であれば，y の分布は x の分布よりもばらつきが小さくなります．これは b が 1 よりも小さいとき，bx は 0 に近づくためです．

$b<0$ のとき,分布の形状は図2-8のようになります.$y=bx$ という変換を考えると,$b=-1$ であれば,x の分布を左右反転した分布となります.$-1<b<0$ であれば,x の分布を反転しばらつきが小さくなった分布となります.また,$b<-1$ であれば,x の分布を反転しばらつきが大きくなった分布となります.

2.3 範囲と割合の関係

平均は中心を,標本標準偏差はデータのばらつきを表す指標でした.これら2つの指標から,データのばらつき状況を大まかに把握できます.多くのデータを調べると,範囲と(分布の)割合には,経験的に表2-5で表される関係が成立しています.第1に,$\bar{x}-s_x$ から $\bar{x}+s_x$ までの範囲($\bar{x}\pm s_x$ と表記)にデータの約68%が入ります(図2-9).ばらつきの大きいデータであっても,その分 s_x も大きくなるので,$\bar{x}\pm s_x$ でカバーされる範囲は広くなり,やはり約68%のデータがこの範囲に含まれます.反対にばらつきの小さいデータであれば,その分 s_x も小さくなり,$\bar{x}\pm s_x$ でカバーされる範囲も狭くなるので,同様に約68%のデータがこの範囲に含まれます.第2に,$\bar{x}-2s_x$ から $\bar{x}+2s_x$ までの範囲($\bar{x}\pm 2s_x$ と表記)にデータの約95%が入ります.第3に,$\bar{x}-3s_x$ から $\bar{x}+3s_x$ までの範囲($\bar{x}\pm 3s_x$ と表記)にデータの約99~100%が入ります.

以上は経験則で,全てのデータについて当てはまるわけではありません(経験則がうまく当てはまるのは,データが左右対称の釣鐘状の分布に従っているときです).しかし,多くの場合,この経験則は範囲と割合の関係を測る有用

表2-5 範囲と割合

範囲	割合
$\bar{x}\pm s_x$	約68%
$\bar{x}\pm 2s_x$	約95%
$\bar{x}\pm 3s_x$	約99~100%

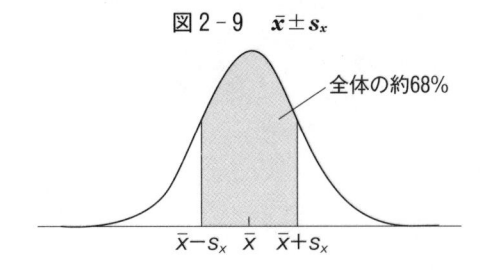

図2-9 $\bar{x}\pm s_x$

な情報となります．以下に，この経験則の妥当性を示す2つの例を紹介します．

例1（偏差値） 相対評価に用いられる偏差値の定義は，

$$i\text{さんの偏差値} = 50 + 10\left(\frac{x_i - \bar{x}}{s_x}\right)$$

で与えられます．たとえば，iさんの点数x_iが平均点であれば，$x_i - \bar{x} = 0$ ですから偏差値は50です．点数が平均をちょうど1標本標準偏差s_xだけ上回ると（$x_i = \bar{x} + s_x$），偏差値は60となり，点数が平均を1標本標準偏差s_xだけ下回ると（$x_i = \bar{x} - s_x$），偏差値は40となります．偏差値は，(1)自分の点数x_iが高い，(2)全体の平均$\bar{x}$が低い，(3)全体の標本標準偏差s_xが小さい，場合に上がります．たとえば，自分の点数が平均に比べて少し高い場合であっても，標本標準偏差が小さければ偏差値は高くなります．これは標本標準偏差が小さいので，平均より少しよいという事実が高く評価されるためです．先の関係を用いると，偏差値が40～60の間に全体の約68％，偏差値30～70の間に全体の約95％，偏差値20～80の間に全体の約99～100％が入ります．

例2（為替レート） 為替レートとは，「外国為替取引における外貨との交換比率」のことです．たとえば，1ドル＝100円は，1ドルが100円と等価交換されることを意味します．図2-10では，1991年4月1日～2011年3月31日の為

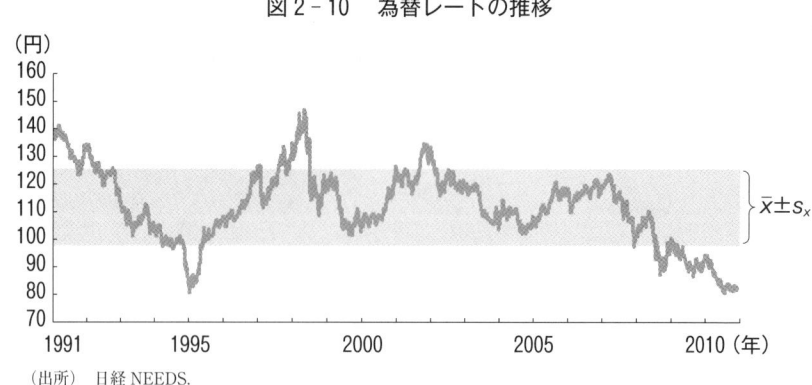

図2-10　為替レートの推移

（出所）　日経 NEEDS．

コラム 2-5　投資信託の選び方

　投資信託とは，多くの個人投資家（出資者）からお金を集めて，これらの資金（ファンド）を，運用会社が株式や債券などに分散投資して運用する投資関連商品です．資産運用がうまくいけば払戻し金額も多くなり，失敗すれば投資したお金が返ってこないこと（元本割れ）もあります．投資信託を選ぶ際に重要なポイントは，リターンとリスクの把握であるといえます．リターンとは平均収益率であり，リスクとは収益率の標本標準偏差です[6]．

　たとえば，投資信託 A はリターンが年 5 ％でリスクは10％，投資信託 B はリターンが年10％でリスク25％であるとします（過去 5 年分のデータから計算）．つまり，投資信託 A の収益率の平均は 5 ％，標本標準偏差は10％ということです．よって，投資信託 A の収益率は 5 ％を中心に ±10％の範囲で動く割合が約68％と分かります（図 2-11(a)参照）．同様に，投資信託 B は10％を中心に ±25％の範囲で動く割合が約68％です（図 2-11(b)参照）．以上から，投資信託

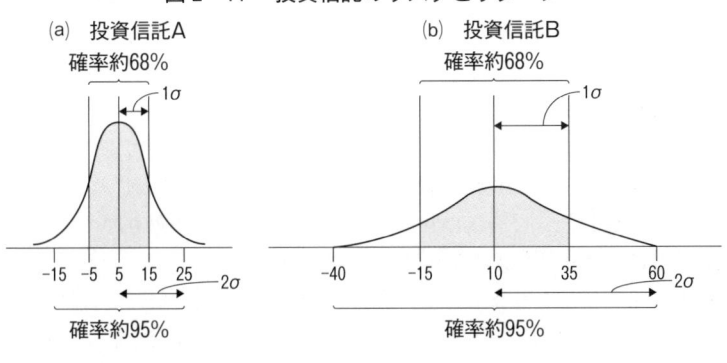

図 2-11　投資信託のリスクとリターン

(a)　投資信託A　　　　　　　　(b)　投資信託B

[6)] リスクは危険と訳されますが，投資の世界では，リスクとは「期待したリターン（平均収益率）ではない状態」を表します．つまり，リスクは予想を下回る利益しか得られない状態だけではなく，予想を上回る利益が得られる状態も指します．

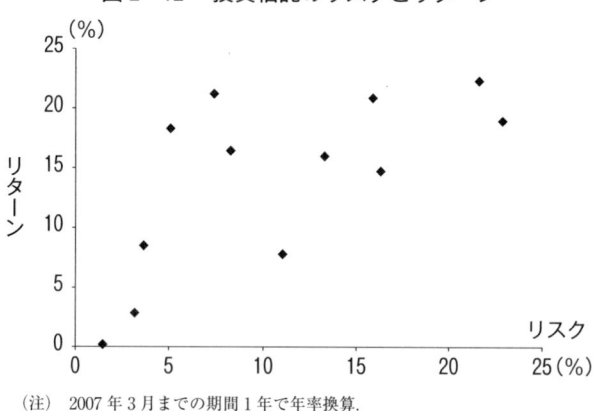

図2-12　投資信託のリスクとリターン

(注) 2007年3月までの期間1年で年率換算.

Bはリターンが大きいですがリスクも高く不安定な資産といえます.

　金融市場はハイリスク・ハイリターンですから，リターンが上がればリスクも上がります．リターンは高いがリスクは低いという資産は存在しません．市場参加者は常に裁定機会（売買によって儲ける機会）を探しており，市場には儲ける機会はほとんど残されていないからです．たとえば，ある会社の株は1000円で，確実に1年後1500円になることが分かっているとします（リスクなしでリターン50％）．このとき，市場参加者はこの株を大量購入する結果，その株価は1500円近くまで上昇してリターンはほぼ0％となるでしょう．これに対して，この株のリスクが高ければ，市場参加者はリターンが高くてもこの株を購入しないため，株価は1000円で維持されリターンは高いままです．図2-12は，さまざまな投資信託についてのリスクとリターンをまとめたものです．リスクが高い投信はリターンも高いことが確認できます．

　失敗しても責任はとれませんが，筆者がお勧めする投資信託は日経平均などのインデックスに連動した投資信託です．このタイプの投資信託はいわば市場全体を購入するものであるため，分散投資の利益をフルに活用できます．また，世界的な分散投資も大切です．たとえば，米国の全市場連動型の投資信託などを購入すれば，日本だけでなく米国も含めた分散投資が可能となります．

替レート(円ドル)の推移を図示しました．この20年間，為替の変動はある一定の範囲のなかで大きな波動を描いています．円の最安値は1998年8月1日の147円でした．サンプルサイズは5048で，平均 $\bar{x}$ と標本標準偏差 s_x は，それぞれ111.9円と13.28円です．よって，$\bar{x} \pm s_x$ は98.62〜125.18です(図2-10参照)．この範囲に含まれる観測値の数をカウントしたところ，全体の70%がこの範囲に含まれていました．また，$\bar{x} \pm 2s_x$ は85.34〜138.46で全体の94.2%，$\bar{x} \pm 3s_x$ は72.06〜151.74で全体の100%が含まれていました．以上からも，上記の経験則は妥当なものといえそうです．

補足：証明

偏差の和は0

平均の定義から総和は $n \times$ 平均です．つまり

$$\sum_{i=1}^{n} x_i = n\bar{x}$$

ですから，偏差の和は以下のように0となります．

$$\sum_{i=1}^{n}(x_i - \bar{x}) = \sum_{i=1}^{n} x_i - n\bar{x} = n\bar{x} - n\bar{x} = 0$$

線形変換した変数の平均，標本分散，標本標準偏差

$y_i = a + bx_i$ とすると，y の平均は以下となります．

$$\bar{y} = \frac{\sum_{i=1}^{n} y_i}{n} = \frac{\sum_{i=1}^{n}(a + bx_i)}{n} = \frac{na + b\sum_{i=1}^{n} x_i}{n} = a + b\frac{\sum_{i=1}^{n} x_i}{n} = a + b\bar{x}$$

y の標本分散は以下となります．

$$s_y^2 = \frac{\sum_{i=1}^{n}(y_i - \bar{y})^2}{n-1} = \frac{\sum_{i=1}^{n}(a + bx_i - (a + b\bar{x}))^2}{n-1}$$

$$= \frac{\sum_{i=1}^{n}(b(x_i - \bar{x}))^2}{n-1} = b^2 \frac{\sum_{i=1}^{n}(x_i - \bar{x})^2}{n-1} = b^2 s_x^2$$

標本標準偏差は，標本分散の平方根をとればよいので，$s_y = |b|s_x$ です．標本標準偏差はプラスで定義されますから，b は絶対値をとっています．

練習問題

1. 電池10本で電池の寿命を調べる実験をしたところ，それぞれ1000，1300，1050，960，890，1060，820，1050，1020，990時間でした．平均，中央値，最頻値，標本分散，標本標準偏差をそれぞれ計算してください．

2. 三郎君の5科目の平均を70点とすると，5科目の合計は何点でしょうか．

3. あるクラスの男子10人の平均身長は172cmでした．しかし，数日後，そのうちの1人（160cm）は転校してしまいました．転校後に残された男子9人の平均身長を求めてください．

4. コイン投げを100回行い，表が出たら1，裏が出たら0と記録します．得られたデータの総和と平均は何を意味しているでしょうか．

5. 数学の授業では中間・期末試験を行っています．期末は中間の2倍の加重をつけて最終成績の点数をつけます．三郎君は，中間試験は40点でしたが，期末試験は頑張って90点をとりました．三郎君の最終成績は何点でしょうか（ヒント：加重平均として求めること）．

6. 左右対称の分布で，最頻値が2つ存在する場合を考えてください．

7. 標本標準偏差が0であれば，この分布の形状はどうなっていますか．

8. ある教員が担当授業の試験の採点をしたところ，平均は30点，標本標準偏差は5点でした．点数が良くないため，点数を次のように修正しました．修正後，平均と標本標準偏差はどう変化しますか．(1)全ての点数に15点追加，(2)全ての点数を2倍，(3)全ての点数を2倍してから10点追加．

9. 米国のある都市の気温が，華氏°Fで平均気温95°F，標本標準偏差18°Fでした．この都市の平均気温と標本標準偏差を摂氏℃に換算してください．

10. 三郎君の成績は英語75点，数学66点でした．クラス全体の英語の平均は70点，標本標準偏差は5点でした．また，数学の平均は50点，標本標準偏差は8点でした．三郎君の各科目の偏差値を求めてください．偏差値で考えると，どちらの科目のほうが良い成績だったといえるでしょうか．

11. 世界史の平均と標本標準偏差は60点と20点，日本史は50点と10点でした．受験科目の有利不利をなくすため，日本史の点数を調整したいと考えています．日本史の点数をx_iとして，点数調整後の新しい点数を$y_i = a + bx_i$とし

ます．このとき，日本史の平均と標本標準偏差を，世界史の平均と標本標準偏差に合わせる a と b を求めてください．

12. (1) $\sum_{i=1}^{n}(x_i-\bar{x})^2=\sum_{i=1}^{n}x_i^2-n\bar{x}^2$ を証明してください．

    (2) $\sum_{i=1}^{n}(x_i-a)^2$ を最小にする a の値を求めてください．

3章 相関

本章でも引き続き記述統計を学んでいきます．2章では，単一の変数からなるデータをまとめる方法を紹介しました．しかし，多くのデータは単一の変数ではなく複数の変数から構成されます．そこで本章では，複数の変数からなるデータを分かりやすくまとめる方法を紹介します．具体的には，複数の変数間の相互関係をまとめる方法です．以下では，主に2つの変数を念頭に置いて，散布図，標本共分散，標本相関係数を紹介します．

3.1 図表の作成

3.1.1 散布図

大学には少人数教育を行うゼミと呼ばれる演習形式の授業があります．担当教員によりゼミの内容は異なり，自然と履修希望者数にばらつきがでてきます．各教員は履修を希望する学生（本登録した学生）に対して選考試験を課し，合格した学生だけにゼミの履修を認めます．某大学では，このようなゼミ履修のための選考試験とは別に，仮登録という制度が設けられています．まず，学生は，大学が実施するアンケートによって履修希望するゼミを仮登録します．ゼミごとの仮登録者数が公表されると，学生は，その仮登録者数を確認したうえで，履修希望するゼミを本登録します．なぜ，このような仮登録制度があるのか考えてみましょう．

表3-1は，仮・本登録者数の実際のデータをまとめたものです．観測表では，ゼミ別の仮登録者数を x_i，本登録者数を y_i としています．観測表は単なる数字の羅列ですから，表から意味のある情報を得るのは容易ではありませんが，散布図を用いて分かりやすくまとめることができます．**散布図**（scatter diagram）とは，2変数からなるデータ (x, y) を平面上の点としてプロットしたものです．

表 3-1　観測表：仮登録数と本登録数

x（仮登録数）	y（本登録数）	x（仮登録数）	y（本登録数）
5	5	19	5
26	23	19	20
9	8	18	16
27	25	30	29
41	40	8	7
42	41	17	18
20	20	22	19
25	24	3	3
23	19	21	21
23	24	17	22
14	17	3	3
15	15	10	11
3	5	0	0
6	10	29	23
4	4	5	7
9	9	32	20
9	10	29	28
16	15	14	13
19	17	20	16
42	34	4	4
16	19	8	7
0	0	10	8
61	49	20	19
13	13	10	14
31	28	38	41
13	17	12	13
5	5		

　図 3-1 は表 3-1 のデータを散布図にしたものです．また，散布図の理解を深めるために45度線を入れています．たとえば，一番右上の点は，このゼミが仮登録者数61人で本登録者数49人であったことを意味します．散布図をみると，仮登録の多いゼミほど本登録も多くなっていることが分かります．また，仮登録の多いゼミでは45度線の下に多くの点が観察されますが，これは仮登録者数に比べると本登録者数が少ないことを意味します．つまり，競争倍率の高いゼ

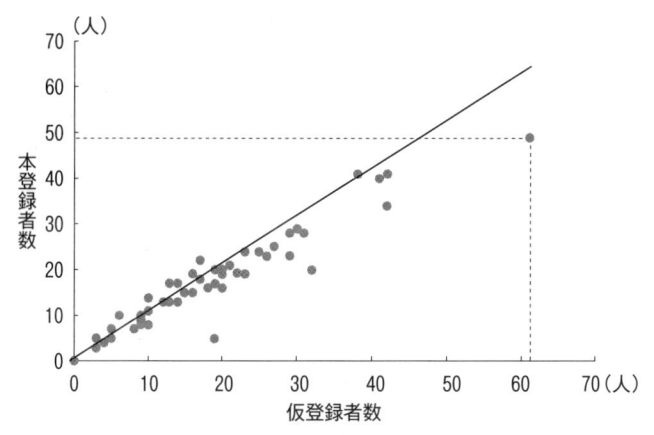

図 3-1　ゼミ別の仮登録者数と本登録者数

ミから倍率の低いゼミに履修希望を変える学生が存在するということを示唆しています．以上から，仮登録制度には，履修希望が集中するのを防ぐ機能があると考えられます．

3.1.2　さまざまな散布図

散布図を作ると，分布の形状から2変数 (x, y) 間には，大きく3つの関係があることが分かります．これらの関係を図示したものが図3-2です．

図3-2(a)は2変数間に**正の相関**がある場合，すなわち，xが高いとyも高い（xが低いとyも低い）という状態です．たとえば，先に紹介した仮登録者数と本登録者数の関係がこれに該当します．図3-2(b)は，2変数間に**負の相関**がある場合，すなわちxが高いとyが低い（xが低いとyは高い）という状態です．たとえば，喫煙量と寿命の関係，駅からの距離と地価の関係がこれに該当します．図3-2(c)は，2変数間に**相関がない**場合，すなわちxとyの動きに関連性が見られないという状態です．xが高くてもyが高くなる，または低くなるという傾向がみられない状態です（相関の説明は後出）．

散布図の理解を深めるため，以下に為替レートを用いた例を紹介します．

図 3-2　相　関

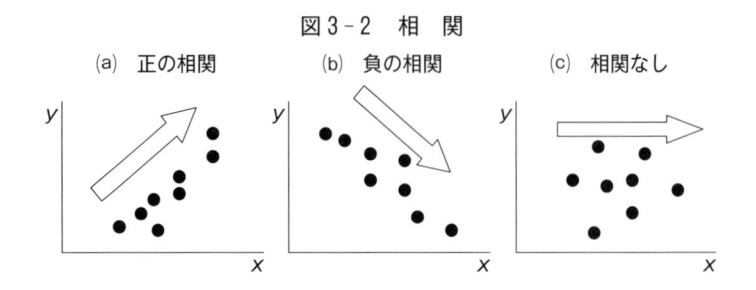

(a)　正の相関　　　(b)　負の相関　　　(c)　相関なし

例 1（為替レートの特徴）　為替レートの変動は，水準（実際の値）ではなく変化率でとらえるのが一般的です．t 期の為替レートを S_t，$t-1$ 期のそれを S_{t-1} と表します（たとえば t 期を今日とすれば $t-1$ 期は前日）[1]．変化率は，変化分 $S_t - S_{t-1}$ をもとの値 S_{t-1} で割ったものと定義され，t 期の為替変化率は，

$$\frac{S_t - S_{t-1}}{S_{t-1}}$$

と表されます．たとえば，$t-1$ 期が100円（$S_{t-1}=100$）で t 期が110円（$S_t=110$）であれば，変化率は$(110-100)/100=0.10$となります．図3-3は，1991年4月1日～2011年3月31日の為替変化率（日次）を表したものです．横軸は時間，縦軸は変化率を示しています．この図から，変化率は0を中心に大きく変動していることが分かります．

もし為替の変動を事前に予測できれば，為替の売買を通じて利益が得られます．実際，金融機関や投資家は，為替変化率の予測に真剣に取り組んでいます．代表的な予測方法は，過去の動きから将来を予測する方法です．もっとも，ある人は前日が円安なら当日も円安だろうと考えるかもしれませんが，別の人は前日に円安なら当日は円高と考えるかもしれません．そこで，散布図を使って，どちらの考え方が正しいかを調べてみましょう．

---

1) 時系列データの場合，変数 x の下添え字は i ではなく time の頭文字 t を使うことが慣習となっています．たとえば，日次データなら x_t とは t という日の変数 x の値で，x_{t-1} はその前日の値です．年次データなら，x_t は t という年の x の値です．

3章 相関　57

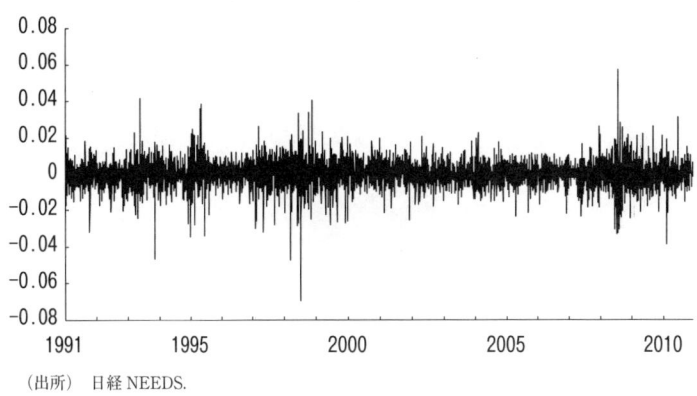

図3-3　為替変化率の推移

(出所)　日経 NEEDS.

　図3-4では，横軸 x は $t-1$ 期の変化率を，縦軸 y は t 期の変化率を表しています．たとえば，散布図のある点が $(x=0.01, y=0.02)$ なら，ある日 (t) の変化率は0.02で，その前日 $(t-1)$ の変化率が0.01であることを意味します．散布図の各点は，さまざまな日における当日と前日の変化率を表します．図をみるかぎり，前日と当日の変化率に相互関係はなく，前日の動きから当日の為替の動きを予測することは難しいといえます．この性質は**ランダムウォーク**(random walk) と呼ばれます．要するに，動きが全く予測できない性質の現象です．この性質は為替だけでなく，株価を含めた資産価格に共通しています．
　経済学者の伊藤元重氏は，為替レートの将来の動きが予測できない理由を次のように述べています．「もし予想できるようなら，それによって利益をあげることができる．世の中には頭の良い人がたくさんいる．皆が為替予想によってもうけようとするか，少なくとも損をしないよう行動している．仮に円安の動きが予想されれば，すぐにでも円をドルに交換しようとするだろう．しかし皆がそれをしたら，将来円安になるはずだった為替レートが，いま円安になってしまう．つまり，市場が予想を織り込んでしまうのだ．そうした予想を織り込んだ為替レートの動きを読むのは，さらに困難になる．外国為替市場では世界全体で一日当たり一兆ドルの取引が行われていると言われる．これは，世界全体の貿易の五十倍以上の大きさだ．大変な規模の取引が行われており，そこ

図 3-4 前日と当日の為替変化率

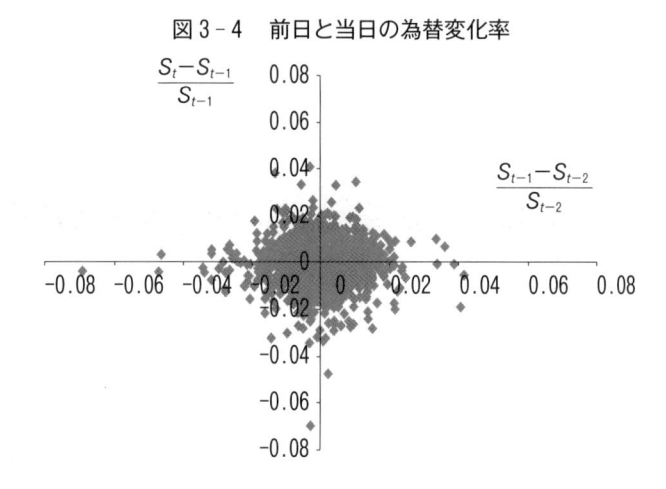

では実に多様な経済主体が取引にかかわっている．そうした生き馬の目を抜くような世界で，他の人々の予想を出し抜いて不正確でも為替レートが予想できるなんてことはありえない」(『日本経済新聞』1997年2月12日付)．

散布図によって，変数間の大まかな相関関係は把握できますが，このような分析結果は単なる印象であるともいえます．そこで，次節では変数間の相関関係をより具体的にとらえる特性値（指標）を学びましょう．

3.2 標本共分散と標本相関係数

2章では単一変数のばらつきを表す特性値として，標本分散と標本標準偏差を学習しました．ここでは，2変数 (x, y) 間の相関関係を表す特性値として，**標本共分散**と**標本相関係数**を紹介します．

3.2.1 標本共分散

標本共分散は2変数 (x, y) 間の共変動を表す指標であり，標本共分散がプラスなら**正の相関**，マイナスなら**負の相関**，0なら**無相関**，0に近いなら相関

コラム3-1　変化率の幻想

宮川公男『統計学でリスクと向き合う』(東洋経済新報社，2003年)の中で，変化率は誤解を招きやすい指標であると指摘されています．たとえば，ある企業の売上げについて，7月には前月比で40％減少したものの，8月には前月比で67％増加したとします．この数字から，どのような印象を持つでしょうか．

図3-5は，売上げの変化率を図示したものです．1～6月の各月の変化率は0％、7月に40％減，8月に67％増，9～12月は0％といった具合です．一見すると，「7月に売上げは大きく減少したが，8月にはそれを上回る急回復をした」という印象を持つかもしれませんが，実際には減少したものがもとの状態に戻ったに過ぎません．つまり，0.6×1.67＝1ですから，40％減のあとの67％増では水準自体は何も変わりません．このように変化率の図は，人々に誤った印象を与えかねません．図を作る側，読む側も，とくに注意が必要です．

野口悠紀雄氏は「未曾有の経済危機を読む」(『週刊ダイヤモンド』2009年10月31日号) というコラムで，変化率に関する興味深い事例を紹介しています．サブプライム問題に端を発した金融危機の影響により，2007～08年に世界経済が冷え込みましたが，2009年後半には経済成長率 (GDPの変化率) は急回復しました．これを受けて，メディアは経済が回復したと報道しましたが，イングランド銀行のキング総裁は「重要なのは水準であり，成長率ではない」といっています．キング総裁は，水準が大きく下がったので，その後の成長率が高くなるのは当たり前であること，成長率は上昇しても水準でみたらピークより下

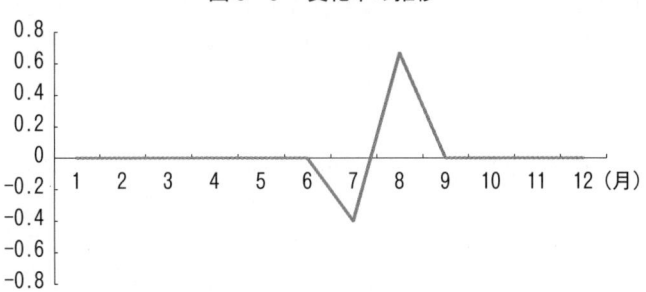

図3-5　変化率の推移

回っており，そもそも経済はまだ回復していないことを指摘しているのです．
　変化率は，ある変数が変化する方向やスピードを把握するうえで重要な指標であり，意味がないわけではありません．たとえば，GDPが100兆円から105兆円に増えたとします．変化率は5％ですから，5％というプラスの成長率が50年続けば1146兆円になります．新聞などで掲載されている数値が，変化率なのか水準なのかを注意して読むことが重要です．

が弱いとされます．標本共分散の定義は次のとおりです．

標本共分散（sample covariance）
$$s_{xy} = \frac{1}{n-1} \sum_{i=1}^{n}(x_i - \bar{x})(y_i - \bar{y})$$

除数は n ではなく $n-1$ となっていますが，n が十分に大きければ，除数が n でも $n-1$ でも，その値はほとんど変わりません．

図3-6を使って，標本共分散と相関との関係を確認しましょう．散布図を x と y の平均（$\bar{x}$, $\bar{y}$）を用いて，4つの領域に分割します．②と③の領域に点があれば $(x_i-\bar{x})(y_i-\bar{y})$ はプラスです．②の領域では，x_i は平均（$\bar{x}$）より大きく y_i も平均（$\bar{y}$）より大きいため，$(x_i-\bar{x})(y_i-\bar{y})$ はプラスとなり，③の領域では，x_i は平均（$\bar{x}$）より小さく y_i も平均（$\bar{y}$）より小さいため，$(x_i-\bar{x})(y_i-\bar{y})$ はプラスです．同様に，①と④の領域に点があれば $(x_i-\bar{x})(y_i-\bar{y})$ はマイナスです．以上をまとめると，②と③の領域に多くの点があれば標本共分散はプラス，①と④の領域に多くの点があれば標本共分散はマイナスとなります．また，①②③④に均等に散らばっているとき，プラスとマイナスが打ち消し合って，標本共分散は0に近い値をとります．

例1（体重と身長の関係①）　3人兄弟，太郎君，二郎君，三郎君の身長 x と体重 y は，次のとおりでした．

　　　　（180cm，80kg），（170cm，70kg），（160cm，60kg）

身長が180cmと高めの太郎君は体重も80kgと重く，身長が160cmと低めの三

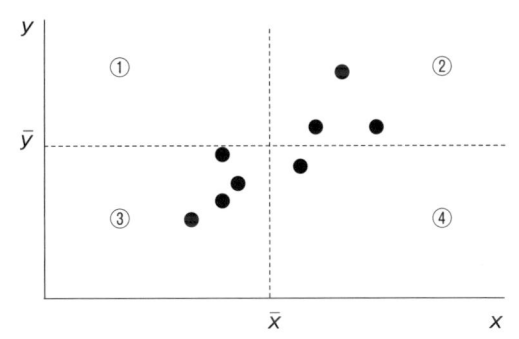

図 3-6　標本共分散と相関

郎君は体重も 60kg と軽くなっています．つまり，体重と身長には正の相関がみられます．体重の平均は $(80+70+60)/3=70$，身長の平均は $(180+170+160)/3=170$ となります．大柄な太郎君は，体重の偏差が $80-70=10$，身長の偏差が $180-170=10$ となり，両者の積は $10\times 10=100$ となります（図 3-6 では②の領域に該当）．逆に，小柄な三郎君は，体重の偏差が $60-70=-10$，身長の偏差が $160-170=-10$ となり，両者の積はやはり 100 となります（図 3-6 では③の領域に該当）．二郎君は体重，身長ともに平均と同じですから，それぞれの偏差は 0 です．以上から，標本共分散は

$$s_{xy}=\frac{(180-170)(80-70)+(170-170)(70-70)+(160-170)(60-70)}{3-1}=100$$

となり，プラスの値です．体重と身長に正の相関がありますから，標本共分散もプラスの値をとっています．

標本共分散の欠点は，スケール（尺度）が変わると，その値も変わるという性質です．たとえば，$z_i=bx_i$ という新しい変数を考えます（スケール変更ですから $b>0$ とします）．線形変換なので $\bar{z}=b\bar{x}$ となります（2.2.3 節参照）．このとき，z と y との標本共分散は，

$$s_{zy}=\frac{\sum_{i=1}^{n}(z_i-\bar{z})(y_i-\bar{y})}{n-1}=\frac{\sum_{i=1}^{n}(bx_i-b\bar{x})(y_i-\bar{y})}{n-1}=b\frac{\sum_{i=1}^{n}(x_i-\bar{x})(y_i-\bar{y})}{n-1}=bs_{xy}$$

となり，標本共分散も b 倍されます．たとえば，cm 表示から m 表示に変更すると ($b=0.01$)，標本共分散は0.01倍されてしまい，2変数の関係を表す指標としては不適格です．この問題を解決するために標本相関係数を紹介します．

3.2.2 標本相関係数

標本相関係数は，標本共分散 (s_{xy}) を x と y の標本標準偏差 (s_x, s_y) で除して，標準化したもので，以下のように定義されます．

標本相関係数（sample correlation coefficient）

$$r_{xy} = \frac{s_{xy}}{s_x s_y}$$

標本相関係数の分母は標本標準偏差なので常にプラスです．また，分子は標本共分散ですから，標本共分散と同様，標本相関係数は，x と y に正の相関があればプラスの値，負の相関があればマイナスの値，相関がなければ 0 となります．標本相関係数は，(1)スケール変更に依存せず，(2) -1 から 1 の間の値をとります．以下，これらの性質をみていきましょう（(2)の証明は補足参照）．

標本相関係数を少し書き換えると，

$$r_{xy} = \frac{1}{s_x s_y} \frac{\sum_{i=1}^{n}(x_i-\bar{x})(y_i-\bar{y})}{n-1} = \frac{1}{n-1}\sum_{i=1}^{n}\frac{(x_i-\bar{x})}{s_x}\frac{(y_i-\bar{y})}{s_y}$$

と変形できます．つまり，標本相関係数は，標準化（平均を引いて標本標準偏差で割ること）した x と y との標本共分散となっています．このように x と y が標準化されているからこそ，標本相関係数はスケール変更に依存しないのです．厳密に証明するため，x のスケールを変更して $z=bx$ という新しい変数を考えましょう（$b>0$）．線形変換ですから，z の平均と標本標準偏差は，x の平均と標本標準偏差を b 倍したものとなります（$\bar{z}=b\bar{x}$, $s_z=bs_x$）．したがって，z と y の標本相関係数は，

$$r_{zy} = \frac{1}{n-1}\sum_{i=1}^{n}\frac{(z_i-\bar{z})}{s_z}\frac{(y_i-\bar{y})}{s_y}$$
$$= \frac{1}{n-1}\sum_{i=1}^{n}\frac{(bx_i-b\bar{x})}{bs_x}\frac{(y_i-\bar{y})}{s_y} = \frac{1}{n-1}\sum_{i=1}^{n}\frac{(x_i-\bar{x})}{s_x}\frac{(y_i-\bar{y})}{s_y} = r_{xy}$$

となり,スケールを変えても標本相関係数は変わらないことが分かります.

例1（体重と身長の関係②） 太郎君,二郎君,三郎君の身長 x と体重 y から,それぞれの標本標準偏差を計算すると,

$$s_x = \sqrt{\frac{(180-170)^2+(170-170)^2+(160-170)^2}{3-1}} = 10,$$

$$s_y = \sqrt{\frac{(80-70)^2+(70-70)^2+(60-70)^2}{3-1}} = 10$$

となります．例1（体重と身長の関係①）の計算より標本共分散は $s_{xy}=100$ ですから,標本相関係数は $r_{xy}=100/(10\times 10)=1$ です.ここで身長 x をメートル（m）単位で表示した新しい変数 z を定義します（$z=0.01x$).このとき,z と y の標本共分散は

$$s_{zy} = \frac{(1.8-1.7)(80-70)+(1.7-1.7)(70-70)+(1.6-1.7)(60-70)}{3-1} = 1$$

となります．x を0.01倍したものが z ですから,標本共分散も100を0.01倍した1へと変化しています.z の標本標準偏差は

$$s_z = \sqrt{\frac{(1.8-1.7)^2+(1.7-1.7)^2+(1.6-1.7)^2}{3-1}} = 0.1$$

となります．したがって,z と y の標本相関係数は

$$r_{zy} = \frac{s_{zy}}{s_z s_y} = \frac{1}{0.1\times 10} = 1$$

となり,スケール変更前の x と y の標本相関係数と同じ値となります.

標本相関係数が1または -1 となるのは,変数 x と y に完全な**線形関係**（$y=a+bx$）が成立しているときです.例1（体重と身長の関係①）では,身長 x と体重 y に $y=-100+x$ という線形関係が成立しています.x と y に右上

図 3-7　標本相関係数と線形関係

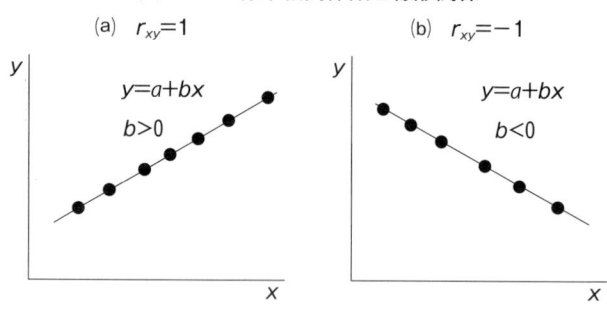

(a) $r_{xy}=1$　　　　　　　　(b) $r_{xy}=-1$

がりの線形関係（$b>0$）があると標本相関係数は 1 となり（図 3-7(a)），右下がりの線形関係（$b<0$）があると標本相関係数は -1 となります（図 3-7(b)）．

　2 章で学んだように，変数間に $y=a+bx$ が成立するとき，y の平均と標本標準偏差は，$\bar{y}=a+b\bar{x}$, $s_y=|b|s_x$ となるので，x と y の標本相関係数は，

$$\begin{aligned}
r_{xy} &= \frac{1}{n-1}\sum_{i=1}^{n}\frac{(x_i-\bar{x})}{s_x}\frac{(y_i-\bar{y})}{s_y} \\
&= \frac{1}{n-1}\sum_{i=1}^{n}\frac{(x_i-\bar{x})}{s_x}\frac{(a+bx_i-(a+b\bar{x}))}{|b|s_x} \\
&= \frac{1}{n-1}\sum_{i=1}^{n}\frac{(x_i-\bar{x})}{s_x}\frac{b(x_i-\bar{x})}{|b|s_x} \\
&= \frac{b}{|b|}\frac{1}{s_x^2}\frac{\sum_{i=1}^{n}(x_i-\bar{x})^2}{n-1}=\frac{b}{|b|}
\end{aligned}$$

です．ここで $b/|b|$ は，b をその絶対値で割るので，$b>0$ であれば標本相関係数は 1，$b<0$ であれば標本相関係数は -1 となります．

例 2（偏差値と授業料免除の関係）　授業料免除制度とは，休学や留学した生徒や，経済的理由で納付が難しい生徒に対して適用される制度です．『朝日新聞』で，福島県の高校の偏差値と授業料免除比率（高校で授業料免除を受ける高校生の比率）の関係が紹介されていました（図 3-8 参照）．

3章 相関　65

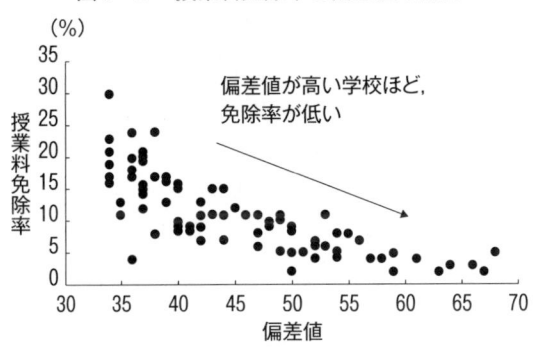

図 3-8 授業料免除率と偏差値の関係

（出所）『朝日新聞』2010年 9月12日付.

　図から，偏差値と授業料免除率の間に負の相関が見えますが，どの程度の相関があるのかまでは分かりません．記事によると，標本相関係数は -0.8 でした．これは -1 に近く，強い負の相関を示唆し，偏差値が高い学校ほど授業料免除を受ける高校生の比率は低い傾向があることがうかがえます．
　『朝日新聞』の記事は「免除率の違いは，子どもの学力が家庭の豊かさの影響を受けていることの表れ」という識者のコメントを掲載しています．しかし，標本相関係数の値からは，「親の所得が高いから子どもの偏差値が高くなる」という**因果関係**（causality）の存在は証明できません（3.3.1節参照）．

3.3　標本相関係数の注意点

　標本相関係数は，変数間の相関関係をとらえる重要な特性値ですが，その見方や解釈については，いくつかの注意すべき点があります．

3.3.1　相関と因果関係の違い

　第1の注意点は，相関と因果関係は異なる概念であるということです．**相関**は両変数の動きに関連性があるかを示す概念ですが，**因果関係**は原因と結果という関係を意味する概念です．x と y に相関があっても，それは x から y への

因果なのか，y から x への因果なのか，あるいは両方の因果が混ざり合っているのかは分かりません．両方の因果が混ざり合っている例として，選挙資金と選挙結果の関係があります．選挙資金と選挙結果の間には正の相関がありますが，「選挙資金が当選を決める重要な要因である」とはいえません．後援者は，候補者に勝てる見込みがなければ寄付する意味はなく，勝てる見込みがあるから寄付をしていると考えれば，勝てる候補者だから選挙資金が集まったとも考えられます．このように選挙資金と選挙結果の間の因果関係の判断は簡単ではありません．

さらにいえば，相関があっても因果関係を全く意味しない可能性すらあります．たとえば，別変数 z が x と y へ影響を与えている場合があります．この場合，x と y の相関は「見せかけの相関」に過ぎません．次のような昔話があります．昔々，ある国で疫病のため多くの人々が亡くなっていました．王様は自国の状況を改善したいと思い，臣下に疫病の原因を調べさせた結果，疫病による死亡者が多い地区には医師も多いことを発見しました．この発見に喜んだ王様は，疫病で多くの死者を出しているのは医師のせいだとして，医師を殺すよう命令を下しました．相関と因果関係の違いを学習したので，王様のこの判断の誤りはすぐに分かります．疫病が流行っているから死亡者数が多く，患者を治療するため医師数も多かったのであり，見せかけの相関を因果関係であると誤って判断したのです．

例1（溺死者数とアイスクリーム消費量の相関）　溺死者数とアイスクリームの消費量には正の相関関係があります．溺死者数が多いとき，アイスクリームの消費量も多い傾向があるのです．では，両者に因果関係があるといえるでしょうか．両者に因果関係があるならば，溺死者数を減らすために，アイスクリームの消費の規制が有効です．もちろんこの相関は因果関係ではありません．夏の暑い盛りには，アイスクリームの消費が増えますが，それと同時に，海や川で泳ぐ人も増え，溺死者数も増えます．これが溺死者数とアイスクリーム消費量が正の相関を持ってしまう理由です．したがって，当然ながら，規制を課してアイスクリーム消費量を減らしても，溺死者数は減りません．

コラム3-2　割合から日本経済の全体像をつかむ

　本章の議論と直接関係はありませんが，日本経済の全体像の理解はデータ分析の前提として不可欠です．ここではその全体像を，割合からつかむ方法を説明します．2022年現在，日本のGDPは約600兆円，歳出は約100兆円です．国の税収は，GDPのおよそ10%で約60兆円（景気が悪いと税収はさらに低下），国債発行額は約40兆円ですから，国の歳入は60＋40＝100兆円です．GDPの約50%が消費され，民間最終消費支出は600×0.5＝300兆円です．現在，消費税率は10%ですが，税法上は国税である消費税の税率は7.8%です（残り2.2%は地方消費税）．軽減税率の影響を考慮し税率を7%とすると，消費税収は300兆円の7%で約20兆円となります．消費税率を30%に上げれば消費税収は20兆円から3倍の60兆円となり（プラス40兆円），税収全体は60兆円から100兆円となります．つまり，国債を発行せずに，国の歳出と歳入がほぼ見合うためには，消費税率を30%まで上げる必要があります．

　今後，日本は高齢化が急速に進展し，総人口に占める老年人口（65歳以上）の比率は，2005年20%，2030年32%，2050年38%へと上昇する見込みです．高齢化により社会保障関係費がさらに増加するので，消費税率は30%でも十分ではないのは明らかです．そもそも，少子高齢化が急速に進む中，従来どおりの社会保障水準を維持しながら，老年人口を生産年齢人口（15〜64歳）で支える社会構造には無理があります．税率の増加による歳入の増加のみならず，高齢者の医療自己負担比率と年金支給年齢の引上げ，年金支給額の引下げなど歳出削減を早急に行う必要があります（なお，所得税率の引上げは生産年齢人口にさらなる負担を課すため望ましくありません）．他方で，規制緩和等を通じて，経済を活性化させ税収を増やしていくことも重要であり，バランスの良い改革を進める必要があります．

　米国35代大統領のJ・F・ケネディは，大統領就任演説で「あなたの国があなたに何をしてくれるかではなく，あなたがあなたの国のために何ができるかを考えてほしい」と訴えました．私たちも将来を担う子供たち，孫たちのために，何ができるかを考えるべきときではないでしょうか．

例2（教育の効果） 教育年数と生涯賃金には正の相関があります（教育年数は，中卒なら9年，高卒なら12年，大卒なら16年）．このことは，教育が賃金にプラスの影響を与えていることを意味するのでしょうか．もちろん，相関から因果関係の存在までは読みとることはできません．能力の高い人ほど教育年数も高い傾向があり，能力の高い人ほど賃金も高くなる傾向があるからです．したがって，能力という別の要因によって，教育年数と生涯賃金に正の相関が生まれる可能性があります．

このような問題があるので，教育年数の効果を測ることは容易ではありません．教育年数の効果を測る方法の1つとして，一卵性双生児（双子）のデータの利用が考えられます．一卵性の双子であれば，その能力や家庭環境にほとんど差はありません．したがって，ある双子の教育年数の差を x_i，賃金の差を y_i として，両者に正の相関があれば教育年数は賃金に正の影響を与えているといえます．双子のデータを用いた研究では，双子の教育年数の差と賃金の差には正の相関があることが確認されています．10章以降で学ぶ回帰分析を用いれば，変数間の数量的関係，つまり，教育年数が1年増えると賃金が何%増えるかを推定することも可能です．米国の双子の研究では，教育年数が1年増えると賃金が12〜16%も増えることが確認されています[2]．

3.3.2 非線形関係

第2の注意点は，標本相関係数でとらえることができるのは**線形関係**だけだということです．x と y に**非線形関係**がある場合を考えてみます．

図3-9(a)は，x と y にU字型の関係があることを表し，(b)は x と y に円型の関係があるとしています．これらの場合，標本相関係数は0に近い値をとります．図を4つの領域に分ければ，①②③④の領域にまんべんなく点が存在し，これらが相互に打ち消し合うため，標本相関係数は0に近い値をとるのです．標本相関係数が0に近い場合でも，2変数間に非線形関係がある可能性は否定

---

[2] Ashenfelter, O. and Krueger, A. (1994), "Estimates of the Economic Return to Schooling from a New Sample of Twins," *American Economic Review* 84, 1157-1173.

図 3-9　非線形関係

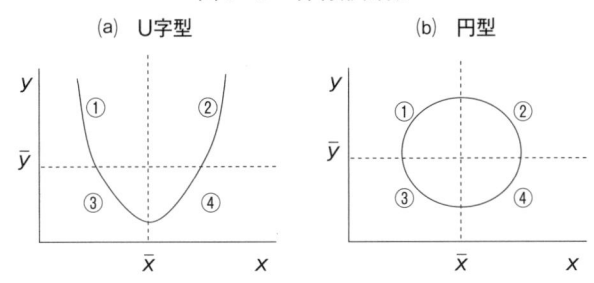

(a) U字型　　　　　　　(b) 円型

できません．標本相関係数を使うときは，数値を見ると同時に散布図も調べる必要があります．データ分析の基本は，(1)図表を作ること，(2)特性値（平均，標本標準偏差，標本相関係数など）を計算することです．どちらも大事な基本ですので，これらの作業を疎かにせず必ず行うようにしてください．

例1（電力需要と気温の関係）　2011年3月11日の東日本大震災による影響で，東京電力管内では電力供給能力が大きく低下しました．電力需要が電力供給能力を上回る状況が現実化した結果，東京電力管内で計画停電が発動され日本経済に大きな負の影響を与えました．

　電力需要は，主に気温によって決定されます．図3-10は，東京電力管内の12時（正午）の気温と電力需要を散布図で表したものです．気温が高い（低い）と電力需要は増加します．このように気温と電力需要とが関係していることは明らかですが，標本相関係数を計算すると0.28という低い値となり，実感に反します．標本相関係数が小さい値をとる原因は，気温と電力需要の関係がU字型であり，非線形関係であることにあります．このような場合には標本相関係数によっては変数間の相互関係を上手にとらえることはできません．

　標本相関係数は相関関係を測る重要な特性値ですが，この例が示すように，標本相関係数だけで変数間の関係を判断せず，散布図をあわせて総合的に判断することが重要です．

図3-10　気温と電力需要

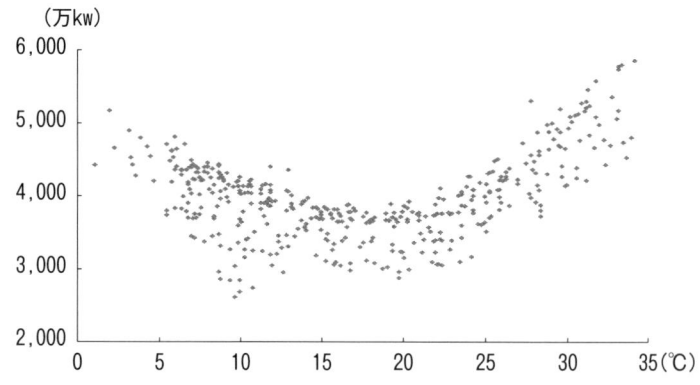

（万kw）

（注）　2008年1月1日〜2009年3月2日における日次データであり，気温は東京の気温，電力需要は12時台における1時間平均の電力需要量となっています．
（出所）　東京電力「でんき予報」．

補足：証明

　標本相関係数が絶対値で1以下となること（$-1 \leq r_{xy} \leq 1$）を証明します．新しい変数zを

$$z_i = \frac{(x_i - \bar{x})}{s_x} - \frac{(y_i - \bar{y})}{s_y}$$

と定義します．ここで，zの2乗和を求めると，

$$\sum_{i=1}^{n} z_i^2 = \sum_{i=1}^{n} \left(\frac{(x_i - \bar{x})}{s_x} - \frac{(y_i - \bar{y})}{s_y} \right)^2$$

$$= \frac{1}{s_x^2} \sum_{i=1}^{n} (x_i - \bar{x})^2 + \frac{1}{s_y^2} \sum_{i=1}^{n} (y_i - \bar{y})^2 - 2 \sum_{i=1}^{n} \frac{(x_i - \bar{x})}{s_x} \frac{(y_i - \bar{y})}{s_y}$$

となり，さらに全体を$n-1$で割ると，

$$\frac{\sum_{i=1}^{n} z_i^2}{n-1} = \frac{1}{s_x^2}\frac{\sum_{i=1}^{n}(x_i-\bar{x})^2}{n-1} + \frac{1}{s_y^2}\frac{\sum_{i=1}^{n}(y_i-\bar{y})^2}{n-1} - 2\frac{1}{n-1}\sum_{i=1}^{n}\frac{(x_i-\bar{x})}{s_x}\frac{(y_i-\bar{y})}{s_y}$$

$$= \frac{1}{s_x^2}s_x^2 + \frac{1}{s_y^2}s_y^2 - 2r_{xy} = 1 + 1 - 2r_{xy}$$

となります．上式は2乗和で，2乗和は非負（0以上）ですから

$$1 + 1 - 2r_{xy} \geq 0$$

となり，$1 \geq r_{xy}$ が得られます．

次に，z を新しく

$$z_i = \frac{(x_i-\bar{x})}{s_x} + \frac{(y_i-\bar{y})}{s_y}$$

と定義します．先と同様，z について2乗和を求めてから $n-1$ で割ると，

$$\frac{\sum_{i=1}^{n} z_i^2}{n-1} = \frac{1}{s_x^2}\frac{\sum_{i=1}^{n}(x_i-\bar{x})^2}{n-1} + \frac{1}{s_y^2}\frac{\sum_{i=1}^{n}(y_i-\bar{y})^2}{n-1} + 2\frac{1}{n-1}\sum_{i=1}^{n}\frac{(x_i-\bar{x})}{s_x}\frac{(y_i-\bar{y})}{s_y}$$

$$= \frac{1}{s_x^2}s_x^2 + \frac{1}{s_y^2}s_y^2 + 2r_{xy}$$

となります．これも $1+1+2r_{xy} \geq 0$ で $-1 \leq r_{xy}$ です．以上から，$-1 \leq r_{xy} \leq 1$ が証明できました．

練習問題

1. 相関関係が正となる変数のペア（組），負となる変数のペア例を，それぞれ3つあげてください．たとえば，正となる変数のペアとしては，犯罪者数と警察官の数などが考えられます．
2. 変数 x と y を入れ替えたとき，標本相関係数の値はどう変化しますか．
3. 2変数間の標本相関係数が1（または -1）に近い値でも，それが因果関係を意味しない理由を説明してください．
4. 2つの変数 x と y のデータが，$x:\{1,2,3,4,5\}$，$y:\{3,2,5,1,4\}$ で与えられているとき，両者の標本共分散と標本相関係数を求めてください．
5. x_i が $\{-5,-2,0,2,5\}$，y_i は x_i^2 として $\{25,4,0,4,25\}$ とします．このとき，両者の標本共分散と標本相関係数を求めてください．

6. プロサッカーのデータを調べた結果，成績が良いチームほど，年俸の総額が高いことが分かりました．このことは年俸を上げると，チームも強くなることを意味しますか．そうでないなら，その理由をあげてください．

7. ある男性の所得と血圧を数十年間にわたり計測したところ，男性の所得と血圧に正の相関が観察されました．この関係から，所得が高くなると血圧も上がるといえますか．いえないとすれば，その理由を説明してください．

8. ポリオはウイルス感染症であり小児麻痺とも呼ばれる病気です．昔の米国では，ポリオの発症数は夏に増えていました．ある学者はアイスクリームの消費量とポリオの発症数に正の相関があることから，アイスクリームがポリオの原因と考えて，アイスクリームの消費を減らすよう提言しました．この提言にはどのような問題があるでしょうか．

9. カリフォルニア大学バークレー校の6学科全体の受験合格率を計算したところ，男性は合格率44.5%（=1198/2691）で女性は合格率30.4%（=557/1835）でした．参考資料として，学科別（A, B, C, D, E, F）の志願者数と合格者数を分割表として以下のようにまとめています．分割表は，複数変数間の関係をまとめる便利な表です．

学科	男性			女性			全体	
	志願者数	合格者数	合格率	志願者数	合格者数	合格率	志願者数	合格者数
A	825	512	0.621	108	89	0.824	933	601
B	560	353	0.630	25	17	0.680	585	370
C	325	120	0.369	593	202	0.341	918	322
D	417	138	0.331	375	131	0.349	792	269
E	191	53	0.277	393	94	0.239	584	147
F	373	22	0.059	341	24	0.070	714	46
合計	2,691	1,198		1,835	557		4,526	1,755

(1) 男性は女性に比べ合格率が約14%も高くなっているのはなぜでしょうか．上記の表を参考に答えてください．(2)全体の合格率は男性44.5%、女性30.4%でした．これは加重平均と考えられますが，どのような加重が用いられているのでしょうか．(3)男女別の合格率を，全体の志願者数を加重とし加重平均として求めてください．

10. 牛肉セーフガードは，輸入急増から国内畜産家を守るために制定されました．セーフガードは，四半期の輸入量が前年同期比17%を超えて増加したとき，牛肉関税を38.5%から50%へと引き上げるとしています．2003年冷蔵（チルド）牛肉の輸入量の増加が17%を超えたのを受け，同年8月冷蔵牛肉に対してセーフガードが発動されました．この発動は適切だったでしょうか．

11. 以下の関係を証明してください．

(1) $\sum_{i=1}^{n}(x_i-\bar{x})(y_i-\bar{y}) = \sum_{i=1}^{n} x_i y_i - n\bar{x}\bar{y}$

(2) $\sum_{i=1}^{n}(x_i-\bar{x})(y_i-\bar{y}) = \sum_{i=1}^{n}(x_i-\bar{x})y_i = \sum_{i=1}^{n}(y_i-\bar{y})x_i$

4章 確 率

　確率という言葉は日常生活でもよく耳にします．しかし，その正確な意味を理解したうえで使っている人は，それほど多くはないかもしれません．世の中の多くは不確実であり，不確実性を確率的に把握することは，人生を賢く生きていくうえで欠かせません．そして，不確実性を理解するために必要なのが確率の知識です．本章では，確率の基礎となる標本空間の概念と確率の定義を確認したうえで，さまざまな定理を紹介します．本章を通して，確率の考え方とその計算に馴染んでいきましょう．

4.1　標本空間

4.1.1　概念の定義
　統計学では，結果が偶然に支配される実験を**試行**（trial）といいます．そして，試行により何らかの実現可能な結果が生じます．実現可能な全ての結果を集めたものを**標本空間**（sample space），標本空間の個々の異なった結果を**標本点**（sample point），標本空間の部分集合を**事象**（event）といいます．標本空間は Ω（ギリシャ語大文字の「オメガ」），標本点は ω（小文字の「オメガ」），事象はアルファベットの大文字で A, B, C, D などと表示します．
　たとえば，6面体のサイコロを1回だけ振るとしましょう．このときの試行はサイコロを振ることであり，起こりうる結果は1, 2, 3, 4, 5, 6の目が出ることです．したがって，その標本空間は $\Omega=\{1,2,3,4,5,6\}$ と表されます．標本点は全部で6つあり，それぞれ $\omega_1=\{1\}, \omega_2=\{2\}, \omega_3=\{3\}, \omega_4=\{4\}, \omega_5=\{5\}, \omega_6=\{6\}$ です．次に，事象は分析者の関心に応じて自由に定義できます．事象 A を2以下の目が出る場合，事象 B を偶数の目が出る場合，事象 C を3以上の目が出る場合とすると，それぞれ $A=\{1,2\}, B=\{2,4,6\}$ $C=\{3,4,5,6\}$ となります．

図 4-1　ベン図による代表的事象

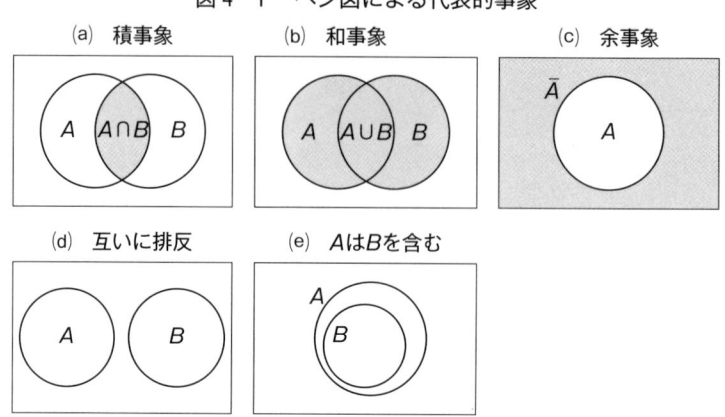

(a) 積事象　　(b) 和事象　　(c) 余事象

(d) 互いに排反　　(e) A は B を含む

4.1.2　ベン図

ベン図（Venn diagram）とは 19 世紀の数学者ジョン・ベン（John Venn）によって考案されたもので，複数の事象間の関係や事象の範囲を視覚的に図式化したものです．図 4-1 は，ベン図を用いて，代表的な事象を図式化しています．まず，長方形で囲まれた領域内を標本空間と考えてください．長方形の標本空間の中に，沢山の標本点が散らばっているというイメージです．また，それぞれ丸で囲まれた領域を任意の事象 A，B とします．

A と B の**積事象**（intersection）は，A と B が同時に起こる事象と定義され，$A \cap B$ と表します（「A かつ B」と読む）．同時に起こる事象であるため，A と B が重なる領域となります（図 4-1 (a)参照）．

A と B の**和事象**（union）は，A と B の少なくとも一方が起こる事象と定義され，$A \cup B$ と表します（「A または B」と読む）．少なくとも一方が生じる事象であるため，A と B の全領域によって表されます（図 4-1 (b)参照）．

A の**余事象**（complement）とは，A が起こらないという事象であり，$\bar{A}$ と表します（「A バー」と読む）．余事象 $\bar{A}$ は A が起こらない事象であるため，A の外側の全領域となります（図 4-1 (c)参照）．

空事象（null event）とは，起こりえない事象で ϕ（ギリシャ文字の「ファ

イ」)と表します.起こりえない事象ですから,図に表すことはできません.

事象 A と B が互いに排反(disjoint)であるとは, A と B が互いに共通点を持たない場合です($A \cap B = \phi$ という状態).共通点を持たないとは,A と B の重なる部分がない状態です(図4-1(d)参照).たとえば,A とその余事象 $\bar{A}$ は互いに排反となります.

集合 A は B を含む(include)とは,集合 B の全ての要素が集合 A の要素でもある状態です.このとき,B が A の中に完全に含まれており,A は B を含むといいます(図4-1(e)参照).この状態を $A \supset B$ または $B \subset A$ と表します.以下の例を通じて,これらの事象について理解を深めていきましょう.

例1(サイコロを1回振る①) サイコロを1回だけ振る場合,標本空間は $\Omega = \{1,2,3,4,5,6\}$ でした.事象を $A = \{1,2\}$, $B = \{2,4,6\}$ とします.このとき,積事象,和事象,余事象はそれぞれ $A \cap B = \{2\}$, $A \cup B = \{1,2,4,6\}$, $\bar{A} = \{3,4,5,6\}$, $\bar{B} = \{1,3,5\}$ となります.また,A と $\bar{A}$ には共通部分がありませんから,A と $\bar{A}$ は互いに排反であるといえます.

例2(コインを2回投げる) コイン投げで,表(Head)が出れば H,裏(Tail)が出れば T と表せば,コインを2回投げたときの標本空間は $\Omega = \{HH, HT, TH, TT\}$ となります.たとえば,HT は1回目が表(H)で,2回目が裏(T)となる場合です.ここで事象 A を表が1回以下の場合($A = \{HT, TH, TT\}$),事象 B を表が1回の場合($B = \{HT, TH\}$)とします.このとき,A は B を含んでおり($A \supset B$),また,$\bar{A} = \{HH\}$ ですから A と $\bar{A}$ は互いに排反です.最後に,標本空間の余事象 $\bar{\Omega}$ を考えてみましょう.標本空間は $\Omega = \{HH, HT, TH, TT\}$ であり,それが起こらない事象は存在しませんから,標本空間の余事象は空事象となります($\bar{\Omega} = \phi$).

4.2 確率

確率(probability)とは,ある事象が起こる「確からしさ」の程度を表す尺度のことをいいます.数学的にいうと,確率とは,ある事象が与えられたとき,

それに対応する確からしさを表す値を返す**関数**（function）です[1]．また，任意の事象 A の確率を $P\{A\}$ と表します（P は Probability の頭文字）．たとえば，事象 A がコインの表であれば，コインが表をとる確率は $P\{A\}=0.5$ とします．確率を評価する方法としては，**先験的確率，経験的確率，主観的確率**があります．以下で，それぞれの評価方法の定義と具体的な用い方をみていきましょう．

4.2.1 先験的確率

コインを1回投げるとしましょう．標本空間は $\Omega=\{H, T\}$ であり，2個の標本点から構成されます．コインに歪みがなければ，表と裏が生じる「確からしさ」は同じです．ここで表が出る確率はどうなるでしょうか．標本空間は同等に確からしい2点からなり，そのうちの1点は表ですから，表の確率は1/2になると考えられます．これが**先験的確率**の考え方のエッセンスです．先験的確率の定義は以下のとおりです．

先験的確率（a priori probability）
 標本空間は n 個の標本点からなり，各標本点が同等に確からしいとする．事象 A に含まれる標本点の数を $n(A)$ とすると，事象 A の確率は，
$$P\{A\}=\frac{n(A)}{n}$$

以下では，2つの例を通じて先験的確率の理解を深めていきましょう．

例1（サイコロを1回振る②） サイコロを1回振る場合，標本空間は $\Omega=\{1,2,3,4,5,6\}$ であり，標本点の数は6です（$n=6$）．2以下の目が出る場合を事象 A とすると，$A=\{1,2\}$ であり，事象 A に含まれる標本点の数は2です（$n(A)=2$）．事象 A が生じる確率は $P\{A\}=2/6=1/3$ となります．

---
[1] 関数 $y=f(x)$ とは，さまざまな x の値に対して y の値が対応する関係をいいます．たとえば，$y=2+4x$ という関数の場合，$2+4x$ が $f(x)$ に当たります．このとき，$x=2$ なら y は $2+4\times2=10$ です．確率の場合，任意の事象が x に当たり，確からしさを表す値が y に当たります．

例2（トランプ①） トランプの束（ジョーカーなし）から1枚を抜き出したとき，それがスペードである確率を求めます．トランプの札は全部で52枚なので，標本点の数は52です（$n=52$）．その1枚がスペードである場合を事象Aとすると$n(A)=13$から，事象Aが生じる確率は$P\{A\}=13/52=1/4$です．

4.2.2 経験的確率

先験的確率では，標本空間の各点が生じる可能性は同等に確からしいという仮定が置かれていました．しかし，そのような仮定は常に満たされるわけではありません．たとえば，コインが歪んでいれば表と裏が出る可能性は同等に確かではなく，表が出る割合の方が高いかもしれませんし，裏が出る割合の方が高いかもしれません．それでは，歪んだコインの表が出る確率は，どのように求めたらよいのでしょうか．

1つの方法は，コインを何度も投げて，表が出た割合（相対度数）を計算することです．もし10000回中6000回が表となれば，このコインの表が出る確率は0.6といえそうです．もちろん10000回ではなく，もっとたくさんの回数コインを投げればより正確に確率を知ることができます．これが**経験的確率**の考え方のエッセンスです．経験的確率の定義は以下のとおりです．

経験的確率（empirical probability）
　ある事象Aの起こる確率とは，観察回数nと事象Aが起こった回数$n(A)$との相対度数$n(A)/n$の極限値である．
$$P\{A\}=\lim_{n\to\infty}\frac{n(A)}{n}$$

上記の定義について，説明を補足しましょう．ここで$\lim_{n\to\infty}$は観察回数nを無限大（∞）にした場合を表します．つまり，観察回数が非常に大きいときの相対度数を**経験的確率**というのです．

例1（コイン投げと経験的確率） 歪みのないコインを1000回投げる実験を行

図4-2　相対度数と経験的確率

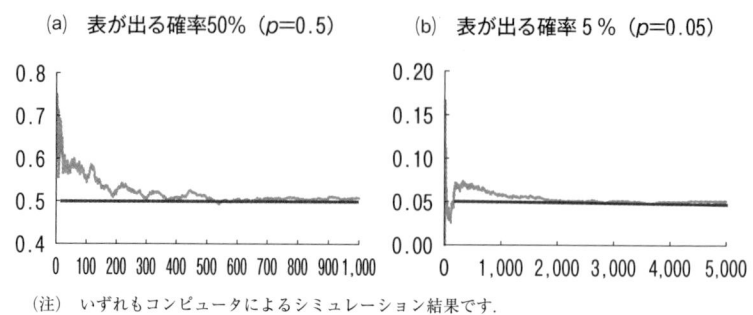

(a) 表が出る確率50%（$p=0.5$）　　(b) 表が出る確率5%（$p=0.05$）

（注）いずれもコンピュータによるシミュレーション結果です．

いました．図4-2(a)は，投げた回数ごとに，そのうち何割が表だったかを測ったものです．横軸は投げた回数（0～1000），縦軸は表が出た割合（相対度数）です．たとえば，最初の10回のうち7回が表でしたから，横軸が10のとき割合は0.7です．観察回数が少ないと，表が出た割合は必ずしも0.5とはなりません．観察回数を増やしていくと，表が出た割合は0.5に収束していきます．たとえば，5回だけ投げたときは，全て表，全て裏というケースも生じますが，1000回もコインを投げると表と裏が生じる割合はほぼ0.5となります．次に，表が出る確率が0.05の歪んだコインを考えましょう．図4-2(b)は，このコインを使って，5000回の試行を行った結果を記録したものです．この図からも，観察回数を増やしていくと，表が出た割合は0.05に収束していることが分かります．500回程度では相対度数は0.05から乖離していますが，2000回の試行あたりから相対度数は0.05にほぼ一致しています．観察回数を増やすにつれて，相対度数が経験的確率に収束することを**大数の法則**（law of large numbers）といいます．

　それでは，一般的に何回程度の試行から相対度数と経験的確率は一致するのでしょう．ここで事象Aが生じる確率をpとします．一般的には，pが0に近い場合には，より多くの回数が必要となります．事象Aが生じる確率pが0に近い場合，その事象はまれにしか観察できないことから，確率を正確に測定するためには多くの試行が必要となります．

コラム 4-1　大数の法則と死亡保険

　死亡保険とは，保険契約で定めた被保険者が亡くなったとき，保険会社が一定の金額を支払ってくれる制度です．もちろん，そのためにはあらかじめ保険料を保険会社に支払っておく必要があります．では，保険会社は保険料をどのように設定しているのでしょうか．

　死亡保険である以上，保険料は死亡率に関係がありそうです．図4-3(a)は，男女ごとの年齢別死亡率を描いたものです．横軸は年齢で縦軸は死亡率です．たとえば，60歳男性の死亡率は0.82％であり，これは全ての60歳男性のうち0.82％が1年で亡くなることを意味します．女性の方が長生きですから，男性の死亡率の方が女性より高い値となっています．また，死亡率は年齢とともに上昇し，90歳では男性15.48％，女性10.14％に達しています．

　35歳の男性について，死亡時に3000万円を支払う保険（掛け捨て）を考えてみましょう．保険会社は，総額で死亡者数(35歳男性顧客)×3000万円を支払うことになるため，保険会社は顧客1人当たり，純保険料（保険金支払いの源泉）として，以下の金額を徴収すれば採算が取れます．

$$純保険料 = \frac{死亡者数 \times 3000万円}{顧客数} = \left(\frac{死亡者数}{顧客数}\right) \times 3000万円$$

死亡者数／顧客数は顧客死亡率ですから，保険会社は顧客死亡率×保険金額を顧客から徴収すればよいのです．35歳男性の死亡率は0.09％ですが，顧客が35歳男性1000人だけでは，この1000人の死亡率は大きく変動してしまいます．しかし，顧客が100万人もいれば大数の法則が成立し，100万人のうち0.09％が死亡するため，保険会社は顧客1人当たり3000万円×0.09％＝2.7万円を保険料として徴収すればよいのです．図4-3(b)は，この計算を20〜60歳までの男女について行い，各年齢の年齢別純保険料を計算したものです．死亡率が低い女性の保険料は安いこと，年齢が上がるほど保険料は男女ともに上昇することが分かります．

　死亡保険では「平準保険料方式」といわれる方式が一般的で，これを選ぶと保険期間中の保険料は一定となります．たとえば，30歳男性が3000万円の10年定期の保険に加入したとします．このとき，保険会社は30〜39歳までの年齢別

図4-3　保険料の理論値

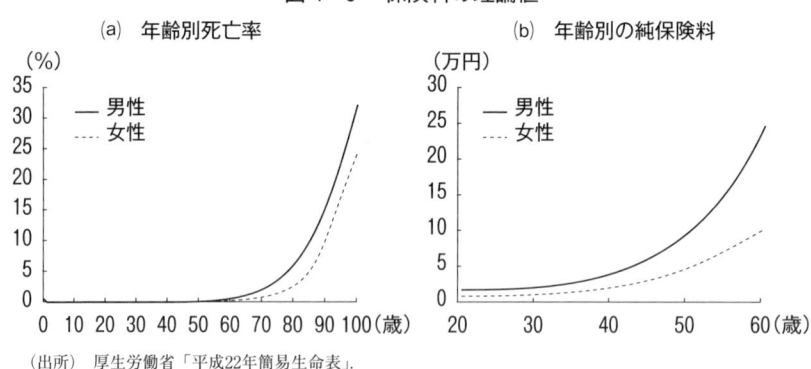

(a) 年齢別死亡率

(b) 年齢別の純保険料

（出所）厚生労働省「平成22年簡易生命表」．

保険料を平均したものを毎年徴収します（インフレや金利は0と仮定）．これは1年で2.67万円（月額2225円）です．このように理論的に求めた月額2225円は，実際の値段と整合的でしょうか．岩瀬大輔『生命保険のカラクリ』（文藝春秋，2009年）の中で，ライフネット生命保険の月額保険料の算出式が紹介されています．ライフネットでは，30歳男性が3000万円の10年定期に加入すると月額保険料は3484円であり，その保険料の算出式は以下であるとしています．

$$\text{保険料} = \text{純保険料} + 0.15 \times \text{純保険料} + 250$$

純保険料は上記で理論的に求めた2225円です．そして，人件費などの経費を賄う手数料を$0.15 \times 2225 + 250 = 584$円としています．保険料は純保険料と手数料の合計で$2225 + 584 = 2809$円であり，ライフネットの3484円と近い金額となっています．多少の誤差はありますが，これは保険会社が死亡率（予定死亡率）を慣例として少し高めに設定しているためです．ちなみに，ライフネットはネット専業であり，営業職員を減らすことで人件費を抑えており，大手生保保険会社に比べて保険料を安い水準に設定しています．

例2（打率と規定打席） ある打者の真の打率を3割と仮定します．ペナント・レースの第1試合における成績は5打数1安打（打率2割）でした．これは，実力からすると悪い成績です．人間ですから，調子が良いときがあれば悪いときもあります．しかし，打席数が増えるにつれて，打率は真の打率である

3割，すなわち経験的確率へと近づいていきます．長い目でみれば，こうした成績は平準化されていくのです[2]．

4.2.3 主観的確率

観察回数が少ない場合や，先験的確率の前提（各標本点が生じる可能性が同等に確からしい）が満たされない場合，確率は主観的判断によって決めるしかありません．このように決められる確率を**主観的確率**（subjective probability）といいます．

たとえば，阪神ファンは阪神が優勝する確率に関心を持っています．しかし，これは先験的確率でも経験的確率でも扱えませんから，主観的確率で扱うことになります．ただし，主観的確率ですから，人によって割り当てる確率は異なります．ある人はその確率を0％とするかもしれませんし，別の人は100％とするかもしれません．主観的確率は，次節で紹介する確率の公理といわれる3条件を満たすかぎり，どのように設定してもかまいません．

確率の評価方法として，先験的確率，経験的確率，主観的確率を紹介しました．どの評価方法を用いればよいかは場合によって異なります．まず，標本空間の各点が同等に確かである場合には，先験的確率で考えるのが一番よいでしょう．もちろん無限回の試行を行えば相対度数である経験的確率は先験的確率と一致します．しかしながら，標本空間の各点が同等に確かであれば何度も試行する必要もなく，先験的確率で考えるのが一番容易かつ正確です．次に，標本空間の各点が生じる可能性が同等に確かではない場合，何度も同じ試行を繰り返すことができるならば経験的確率で扱うことができます．同等に確かでもなく，何度も試行ができないときは，主観的確率で考えることになります．

---

2) プロ野球には規定打席という制度があります．これは各リーグの打撃ランキングの対象となるために必要な打席数であり，1軍の場合は所属球団の試合数×3.1として算出されます（144試合なら144×3.1=446打席）．規定打席は，打者の真の実力を測るためには，ある程度の打席数が必要であるという経験的確率の考え方に裏付けられた制度といえそうです．

4.2.4 確率の公理

確率の評価方法として紹介した先験的確率,経験的確率,主観的確率は全て,確率の公理と呼ばれる次の3つの基本条件を満たした関数となっています(証明は練習問題13参照).確率の公理とは以下のとおりで,いずれも当たり前のものばかりです.

> **確率の公理**(probability axioms)
> 公理(1)　任意の事象 A に対して,$0 \leq P\{A\}$
> 公理(2)　Ω に対して,$P\{\Omega\}=1$
> 公理(3)　A と B が互いに排反ならば $P\{A \cup B\}=P\{A\}+P\{B\}$

公理(1)は,任意の事象 A が生じる確率は 0 以上ということを意味しています.次に,公理(2)は,標本空間上のどれかが生じる確率($P\{\Omega\}$)は 1 ということを表しています.たとえば,サイコロを1回だけ振るときの標本空間は $\Omega=\{1,2,3,4,5,6\}$ ですが,1~6 のどれかが生じる確率($P\{\Omega\}$)は 1 となります.最後に,公理(3)は,事象 A と事象 B に何の共通点もない場合には,A または B が生じる確率は A と B の確率を加えたものになることを表しています.たとえば,コインを投げた場合に表が出ることを A,裏が出ることを B とします.このとき,A と B が同時に生じることはありえません.すなわち,A と B には共通点がないので,A または B が起こる確率は,コインの表が出る確率と裏が出る確率を加えた 1 となります.

確率の公理とは確率の基本条件です.このため,確率の公理から導出された法則は,どの確率の評価方法でも成立する一般的法則となります.以下には,確率の公理だけを仮定して,確率のさまざまな法則を導出していきます.

例1(余事象の確率) 任意の事象を A とすると,標本空間は $\Omega=A \cup \bar{A}$ と表せます(図 4-1(c)参照).A と $\bar{A}$ は互いに排反ですから,公理(3)から $P\{\Omega\}=P\{A \cup \bar{A}\}=P\{A\}+P\{\bar{A}\}$ となります.また,公理(2)から $1=P\{A\}+P\{\bar{A}\}$ となるので,余事象 $\bar{A}$ の確率は $P\{\bar{A}\}=1-P\{A\}$ と求められます.

図4-4　AはBを含む

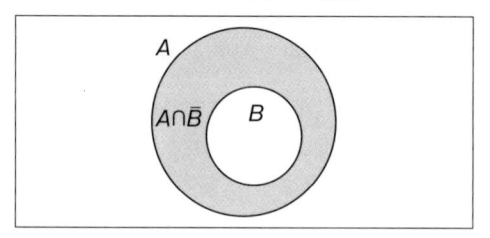

以上を踏まえて，標本空間Ωの余事象を考えてみましょう．標本空間は全ての標本点を含んでいるので，その余事象は存在せず，標本空間の余事象は空事象となります（$\bar{\Omega}=\phi$）．したがって，公理(2)から空事象の確率は$P\{\phi\}=P\{\bar{\Omega}\}=1-P\{\Omega\}=0$となります．

例2（確率は1以下）　事象Aが事象Bを含む場合（$A\supset B$）について考えてみましょう．ベン図で表すと，領域Bは領域Aの中に収まっている状態です．図4-4の網掛けの領域が$A\cap\bar{B}$であり，$A=B\cup(A\cap\bar{B})$と表せます．また，Bと$A\cap\bar{B}$は互いに排反ですから，$P\{A\}=P\{B\}+P\{A\cap\bar{B}\}$と表せます．公理(1)より$P\{A\cap\bar{B}\}\geq 0$ですから，$P\{A\}\geq P\{B\}$を導くことができます．もっとも，事象$A$は事象$B$を含んでいますから，$A$が$B$より確率が高くなるのは直観的には明らかです（コラム4-2参照）．

また，任意の事象Aについて，必ず$\Omega\supset A$が成立します．これは，$P\{\Omega\}\geq P\{A\}$ということです．公理(2)より，$P\{\Omega\}=1$ですから，任意の事象Aに対して$1\geq P\{A\}$が成立します．以上より，任意の事象Aの発生する確率は1以下であることを導くことができます．

例3（2つ以上の事象の確率）　事象A_1，A_2，A_3は互いに排反とします．$B=A_2\cup A_3$とすると，公理(3)から$P\{B\}=P\{A_2\}+P\{A_3\}$となります．また，$A_1\cup B=A_1\cup A_2\cup A_3$ですから，$P\{A_1\cup B\}=P\{A_1\cup A_2\cup A_3\}$となります．$A_1$と$B$は互いに排反なので，公理(3)から$P\{A_1\cup B\}=P\{A_1\}+P\{B\}=P\{A_1\}+(P\{A_2\}+P\{A_3\})$となります．以上から，事象$A_1$，$A_2$，$A_3$が互いに

コラム4-2　人々は非論理的か

　事象 A が事象 B を含む場合（$A \supset B$），$P\{A\} \geq P\{B\}$ が成立することを紹介しました．しかし，人々は常に $P\{A\} \geq P\{B\}$ を正しく判定できるわけではありません．ムロディナウの著書『たまたま』（参考文献[3]）の中では，心理学者たちが行ったある実験が紹介されています．この実験では，88人の被験者たちに，リンダという架空の女性の人物描写が提示されました．「リンダは31歳，独身，率直な発言をし，非常に聡明な女性です．大学時代は哲学を専攻し，差別に関心を持ち，反核デモに参加していました」．このような人物描写が提示された後，被験者たちには，リンダという女性に関する情報を示した以下の文章について，それぞれの「蓋然性（確からしさ）」として1～8の点数を付けることとされました（1はもっとも蓋然性が高い，8はもっとも蓋然性が低い）．88人の被験者による，各情報の蓋然性に関する平均点は以下のとおりでした．

　　A　リンダはフェミニズム運動に積極的だ　　　　　　2.1点
　　B　リンダは銀行の出納係で，フェミニズム運動に積極的だ　4.1点
　　C　リンダは銀行の出納係だ　　　　　　　　　　　　6.2点

この結果から，被験者たちは，リンダは活動的フェミニストに似つかわしいが，銀行の出納係には似つかわしくない，と考えたことが明らかです．聡明で率直な物言いや，学生運動をしていたなどという人物描写は，人々が活動的フェミニストとして思い描く人物像に近いのだと思われます．

　この結果はやや奇妙です．上記の事象 C は事象 B を含んでいます．したがって，本来的には，事象 C の方が事象 B よりも蓋然性が高いはずです．しかし，被験者は事象 B の方が事象 C よりも蓋然性が高いと考えたという結果が出ました．なぜ人々はこのような奇妙な判断をしてしまったのでしょうか．それは，「リンダがフェミニズム運動に積極的だ」というストーリーに説得力を感じたことに原因があります．人々は銀行の出納係にこのストーリーを付け加えたことで，より事象 B の蓋然性が高いと考えてしまうのです．我々の直観は時としてとても頼りになるものですが，なぜか確率の評価はうまくできないことが多いようです．このため，しっかりと統計学の勉強をすることで，物事を確率的に評価する訓練をする必要があります．

排反なら，
$$P\{A_1 \cup A_2 \cup A_3\} = P\{A_1\} + P\{A_2\} + P\{A_3\}$$
となります．同様にして，事象 A_1, A_2, …, A_n が互いに排反なら，
$$P\{A_1 \cup A_2 \cup \cdots \cup A_n\} = P\{A_1\} + P\{A_2\} + \cdots + P\{A_n\}$$
が成立します（興味のある方は自分で証明してみてください）．

4.3 和事象の確率

ここでは和事象の確率を計算する方法を紹介します．確率の公理(3)は，A と B が互いに排反であれば，和事象の確率は $P\{A \cup B\} = P\{A\} + P\{B\}$ になるというものでした．これに対し，A と B が互いに排反ではないときには，和事象の確率は上記とは異なります．このような場合における和事象の確率（$P\{A \cup B\}$）を求める定理を**加法定理**といいます．

A と B が同時に起こる確率を**同時確率**（joint probability）といい，$P\{A \cap B\}$ と表します．このとき，加法定理は以下となります．

加法定理（addition rule）
A と B が互いに排反ではないとき，A と B の和事象の確率は，
$$P\{A \cup B\} = P\{A\} + P\{B\} - P\{A \cap B\}$$

つまり，A または B が起こる確率は，A の確率と B の確率を加えたのち，A と B が同時に起こる確率 $P\{A \cap B\}$ を引いたものです．直観的には，$P\{A \cup B\}$ を求めるために $P\{A\}$ と $P\{B\}$ の和を求めると，A と B の共通部分 $P\{A \cap B\}$ が 2 回分も含まれてしまうので（図 4-5 参照），その和から余分な 1 回分だけ引くと説明できます（確率の公理を用いた証明は補足参照）．

例 1（大学入試） 三郎君は，T 大学と K 大学への進学を考えており，T 大学に合格する確率は 8％，K 大学に合格する確率は 10％，両方の大学に合格する確率は 7％と見積もっています．このとき，三郎君は少なくともどちらかの大学に合格する確率は，18％ぐらいになるのではと考えました．これを統計ゼ

図 4-5　$A \cap B$ の領域

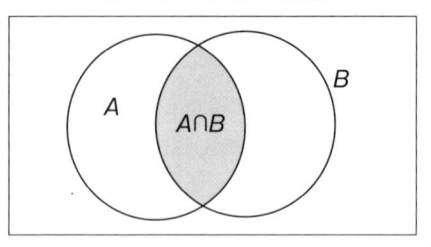

ミ出身の兄の太郎君に話したところ,「それではどちらかの大学に合格する確率は11%しかないな」といわれてしまいました．さて三郎君の確率の計算はどこが誤っていたのでしょうか．

　三郎君の間違いの原因は同時確率の存在を見落としていた点にあります．T大学に合格する事象を A とし, K大学に合格する事象を B とすると, 確率はそれぞれ $P\{A\}=0.08$, $P\{B\}=0.1$, $P\{A \cap B\}=0.07$ となります. したがって, 少なくともどちらかの大学に合格する確率は, $P\{A \cup B\}=0.08+0.1-0.07=0.11$ です. 2つの大学を受験したら, どちらかに合格する確率は 8％＋10％で18％に上がると思いきや, 合格率はたったの11％に過ぎません.

例2（DNA 鑑定の本当の精度） DNA 鑑定によって, 何ら関係のない2人のDNA が一致する確率は数兆分の1ともいわれます. しかし, DNA 鑑定の本当の精度は, 我々が考えている以上に悪い可能性があります. なぜなら DNA 鑑定をする人間自体がミスを犯すからです. たとえば, 鑑定を依頼された研究員が, 採取した試料を取り違えたり, 別の試料を混ぜ合わせたりする可能性があります. それでは, このような人為的誤りが発生する確率は, 実際はどのぐらいなのでしょうか. ムロディナウは,「人間的要因による間違いの推定値はいろいろだが, 多くの専門家はそれを約1％としている」と述べています（参考文献[3]）.

　DNA 鑑定の結果が誤っている本当の確率を考えてみましょう. DNA 鑑定の精度を下げる要因として, A：検査の科学的判定の誤り, B：人為的誤り,

> ## コラム 4-3　足利事件と DNA 鑑定
>
> 　足利事件とは，1990年5月に，栃木県足利市内の駐車場から女児が行方不明になり，翌朝，近くの河川敷で遺体となって発見された事件です．その約1年半後の1991年12月に，幼稚園バスの運転手であった菅家利和氏が逮捕されました．逮捕の決め手は，女児の遺留品に付着していた体液の DNA と菅家氏の DNA が一致したことです．その結果，いったんは，菅家氏に対する無期懲役判決が確定しましたが，菅家氏は，2002年に宇都宮地裁に再審請求を申し立てました．2008年には同地裁によって棄却されましたが，東京高裁に即時抗告し，同高裁によって DNA の再鑑定を行うことが決定されました．そして，再鑑定により，服役中の菅家氏の DNA と遺留品の DNA が一致しないことが判明し，菅家氏は釈放されました．
>
> 　この事件の問題点はどこにあったのでしょう．日本テレビ（番組名：ACTION）の取材によると，発見された遺留物は状態が悪かっただけでなく，菅家氏の DNA に関しては，捨てられていたゴミから試料が採取されたそうです．ゴミから採取された試料では，汗やその他の液体が混じってしまい，この試料をもとに行った DNA 鑑定の信頼性が低いのは当然です．これは明らかに，DNA 鑑定の誤りではなく，人為的誤りです．人為的誤りを過小評価せず，そのような誤りを発生させない運用が望まれます．

の2つがあります．それぞれの確率を $P\{A\}=0.000000001$ と $P\{B\}=0.01$ とします．$P\{A\}$ も $P\{B\}$ も小さく，それらが同時に生じる確率はさらに小さくなることから，$P\{A \cap B\}=0$ と考えて問題ありません．したがって，DNA 鑑定の結果が誤っている確率は以下となります．

$$P\{A \cup B\} = 0.000000001 + 0.01 = 0.010000001$$

人為的誤りの確率が高いため，DNA 鑑定は100分の1の確率で誤っているといえます．DNA 鑑定自体は素晴らしい技術ですが，人為的誤りの発生可能性を考慮せずに，その精度を盲信することは危険です．警察は試料の取扱いなどに十分な注意を払って，人為的誤りの発生を回避する努力が必要です．裁判で

も，検査の科学的判定の誤りの可能性ではなく，むしろ人為的誤りの発生可能性に争点が向けられるべきといえるでしょう．

4.4 積事象の確率

加法定理によって和事象の確率を計算するためには，積事象の確率 $P\{A \cap B\}$ を計算する必要がありました．本節では，積事象の確率の計算に便利な**乗法定理**と**独立性**の概念を紹介します．

4.4.1 条件付き確率

はじめに，乗法定理と独立性の理解に必要な基礎概念である条件付き確率を紹介します．**条件付き確率**とは，ある事象 B が起こった（観察した）という条件のもとで，別の事象 A が起こる確率をいいます．これを $P\{A|B\}$ と表します．たとえば，雨が降ったとき遅刻する確率，風邪をひいたとき入学試験に合格する確率などがあります．条件付き確率の定義は以下のとおりです[3]．

条件付き確率（conditional probability）
事象 B が起こった（観察した）という条件のもとで，事象 A が起こる条件付き確率は（ただし $P\{B\}>0$ ），
$$P\{A|B\} = \frac{P\{A \cap B\}}{P\{B\}}$$

先験的確率を通じて，この定義の意味を考えます（図4-6参照）．事象 B が起こったことは，ベン図で表すと，領域 B の中のうちのいずれかの点が起こったということです．また，事象 B が起こったという条件のもとで事象 A が起こるということは，領域 $A \cap B$ の中のいずれかの点が起こるということです．以上から，条件付き確率 $P\{A|B\}$ とは，領域 $A \cap B$ に含まれる点の総数を領域 B に含まれる点の総数（太線内）で除したものとなります．

---
3) 条件付き確率は，確率の公理を満たす全ての確率関数 P に対して定義でき，条件付き確率自体も確率の公理を満たしています（証明は練習問題13参照）．

4章 確率　91

図4-6　条件付き確率

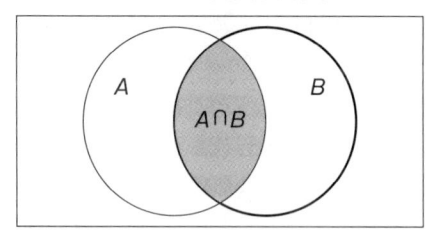

$$P\{A|B\} = \frac{n(A \cap B)}{n(B)}$$

先験的確率の定義から，$P\{A \cap B\} = n(A \cap B)/n$，$P\{B\} = n(B)/n$ ですから，

$$P\{A|B\} = \frac{n(A \cap B)/n}{n(B)/n} = \frac{P\{A \cap B\}}{P\{B\}}$$

となります．条件付き確率の理解を深めるため，2つの例を紹介します．

例1（サイコロを2回振る） サイコロを2回振るとき，1回目のサイコロの出目が i で，2回目のサイコロの出目が j である場合を (i, j) と表します．たとえば，$(2,3)$ は1回目のサイコロの目が2，2回目のサイコロの目が3である場合を指します．標本空間は以下のとおりで，標本点は計36個存在します．

$$\Omega = \begin{Bmatrix} (1,1), (1,2), (1,3), (1,4), (1,5), (1,6) \\ (2,1), (2,2), (2,3), (2,4), (2,5), (2,6) \\ (3,1), (3,2), (3,3), (3,4), (3,5), (3,6) \\ (4,1), (4,2), (4,3), (4,4), (4,5), (4,6) \\ (5,1), (5,2), (5,3), (5,4), (5,5), (5,6) \\ (6,1), (6,2), (6,3), (6,4), (6,5), (6,6) \end{Bmatrix}$$

そこで，1回目のサイコロの目が4であるとき，2回目のサイコロの目との和が8以上である事象が生じる確率を考えてみましょう．目の和が8以上である場合を事象 A とし，1回目の目が4である場合を事象 B とします．$n(B)$ は長方形 ☐ で囲まれた6点，$n(A \cap B)$ は ◯ で囲まれた3点です．した

がって，1回目のサイコロの目が4という条件で，2回目のサイコロの目との和が8以上となる確率は，$P\{A|B\}=n(A\cap B)/n(B)=3/6$ となります．

例2（マリリンに聞け①） マリリン・ヴォス・サヴァントは非常に聡明な女性です．世界一高いIQ（228）の所有者として，ギネスブックにも登録されているくらいです．彼女は「マリリンに聞け」というコラムを雑誌『パレード』に連載しています．ここでは，ある質問に対する彼女の回答を紹介します．

お隣さんの飼っている犬が2匹の子犬を産みました．お隣さんは，あなたに2匹の犬を飼ってもらいたいと考えています．あなたはオスであれば飼いたいと思っており，2匹の犬がオスかどうかを質問しました．お隣さんは1匹だけ性別を確認しており，「少なくとも1匹はオスでしたよ」と答えました．このとき，残りの犬もオスである確率は何％でしょうか．

多くの人は50％と答えるかもしれません．つまり，オスが生まれる確率は50％ですから，残りの犬がオスの確率は50％というわけです．しかし，これは正解ではありません．これに対し，マリリンの答えは1/3でした．これはどういうことでしょうか．

標本空間と条件付き確率の考え方を用いれば容易に正解にたどりつくことができます．オスをM，メスをFと表すと，この場合の標本空間は

$$\Omega=\{MM,\ MF,\ FM,\ FF\}$$

となります．2匹ともオスである場合を事象A，少なくとも1匹がオスである場合を事象Bとします．ここで求めたいのは，1匹がオスであるときに残りの1匹もオス（2匹ともオス）である確率$P\{A|B\}$です．2匹ともオスである事象AはMMの1通り，少なくとも1匹がオスである事象BはMM，MF，FMの3通りです．また，$A\cap B$は少なくとも1匹がオスでかつ2匹ともオスである事象ですから，それは2匹ともオスである事象にほかならず，MMの1通りだけです．よって，$P\{A|B\}=n(A\cap B)/n(B)=1/3$ となります．

4.4.2 乗法定理

加法定理とは，AまたはBが起こる確率$P\{A\cup B\}$を求めるものでした．これに対して，AとBが同時に起こる確率，つまり**同時確率**$P\{A\cap B\}$を求

コラム4-4　大相撲に八百長は存在しているか

　2011年，警視庁の捜査により，大相撲における八百長の存在が発覚しました．記者会見で日本相撲協会の某理事長は，八百長は「過去には一切なかったことであり，新たに出た問題」と述べました．果たして八百長は過去に一切なかったのでしょうか．

　大相撲では，力士たちが取組（試合）を行い，本場所15日間のうち8勝以上なら勝越し，7勝以下なら負越しです．勝ち越せば力士は昇格・昇給しますが，負け越せば降格・減給です．そのため，力士たちには勝ち越したいという強いインセンティブがあります．こうしたことから，7勝7敗で千秋楽（最終日）を迎えた力士にとっての最後の1勝の重みは，千秋楽前に勝越しを決めた力士に比べ，相対的に大きなものとなります．そこで，7勝7敗力士による取組が行われるとき，八百長が行われやすいのではないかという仮説が生まれます（コラム6-1参照）．

　レヴィット／ダブナー『ヤバい経済学』（参考文献[6]）は，千秋楽における7勝7敗力士対勝越し力士の勝率の分析を紹介しています．勝越し力士の方が7勝7敗力士よりも調子が良いわけですから，7勝7敗力士が勝てる確率は50％以下と考えられます．しかし，7勝7敗力士が8勝6敗力士と対戦した場合，7勝7敗力士の勝率は79.6％と高いことが分かりました．また，7勝7敗力士が9勝5敗力士と対戦しても，その勝率は73.4％とやはり高いものでした．確かに，7勝7敗の崖っぷち力士は，土壇場で大きな力を発揮して，高い勝率となる可能性も考えられます．そこで，7勝7敗力士が勝越し力士と対戦して勝ったあと，来場所以降に同じ相手と戦ったときの勝率を調べました．その結果，前場所では70％以上の勝率であった7勝7敗力士が，同じ相手と再戦すると勝率は40％に低下していたことが分かりました．この結果は星の譲り合いがあった可能性，すなわち今日負けてくれるなら来場所は勝たせてあげるという取決めがあった可能性を示唆しています．この分析結果からすると，八百長は「過去には一切なかったことであり，新たに出た問題」という理事長発言の真偽は疑わしいものといえそうです．

めるための定理を**乗法定理**といいます．

同時確率は条件付き確率を使って表すことができます．条件付き確率 $P\{A|B\}$ は，B が確実に起こったとき A が生じる確率でした．しかし，A と B が同時に起こる確率 $P\{A \cap B\}$ は，B が起こるか不確実であることから，$P\{A|B\}$ だけでなく B の不確実性 $P\{B\}$ も考慮する必要があり，

　　　　（A と B が同時に起こる確率）
　　　　＝（B が確実に起こったとき A が起こる確率）×（B が起こる確率）

となります．つまり，乗法定理は以下のように表されます．

乗法定理（multiplication rule）
　事象 A と B が同時に起こる確率は，
$$P\{A \cap B\} = P\{A|B\}P\{B\}$$

[証明] 条件付き確率の両辺に $P\{B\}$ を掛ければ，乗法定理を導けます．また，$P\{B|A\} = P\{A \cap B\}/P\{A\}$ ですから，両辺に $P\{A\}$ を掛ければ，乗法定理のもう1つの表現 $P\{A \cap B\} = P\{B|A\}P\{A\}$ が得られます．　　　　[終]

例1（トランプ②） 1組のトランプ（ジョーカーなし）から2枚を選んだ場合に，両方ともエースとなる確率を考えます．ただし，1枚を引いたら，それを戻さないで2枚目を引くこととします．最初に引いたカードがエースである場合を事象 B，2枚目に引いたカードがエースである場合を事象 A とします．トランプは計52枚あり，エースは4枚だけですから，$P\{B\} = 4/52 = 1/13$ となります．1枚目がエースなら，2枚目は51枚の中でエース3枚だけですから，$P\{A|B\} = 3/51 = 1/17$ となります．以上より，両方ともエースとなる確率は，$P\{A \cap B\} = P\{A|B\}P\{B\} = (1/17) \times (1/13) = 1/221$ となります．

例2（不良品の検査） ある工場で生産された製品の5％は不良品であり，さらに工場の検査官は不良品の20％を誤って良品と判断してしまうと仮定しましょう（良品は常に正しく良品と判断され，不良品と判断された製品は問題が取り除かれたうえで出荷されます）．この工場から出荷された製品を1つ購入し

たとき，それが不良品である確率を求めましょう．

良品と判断されながら実際は不良品である確率を求める必要があります．検査官が良品と判断する場合を事象 A，実際に不良品である場合を事象 B とします．$P\{B\}=0.05$，$P\{A|B\}=0.20$ より，良品と判断されながら実際は不良品である確率は，$P\{A \cap B\}=P\{A|B\}P\{B\}=0.20 \times 0.05=0.01$ です．つまり，この製品を1つ購入したとき，それが不良品である確率は1%となります．

4.4.3 独 立

一般に「独立」とは，他とは離れて単独で存在していることを意味します．統計学でも同じです．事象 A と B が独立とは，$P\{A\}=P\{A|B\}$，$P\{B\}=P\{B|A\}$ が成立することです．$P\{A\}=P\{A|B\}$ の意味は，A が起こる確率 $P\{A\}$ は，B が起こった（観察した）あと A が起こる確率 $P\{A|B\}$ と同じであることです．$P\{A\}$ は何らの事前情報もなく A が起こる確率で，$P\{A|B\}$ は B を観察したあとで A が起こる確率です．これらが等しいということは，B という情報は A の確率に何の影響も与えない，ということです．同様に，$P\{B\}=P\{B|A\}$ は，A という情報は B の確率に何の影響も与えていないことを意味します．以上をまとめると，独立とは次のようになります．

独立（independent）
　事象 A と B が独立であるとは，以下が成立することをいう．
$$P\{A\}=P\{A|B\}, \quad P\{B\}=P\{B|A\}$$
乗法定理 $P\{A \cap B\}=P\{A|B\}P\{B\}$ から，独立は以下のようにも表せる．
$$P\{A \cap B\}=P\{A\}P\{B\}$$

独立性を考慮すると，さまざまな確率の計算が容易になります．以下の2つの例で確認してみましょう．

例1（トランプ③） 1組のトランプ（ジョーカーなし）から2枚を選ぶとき，両方ともエースとなる確率を考えます．今度は，1枚目のカードを引いたらそれを戻して2枚目のカードを引きます．最初に引いたカードがエースである場

コラム 4-5　本物はどっち

某大学での授業中に，計44人の学生に自分の誕生日を聞きました．2つのリストをみてください．片方が本物の誕生日リストで，もう一方は筆者が作った偽リストですが，どちらが本物の誕生日リストでしょうか．

リストA	リストB
1月：5日，17日，25日，29日	1月：3日，14日，16日，18日，19日
2月：3日，7日，15日，28日	2月：9日，12日，15日，17日，18日，28日
3月：1日，8日，18日，29日	3月：18日，18日
4月：10日，21日，29日，30日	4月：5日，12日，19日，20日，21日
5月：7日，21日，29日，30日	5月：8日
6月：6日，19日，22日	6月：2日，10日，13日，15日，19日，23日，24日
7月：2日，21日，29日	7月：8日，21日
8月：9日，24日，28日	8月：10日，17日，24日
9月：6日，13日，26日	9月：5日，17日，23日
10月：3日，11日，24日，30日	10月：10日，19日，28日
11月：8日，12日，21日，24日	11月：5日，7日，21日
12月：12日，21日，25日，26日	12月：12日，21日，25日，26日

2つのリストを比較すると，リストAでは誕生日が均等に散らばっているのに対し，リストBには偏りがあります．Aでは各月に誕生日の人が3～4人はいますが，誕生日の一致している人はいません．Bは，1，2，4，6月に誕生日の人が多く，逆に，3，5，7月は1～2人しかいません．さらに，3月は2人の誕生日が一致しています．多くの人は，リストAが本物と考えるようです．答えは逆で本物はBです．Aは誕生日が均等に散らばっていますが，ランダムなデータであれば，それが均等に散らばるということはなく，むしろかたまりができるものです（1.7節例2参照）．また，Aでは，44人の中で誕生日が一致している組合せがありません．44人のグループで，少なくとも2人の誕生日が一致する確率は93%もあります（乗法定理を用いた証明は補足参照）．44人もいながら，誰も誕生日が一致していないリストAは不自然です．

統計学の知識を身につけ，データの規模とそれに応じた特性を考慮すれば，このようなデータの評価を行うことも可能となります．

合を事象 A, 2枚目に引いたカードがエースである場合を事象 B とします. このとき, 1枚目のカードを戻しているので事象 A と事象 B は互いに独立です. つまり, A の結果が B の結果に影響を及ぼすことはありません. したがって, 2枚ともエースとなる確率は以下となります.

$$P\{A \cap B\} = P\{A\}P\{B\} = (4/52) \times (4/52) = 1/169$$

例2（確率の夜明け） 確率論の起源は17世紀のフランスとされています. 貴族であり, 有名な賭博師でもあったド・メレ（de Méré）は, ある日, 次のような賭けをしました. サイコロを4回投げて少なくとも1回は6の目が出れば彼の勝ち, 1回も6の目が出なければ彼の負けというものでした. この賭けを何度も行い, ド・メレは大いに儲けました. そのうち賭けに応じる人がいなくなり, 次の賭けを提案しました. 2個のサイコロを24回投げて少なくとも1回は6のペアなら彼の勝ち, 1回も6のペアが出なければ彼の負けというものでした. 何度もこの賭けをした結果, 彼は大損をしてしまいました. 2つの賭けにどのような違いがあるか考えてみましょう.

ド・メレ自身は, 最初の賭けについては, サイコロを1回投げて6が出る確率は1/6ですから, 4回投げて少なくとも1回6が出る確率は $4 \times (1/6) = 2/3$ と考えました. また, 2番目の賭けでは, 2個のサイコロを1回投げて6のペアが出る確率は1/36ですから, 24回投げて少なくとも1回6のペアが出る確率は $24 \times (1/36) = 2/3$ と考えたのです. この計算が正しければ, どちらの勝率も5割を超えています. なぜ2番目の賭けで負けたか理解できなかったド・メレは, 疑問の解決を友人のパスカル（Blaise Pascal）とフェルマー（Pierre de Fermat）に依頼しました[4].

彼らの答えは以下のとおりでした. まず, 最初の賭けについて, i 回目に6の目以外が出る場合を事象 A_i とします（$P\{A_i\} = 5/6$）. したがって, 4回とも6の目以外である事象は $A_1 \cap A_2 \cap A_3 \cap A_4$ です. そして, 少なくとも1回6の目が出る事象は, $A_1 \cap A_2 \cap A_3 \cap A_4$ の余事象であり, その確率は

---

[4] フェルマーは著名な数学者であり, フェルマーの最終定理でも知られています. パスカルは早熟の天才数学者であり, パスカルの三角形で有名です. パスカルは若いころから体が弱く, 39歳の若さで亡くなっています.

$1-P\{A_1\cap A_2\cap A_3\cap A_4\}=1-P\{A_1\}P\{A_2\}P\{A_3\}P\{A_4\}=1-(5/6)^4=0.518$
となります(余事象の確率は4.2.4節例1参照).サイコロは相互に独立ですから,$P\{A_1\cap A_2\cap A_3\cap A_4\}=P\{A_1\}P\{A_2\}P\{A_3\}P\{A_4\}$としました.これは0.5より大きいので6の目が出る方に賭けた方が有利になります.次に2番目の賭けですが,i回目に6のペア以外となる事象をB_iとします($P\{B_i\}=35/36$).そして,24回とも6のペア以外となる事象は$B_1\cap B_2\cap\cdots\cap B_{24}$です.したがって,24回のうち少なくとも1回6のペアとなる確率は,
$1-P\{B_1\cap B_2\cap\cdots\cap B_{24}\}=1-P\{B_1\}P\{B_2\}\cdots P\{B_{24}\}=1-(35/36)^{24}=0.491$
となり,確率は0.5より小さくなります.つまり,24回のうち少なくとも1回は6のペアが出る確率は0.5よりも小さかったことがド・メレの敗因でした.

4.5 ベイズの定理

メールの返事が遅くて,不安感を持った経験は,誰でも多かれ少なかれあると思います.彼女からメールの返事がないのは自分に原因があるからなのか.上司からの返事がないのはあの件の失敗について怒っているからなのか.このように相手からメールの返事が遅いことは何かの意味を持つのでしょうか.
　あなたの上司は温厚な人で99.9%の人とは上手に付き合っており,残り0.1%の人とだけ仲が悪いとします.上司は仲の良い人には1%の確率で返事が遅れ,仲の悪い人には100%の確率で返事が遅れるとします.上司からの返事が遅いとき,その理由は上司があなたを嫌っているからである確率はどのくらいでしょうか.多くの人は,上司が仲の良い人にはすぐに返事を返すことから,あなたを嫌っている確率はほぼ100%だと考えるようです.しかし,その確率を計算してみると,たった9%に過ぎません.この確率の計算に必要なのがベイズの定理です[5].ベイズの定理は,ある結果が生じたとき,それがどの原因で発生したのかを確率的に考えるための定理です.我々が観察できるのは結果であり,それがどのような原因で生じたかを推察するうえでベイズの定理

---

[5] トーマス・ベイズ(Thomas Bayes)は18世紀の牧師で,趣味として数学の研究をしていた人です.ベイズは存命中に1本も科学論文を出版することはなく,彼の遺書の中にあった論文の中で,ベイズの定理が明らかにされていました.

が有用なのです．ここでは原因が2つだけの場合の定理を紹介します（原因が n 個ある場合は補足参照）．

ベイズの定理（Bayes' theorem）

互いに排反な事象 A_1，A_2 を原因事象とし，B を結果事象とする．このとき，結果 B が原因 A_1 によって生じたものである確率は，

$$P\{A_1|B\} = \frac{P\{B|A_1\}}{P\{B\}} P\{A_1\}$$

となる．$P\{B\} = P\{B|A_1\}P\{A_1\} + P\{B|A_2\}P\{A_2\}$ と表すことができる．

[証明] 条件付き確率の定義と乗法定理から，

$$P\{A_1|B\} = \frac{P\{A_1 \cap B\}}{P\{B\}} = \frac{P\{B|A_1\}P\{A_1\}}{P\{B\}}$$

となります（乗法定理から $P\{A_1 \cap B\} = P\{B|A_1\}P\{A_1\}$）．

次に $P\{B\}$ の別表現を証明します（図4-7参照）．原因が2つの場合を考えていますから，標本空間は2つの原因事象に分割でき $\Omega = A_1 \cup A_2$ です．結果事象 B（楕円の領域）も2個に分割でき，$B = (A_1 \cap B) \cup (A_2 \cap B)$ です．$(A_1 \cap B)$ と $(A_2 \cap B)$ は互いに排反ですから，$P\{B\} = P\{A_1 \cap B\} + P\{A_2 \cap B\}$ です．乗法定理から $P\{A_1 \cap B\} = P\{B|A_1\}P\{A_1\}$，$P\{A_2 \cap B\} = P\{B|A_2\}P\{A_2\}$ が成立し，$P\{B\} = P\{B|A_1\}P\{A_1\} + P\{B|A_2\}P\{A_2\}$ となります． [終]

メールの例に当てはめてみましょう．原因事象は仲が悪い場合（事象 A_1）と仲が良い場合（事象 A_2）があり，結果事象は返事が遅い場合（事象 B）があります．これらの確率は，$P\{A_1\} = 0.001$，$P\{A_2\} = 0.999$，$P\{B|A_1\} = 1.00$，

図4-7 原因事象と結果事象

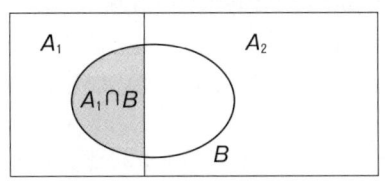

$P\{B|A_2\}=0.01$ となるので，返事が遅れる確率は以下となります．
$$P\{B\}=P\{B|A_1\}P\{A_1\}+P\{B|A_2\}P\{A_2\}$$
$$=1.00\times0.001+0.01\times0.999=0.01099$$
これらの結果から，返事が遅いときに仲が悪い確率は
$$P\{A_1|B\}=(P\{B|A_1\}/P\{B\})P\{A_1\}$$
$$=(1.00/0.01099)\times0.001=0.091$$
であることが確認できます．9％の評価は解釈にもよりますが，それほど高くない値です．自分が気にしているほど相手は自分のことを気にしていないものです．とはいえ，気にしてしまうのは人の性(さが)かもしれません．

例1（成功している人は有能な人なのか） 社会的に成功している人は能力が高く，成功していない人は能力が低いといえるでしょうか．当然ながら，能力が高くても成功していない人も，能力が低くても成功している人もいます．そこで，成功している人のうち，実際に能力が高い人の割合を考えてみましょう．

世の中には，能力が高い人（出来杉君タイプ）と普通の人（のび太君タイプ）だけがいるとしましょう．出来杉君タイプは全人口の5％，のび太君タイプは全人口の95％とします．また，出来杉君タイプは99％の確率で成功し，のび太君タイプは10％の確率で成功するとします．このとき，成功した人が出来杉君タイプである確率を求めてみます．多くの人は，出来杉君タイプは成功する確率が高いので，成功している人であれば，ほぼ出来杉君タイプであると考えるようです．しかし，その確率を計算してみるとわずか34％に過ぎません．

ここで出来杉君タイプであれば事象 A_1，のび太君タイプであれば事象 A_2，成功する場合を事象 B とします．それぞれの確率は以下となります．
$$P\{A_1\}=0.05,\ P\{A_2\}=0.95,\ P\{B|A_1\}=0.99,\ P\{B|A_2\}=0.10$$
このとき，成功する確率は
$$P\{B\}=P\{B|A_1\}P\{A_1\}+P\{B|A_2\}P\{A_2\}=0.99\times0.05+0.10\times0.95=0.1445$$
ですから，成功という結果を出した人が，出来杉君タイプである確率は
$$P\{A_1|B\}=(P\{B|A_1\}/P\{B\})P\{A_1\}=(0.99/0.1445)\times0.05=0.343$$
となります．

以上から，成功した人のうち，34％が出来杉君タイプで，残りはのび太君タ

コラム 4-6　マリリンに聞け②

「マリリンに聞け」に掲載された別のコラムを紹介します（参考文献[3]参照）．質問は次のようなものでした．あなたはテレビショーに参加しています．そこには3つのドアがあり，1つのドアの後ろに高級車，残り2つのドアの後ろにヤギが入っています．あなたは3つのドアから1つを選ぶことができ，運が良ければその中にある高級車がもらえる仕組みです．1番のドアを選んだとします（まだドアは開けられていません）．次に，司会者は，残り2つのドアのうち2番のドアを開けて，ヤギを見せてくれました．そして司会者はあなたにこう聞いてきます．「3番のドアに変えますか」．あなたならどうしますか．

多くの人は，ドアを変えても変えなくても当たる確率は50%と考えるようです．2つのドアが残っていて，正解は2つに1つと考えるから50%というわけです．しかし，またもやマリリンの答えは違いました．彼女は，3番のドアに変えました．彼女はその理由として「1番のドアを選んで車を当てる確率は1/3ですが，3番のドアに変えると当たる確率は2/3に上がる」というのです．マリリンの主張の正しさは，ベイズの定理を用いて確認できますが，ここでは先験的確率を用いた直観だけを説明します．ドアを変えないで当たる場合は，もともと車が入っているドアを選んだからで，確率は1/3です．これに対して，ドアを変えて当たる場合は，最初に選んだドアが外れだったわけで，その確率は2/3です．以上から，ドアを変えると，車が当たる確率は1/3から2/3に上がります．

イプとなります．この設定では，成功している人のほとんどがのび太君タイプとなります．のび太君タイプは全人口の95%もいますから，そのうち10%だけが成功したとしても，成功者に占めるのび太君タイプの割合は高くなります．これに対して，出来杉君タイプは全人口の5%だけなので，そのうち99%が成功しても，成功者に占める出来杉君タイプの割合は低いのです．「有能な人は成功する可能性が高い」のは確かですが，「成功しているから有能な人であるとは限らない」ということを示唆しています．当たり前ですが，あまり認知されていない考え方のようです．

補足：証明

加法定理

加法定理を確率の公理だけを用いて証明します．$A \cup B = A \cup (\overline{A} \cap B)$ が成立します（図4-8参照）．ここで A と $(\overline{A} \cap B)$ は互いに排反ですから，公理(3)から① $P\{A \cup B\} = P\{A\} + P\{\overline{A} \cap B\}$ となります．また，$B = (A \cap B) \cup (\overline{A} \cap B)$ であり，$(A \cap B)$ と $(\overline{A} \cap B)$ は互いに排反ですから，公理(3)から② $P\{B\} = P\{A \cap B\} + P\{\overline{A} \cap B\}$ となります．②から $P\{\overline{A} \cap B\} = P\{B\} - P\{A \cap B\}$ であり，これを①に代入すると，加法定理が得られます．

$$P\{A \cup B\} = P\{A\} + (P\{B\} - P\{A \cap B\}) = P\{A\} + P\{B\} - P\{A \cap B\}$$

グループの中で誕生日が一致している確率

コラム4-5では，44人のグループで，少なくとも2人の誕生日が一致する確率は93％としました．この確率は，乗法定理の一般化により求めることができます．乗法定理は，事象が2つのとき同時確率を求めるための有用な公式でした．ここでは，$A_1, A_2, \cdots, A_n$ という n 個の事象がある場合を考えましょう．このとき，これらの事象が同時に起こる確率は次のようになります．

$$P\{A_1 \cap A_2 \cap \cdots \cap A_n\} = P\{A_1\} P\{A_2 | A_1\} P\{A_3 | A_1 \cap A_2\}$$
$$\cdots P\{A_n | A_1 \cap A_2 \cap \cdots \cap A_{n-1}\}$$

図4-8　$\overline{A} \cap B$ の領域

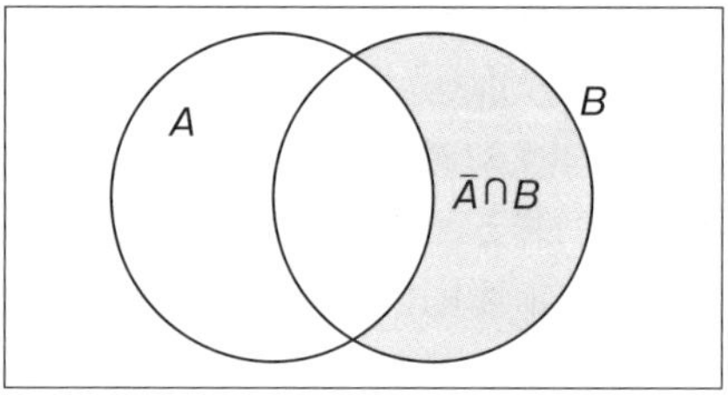

4章 確率　103

[証明]　$n=3$ の場合を証明します．A_1，A_2，A_3 が同時に起こる確率は，

$$P\{A_1 \cap A_2 \cap A_3\} = P\{A_1\} \frac{P\{A_1 \cap A_2\}}{P\{A_1\}} \frac{P\{A_1 \cap A_2 \cap A_3\}}{P\{A_1 \cap A_2\}}$$

と書けます．両辺が等しくなるのは，右辺において分母と分子が上手く打ち消し合っているからです．また，

$$P\{A_2|A_1\} = P\{A_1 \cap A_2\}/P\{A_1\},$$
$$P\{A_3|A_1 \cap A_2\} = P\{A_1 \cap A_2 \cap A_3\}/P\{A_1 \cap A_2\}$$

という結果から，$P\{A_1 \cap A_2 \cap A_3\} = P\{A_1\} P\{A_2|A_1\} P\{A_3|A_1 \cap A_2\}$ となります．n が3より大きい場合も同様に証明ができます（練習問題9参照）．

[終]

　この定理を用いて，あるグループにおいて少なくとも2人の誕生日が一致する確率を計算しましょう．単純化のため，閏年生まれや双子の存在は考えず，365日のいずれかに生まれる確率はそれぞれ等しいとします．いまグループに n 人いるとして，次のような $n-1$ 個の事象を定義します．

　A_1：2人目が1人目と異なる誕生日である場合
　A_2：3人目が1人目，2人目と異なる誕生日である場合
　A_3：4人目が1人目，2人目，3人目と異なる誕生日である場合
　……
　A_{n-1}：n 人目が1人目，…，$n-1$ 人目と異なる誕生日である場合

　n 人のグループのうち，2人の誕生日が誰も一致しない確率は，$P\{A_1 \cap A_2 \cap A_3 \cap \cdots \cap A_{n-1}\}$ です．たとえば，A_1 は2人目が1人目と異なる誕生日である場合，A_2 は3人目が1人目，2人目と異なる誕生日である場合です．したがって，$A_1 \cap A_2$ であれば，1人目，2人目，3人目が全て別々の誕生日です．同様に，A_3 は4人目が1人目，2人目，3人目と異なる誕生日である場合ですから，$A_1 \cap A_2 \cap A_3$ は，1人目，2人目，3人目，4人目が全て別々の誕生日となる場合です．以上から，$A_1 \cap A_2 \cap A_3 \cap \cdots \cap A_{n-1}$ という事象は，全員が別々の誕生日となる場合です．

　グループで誰も誕生日が一致しない確率は，乗法定理を用いて，

$$P\{A_1 \cap A_2 \cap \cdots \cap A_{n-1}\} = P\{A_1\} P\{A_2|A_1\} P\{A_3|A_1 \cap A_2\}$$
$$\cdots P\{A_{n-1}|A_1 \cap \cdots \cap A_{n-2}\}$$

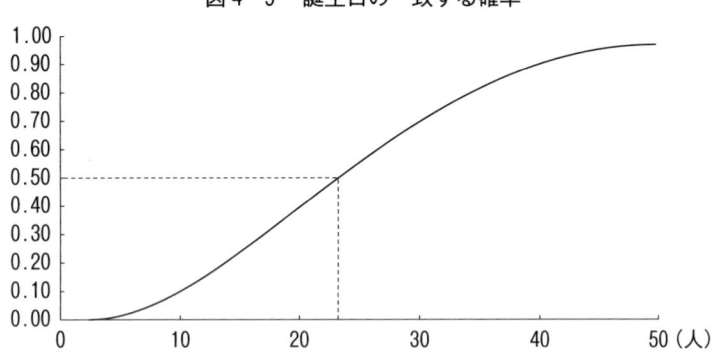

図 4-9 誕生日の一致する確率

と表せます．$P\{A_1\}$ は，2人目が1人目と異なる誕生日の確率ですから 364/365 となります．また，$P\{A_2|A_1\}$ は，1人目と2人目の誕生日が異なる条件のもとで，3人目が1人目，2人目と異なる誕生日の確率ですから 363/365 となります．同様に，$P\{A_3|A_1 \cap A_2\}$ とは，1人目，2人目，3人目の誕生日が全て異なる条件で，4人目が1人目，2人目，3人目と異なる誕生日の確率ですから 362/365 となります．以上から，

$$P\{A_1 \cap A_2 \cap \cdots \cap A_{n-1}\} = \frac{364}{365} \frac{363}{365} \frac{362}{365} \cdots \frac{365-(n-1)}{365}$$

であり，n が大きくなると誕生日が誰も一致しない確率が低下しています．

グループの中で少なくとも2人の誕生日が一致している事象は，$A_1 \cap A_2 \cap \cdots \cap A_{n-1}$ の余事象です．つまり，誰も誕生日が一致しない事象の余事象は，少なくとも2人の誕生日が一致している事象です．余事象の確率は $1-P\{A_1 \cap A_2 \cap \cdots \cap A_{n-1}\}$ ですから，少なくとも2人の誕生日が一致する確率は

$$1-P\{A_1 \cap A_2 \cap \cdots \cap A_{n-1}\} = 1 - \frac{364}{365} \frac{363}{365} \frac{362}{365} \cdots \frac{365-(n-1)}{365}$$

であり，$n=44$ のときの確率は93％となります．

図 4-9 は，少なくとも2人の誕生日が一致する確率を n の関数として描いたものです．$n=10$ で11％，$n=20$ で41％，$n=30$ で70％，$n=40$ で89％，$n=50$

図4-10 原因事象と結果事象

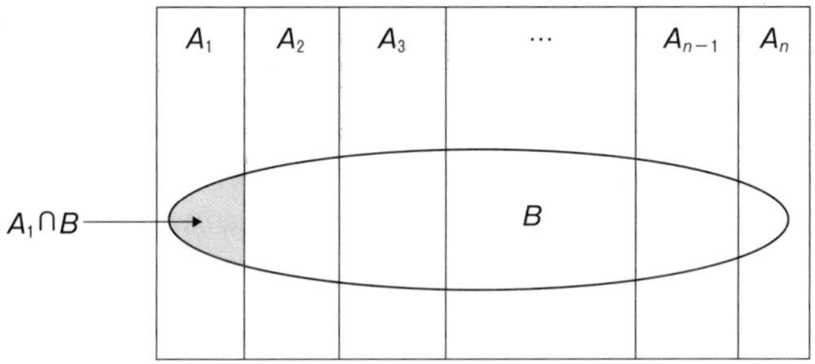

で97％となります．では，「あるグループにおいて，少なくとも2人の誕生日が一致する確率が50％以上であるためには，そのグループに何人いることが必要なのか」という問題（いわゆる**誕生日問題**）を考えましょう．図をみると，この確率は n が20から30の間にありそうです．計算してみると，$n=22$で47％，$n=23$で50.7％，$n=24$で54％となり，$n=23$で初めて確率が50％を超えています．したがって，この問題の答えは23人となります．一般的な想像よりも小さい値であることから，この問題は誕生日パラドックスともいわれます．

ベイズの定理の一般化

ベイズの定理を，原因事象が n 個ある場合に一般化します．互いに排反な A_1, A_2, $\cdots$, A_n を原因事象，また B を結果事象とします．結果 B が原因 A_1 によって生じたものである確率は，

$$P\{A_1|B\} = \frac{P\{B|A_1\}}{P\{B\}} P\{A_1\}$$

となり，ここで $P\{B\} = \sum_{i=1}^{n} P\{B|A_i\} P\{A_i\}$ です．

[証明] 条件付き確率の定義と乗法定理から以下が成立します．

$$P\{A_1|B\} = \frac{P\{B|A_1\}}{P\{B\}} P\{A_1\}$$

次に，$P\{B\} = P\{B|A_1\}P\{A_1\} + \cdots + P\{B|A_n\}P\{A_n\}$ を証明します．n 個の原因事象は互いに排反ですから，標本空間を n 個の原因事象に分割できて，

$\Omega = A_1 \cup A_2 \cup \cdots \cup A_{n-1} \cup A_n$ となります（図4-10参照）．

図中の楕円で囲まれた領域を結果事象 B としましょう．たとえば，網掛けの領域は $A_1 \cap B$ です．原因事象 B も n 個に分割ができ，$B = (A_1 \cap B) \cup (A_2 \cap B) \cup \cdots \cup (A_{n-1} \cap B) \cup (A_n \cap B)$ となります．$(A_1 \cap B)$，$(A_2 \cap B)$，…，$(A_{n-1} \cap B)$，$(A_n \cap B)$ は互いに排反ですから，事象 B の確率は

① $P\{B\} = P\{A_1 \cap B\} + P\{A_2 \cap B\} + \cdots + P\{A_{n-1} \cap B\} + P\{A_n \cap B\}$

となります．また，乗法定理から以下が成立します．

② $P\{A_1 \cap B\} = P\{B|A_1\}P\{A_1\}$，…，$P\{A_n \cap B\} = P\{B|A_n\}P\{A_n\}$

②を①に代入すれば $P\{B\} = P\{B|A_1\}P\{A_1\} + \cdots + P\{B|A_n\}P\{A_n\}$ が導けます．

[終]

練習問題

1．あなたの友人が「合格率10％の大学を10個受けたら100％の確率でどこかの大学に合格する」といっていますが，この主張に同意しますか．

2．模試判定では，三郎君が A 大学に合格する確率は10％，B 大学に合格する確率は5％でした．三郎君は両方の大学に合格する確率は3％と考えています．三郎君が少なくともどちらかの大学に合格する確率を求めてください．

3．ド・メレの最初の賭けを単純化して，サイコロを2回投げて少なくとも1回は6の目が出る確率を考えます．ここで i 回目に6が出る事象を A_i とすると，ド・メレは，$P\{A_1 \cup A_2\} = P\{A_1\} + P\{A_2\} = 2 \times (1/6) = 1/3$ として確率を計算していることになります．ド・メレは何を間違えたのでしょうか．

4．壺の中に，赤い玉が4つ，黒い玉が5つ入っています．壺から玉を2つ取り出すとき，2つとも赤い玉である確率はいくつでしょうか．1個目を取り出した後，それを戻さないで2個目を取り出すとします．

5．ある野球チームが試合で勝つ確率は，雨なら0.7で，晴れなら0.9とします．雨の確率が0.3なら，このチームが試合に勝つ確率を求めてください．

6．1組のトランプ（ジョーカーなし）から5枚を抽出するとき，5枚ともハートである確率を求めてください．

7．3人の子どもがいる家族で，(1)全部の子どもが同性，(2)子どもは男2人と

女1人，である確率をそれぞれ求めてください．
8. HIV感染者なら100％の確率で陽性反応がでますが，HIV感染者でなくとも1％の確率で陽性反応を示します．全人口の0.1％がHIV感染者とします．ある人の検査結果が陽性反応だったとき，この人がHIVウイルスに感染している確率は何％でしょうか．ベイズの定理を用いて確率を求めてください．
9. 一般化した乗法定理（章末補足）を，任意のnとして証明してください．
10. ある刑務所に3人の囚人がいるとします．そのうち1人だけが恩赦で釈放され，残りの2人は処刑されます．囚人1は，自分が恩赦されるか知りたいので，誰が恩赦かを知っている看守に，「囚人2，囚人3のうち少なくとも1人は処刑されるのだから，処刑される1人の名前を教えてくれないか．それを教えてくれても私についての情報を教えたことにはならないだろう」と聞きました．看守は囚人1の言い分に納得し，「囚人2は処刑される」と教えてくれました．それを聞いた囚人1は，「恩赦は自分か囚人3のどちらかだから，自分が恩赦になる確率は1/3から1/2に上がった」と喜びました．囚人1の考えは正しいのでしょうか．原因事象は3つある（A_1：囚人1が恩赦，A_2：囚人2が恩赦，A_3：囚人3が恩赦）と考えてください．
11. コラム4-6において，マリリンの主張が正しいことを，ベイズの定理を用いて証明してください．
12. ある読者からマリリンへの質問は次のものでした（参考文献[3]）．「これは父がラジオで聞いたお話です．2人の学生は試験の前夜，別の州でパーティをしており，大学に戻ったのは試験終了後でした．彼らは担当教授に，『タイヤが1つパンクして戻れませんでした』と弁解し再試験を要求しました．教授は同意し，問題を新しく作ったうえで，2人を別々の部屋に入れて再試験を受けさせました．試験問題はたったの2問，このうち100点満点中95点の配点であったのは，『パンクしたのはどのタイヤでしたか』という問題でした．父と私は，2人が同じ答えを書く確率は1/16と考えています」．あなたは確率をいくつだと思いますか．
13. 先験的確率，経験的確率，条件付き確率が，確率の公理を満たすことを証明してください．
14. AとBが排反であれば，AとBは独立ではないことを証明してください．

5章　確率変数と確率分布

　本章では推測統計の前提となる知識について学んでいきます．データの源泉である母集団の性質を調べるとき，母集団全てを調査することはコストと時間の両面から困難な場合がほとんどです．全数調査が困難な場合には，推測統計すなわち母集団から無作為抽出されるデータから母集団の性質を推測する方法が必要とされます．母集団から無作為抽出されるデータを確率変数ととらえることによって，母集団の構造を推定し評価することが可能となります．推定の方法自体は7章で扱いますが，そのために必要な確率変数と確率分布についての理解を本章で深めていきましょう．これらは母集団の性質の理解という，より統計学的な思考方法を身につけるための出発点です．

5.1　確率変数と確率分布

　確率変数（random variable）とは，ある標本空間の各標本点に対応して，その値が決まるような変数をいいます．各標本点は確率的に生じますから，各標本点に対応した変数も確率的に生じます．このとき，確率変数のとりうる値が離散的な場合を**離散確率変数**，確率変数のとりうる値が連続的な場合を**連続確率変数**といいます．たとえば，コインを1回投げる場合の標本空間は$\Omega=\{H,T\}$，各標本点の確率は$P\{H\}=P\{T\}=0.5$となります（Hは表，Tは裏）．表の出る回数をXとすると，XはHなら1であり，Tなら0という値をとる変数であるといえます．Xのとりうる値は離散的で，各標本点に対応して値が決まるので，Xは離散確率変数となります．

　確率変数は確率的に値が決まる変数です．その実現した値をとくに**実現値**（realized value）といいます．コイン投げの例でいうと，コインを投げる前にはXが0となるか1となるかは分からないので，Xは確率変数となります．しかし，コインを投げて，表であればXは1という値が実現したことになり

ます．この1という値は実現値であり，もはや確率変数ではありません．なお，以下では，確率変数を大文字で，その実現値を小文字で表します．$X=x$ は，確率変数 X が x という実現値をとるという意味です．

確率変数のとりうる各値 x に対する確率 $P\{X=x\}$ の対応の仕方を**確率分布**（probability distribution）といいます．そして，離散確率変数であれば**離散確率分布**，連続確率変数であれば**連続確率分布**といいます．先ほどのコインの例では，$X=0$ のとき確率は $P\{X=0\}=0.5$ であり，$X=1$ のとき確率は $P\{X=1\}=0.5$ となります．このような X とその確率との対応関係のことを確率分布といいます．以下の2つの例を通じて，上記の概念の理解を深めましょう．

例1（コインを2回投げる） コインを2回投げるときの標本空間は，$\Omega=\{TT, HT, TH, HH\}$ です．HT は1回目が表，2回目が裏となる場合です．このとき，表が出る回数を X とすると，X のとりうる値は 0，1，2 であり，TT なら 0，HT または TH なら 1，HH なら 2 です．X のとりうる値は離散的であり，各標本点に対応して値が決まるため，X は離散確率変数となります．この場合の確率分布は，$X=0$ のとき $P\{X=0\}=1/4$，$X=1$ のとき $P\{X=1\}=2/4$，$X=2$ のとき $P\{X=2\}=1/4$ です．

例2（針を投げる） 机の上に1本の横線を引き，その上に針を投げてみます（図5-1参照）．この場合の標本空間は机の上の針の位置です．そして，針の延長線（点線）と机の横線（実線）とが交差する角度を X とすると，X は 0～360（度）までの連続的な値をとる確率変数となります．通常の測定では，角度はもちろん連続的な値をとりませんが，理論的には小数点が何桁も存在しえます．確率的に決まる針の位置に対応して，角度 X が連続的に決まるため，X は連続確率変数であるといえます．

連続確率変数の特徴は，とりうる値が連続的で無限に存在することです．たとえば，40.50度と40.51度の間には，40.501度や40.502度などがあり，さらにその間には40.5011度や40.5012度などがあります．こう考えると，0度から360度までの間には，無数の値が連続的に存在していることが分かります．

図 5-1 机の上の針

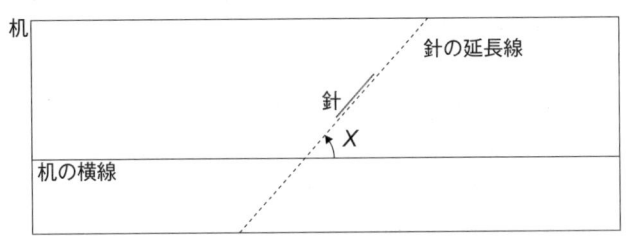

以下では，離散確率変数を用いて確率変数の性質を理解するうえで重要な概念を紹介しますが，これらの概念は連続確率変数でも成立します（なお，最終節では連続確率変数の場合の注意点を扱います）．

5.2 期待値

X の値は確率的に決まり，どの値が実現するかは事前には分かりません．しかし，その確率分布さえ分かれば，事前に X として平均的に期待される値（分布の中心）を求めることができます．この値をとくに**期待値**といいます．

5.2.1 期待値の定義

離散確率変数 X のとりうる値を $\{x_1, x_2, \cdots, x_m\}$ とします．このとき期待値は次のように定義されます．期待値は $E[X]$ または μ（「ミュー」と読む）と表します[1]．

期待値（expectation）
$$E[X] = \sum_{i=1}^{m} x_i P\{X = x_i\}$$

期待値は，X のとりうる値 x_i を，その確率 $P\{X=x_i\}$ で加重をつけて足し合

---
1) E は Expectation の頭文字で，$E[X]$ は X の期待値ということです．

わせたものであり,加重平均となっています (2.2.1.5節参照).以下の2つの例を通じて,期待値の理解を深めましょう.

例1 (サイコロからみる期待値と平均の関係) サイコロを1回振ったときの出目を X とします.母集団は1,2,3,4,5,6の目が1/6の確率で生じる構造です.サイコロの出目の期待値 $E[X]$ は,サイコロのとりうる値 $\{1,2,3,4,5,6\}$ に出目の確率1/6を掛けて加重平均したものです.

$$E[X] = 1 \times \frac{1}{6} + 2 \times \frac{1}{6} + 3 \times \frac{1}{6} + 4 \times \frac{1}{6} + 5 \times \frac{1}{6} + 6 \times \frac{1}{6} = 3.5$$

得られた期待値3.5は確率変数ではなく定数であることに注意してください.

この例を通じて,期待値と平均との関係を考えます.サイコロを600回振って,1,2,3,4,5,6の目が出た回数を,それぞれ90,105,110,80,95,120回とします.このとき出目の平均は,出目の総和を600で割ったもので,

$$\frac{1 \times 90 + 2 \times 105 + 3 \times 110 + 4 \times 80 + 5 \times 95 + 6 \times 120}{600}$$

$$= 1 \times \frac{90}{600} + 2 \times \frac{105}{600} + 3 \times \frac{110}{600} + 4 \times \frac{80}{600} + 5 \times \frac{95}{600} + 6 \times \frac{120}{600} = 3.575$$

となります.よって,出目の平均は,サイコロのとりうる値 $\{1,2,3,4,5,6\}$ を出目の相対度数で加重平均したものと解釈できます.出目が1の相対度数(1の目が出た割合)は90/600で,その確率1/6ではありません.ただし,試行回数を増やせば,**大数の法則**により相対度数は徐々に確率1/6に収束していく結果,「試行回数が増えるにつれて平均は期待値に収束する」ことになります.

例2 (セント・ペテルスブルクの逆理と胴元の予算制約) コインを投げて,i 回目に初めて表が出たら賞金として 2^i 円もらえ,表が出るまで無限に続くというルールの賭けを考えます(図5-2参照).たとえば,1回目に表が出れば2円もらって賭けは終了,1回目が裏で2回目が表なら $2^2 = 2 \times 2 = 4$ 円もらって賭けは終了,1,2回目が裏で3回目が表なら $2^3 = 2 \times 2 \times 2 = 8$ 円もらって賭けは終了です.コイン投げは相互に独立な事象であり,1回目に表が出る確率は1/2,1回目は裏で2回目が表の確率は $(1/2)^2 = 1/4$,1,2回目が裏で

図5-2 賭けの仕組み

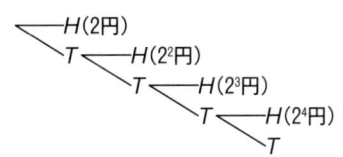

```
         ┌─ H(2円)
       T ┴─┐
           ├─ H(2²円)
         T ┴─┐
             ├─ H(2³円)
           T ┴─┐
               ├─ H(2⁴円)
             T
```

3回目が表の確率は $(1/2)^3=1/8$ です．同様に，i 回目に初めて表が出る確率は $(1/2)^i$ となります．

この賭けによって得られる賞金の期待値は

$$2\left(\frac{1}{2}\right)+2^2\left(\frac{1}{2}\right)^2+2^3\left(\frac{1}{2}\right)^3+\cdots = 1+1+1+\cdots = \infty$$

となります．つまり，賭けから得られる賞金の期待値は，1を無限に加えたものに等しく無限大となります．賭けの参加料が有限，すなわち，賞金の期待値を下回る金額である限りは，賭けに参加して得られる利益（賞金 − 参加料）の期待値はプラスのはずです．しかし，なぜか人々は1000円の参加料を支払うことすら嫌がるようです．もちろん，1回目に表が出て2円しかもらえない可能性もありますが，期待値による計算上は，この賭けへの参加は平均的には儲かるはずです．それにもかかわらず，このように人々が賭けに参加したがらないことは，理に逆らう現象（逆理）であるといえます．

ところで，上例で，賭けの胴元に予算制約があった場合，すなわち，賭けから得られる利益が無限大ではない（有限の）場合はどうなるでしょうか．胴元は巨額の資金を持ち 2^{40} 円（約1兆円）まで支払えるとします（現実には，1兆円もの資金を持つ胴元はほとんど存在しません）．この場合，39回裏が連続すると，40回目に表でも裏でも胴元の予算制約を超えるため，2^{40} 円を支払って賭けは強制終了します．以上を前提に，賭けの賞金の期待値を計算すると，

$$2\left(\frac{1}{2}\right)+2^2\left(\frac{1}{2}\right)^2+\cdots+2^{39}\left(\frac{1}{2}\right)^{39}+2^{40}\left(\frac{1}{2}\right)^{39} = 1+1+\cdots+1+2 = 41$$

となり，期待値はわずか41円に過ぎません（39回目に表なら 2^{39} 円，裏なら 2^{40} 円もらって賭けは強制終了することに注意してください）．こうした現実

的状況を考えれば,「誰も1000円を支払って賭けに参加することはない」という逆理には何も不思議はなさそうです.つまり,人々が胴元の予算制約までも考慮したうえで賭けの期待値を考えるなら,人々がこの賭けに参加したがらないのは,合理的な選択となるのです.

5.2.2 線形変換した確率変数の期待値

期待値の性質を理解するため,確率変数 X を線形変換した $Y=a+bX$ の期待値を考えてみましょう (a と b は任意の定数).このとき,変換後の確率変数 Y の期待値 $E[Y]$ は,

$$E[a+bX]=a+bE[X]$$

となります(証明は補足参照).たとえば,$Y=3+5X$ であれば,$E[Y]=E[3+5X]=3+5E[X]$ です.

期待値の式で $b=0$ とおけば

$$E[a]=a$$

となります.これは「定数の期待値は定数である」ということです.定数とは常に固定した値であり,期待値をとってもその値は変わらないと理解できます.たとえば,$Y=5$ であれば,Y は常に5で $E[Y]=E[5]=5$ です.

次に,$a=0$ のときは

$$E[bX]=bE[X]$$

が成立します.つまり,「確率変数の係数は期待値の外に出せる」ことを意味します.たとえば,$Y=3X$ なら,$E[Y]=E[3X]=3E[X]$ となります.

「定数の期待値は定数である」ことと,「確率変数の係数は期待値の外に出せる」ことは,期待値を計算するうえで便利な性質なので覚えておきましょう.

5.3 分散と標準偏差

2章では,データのばらつきの程度を測る指標として標本分散と標本標準偏差を紹介しました.本節では,確率分布のばらつきの程度を測る指標として**分散と標準偏差**を紹介します.

コラム5-1　宝くじっておトクなの

　有名な宝くじといえば，サマージャンボ宝くじがあります．2009年のある宝くじは，1枚300円で売り出され，賞金は1等2億円，前後賞5000万円でした．宝くじの番号は，各組100000番から199999番まで10万通りあります（数字は1から始まるため，1は無視して考えてください）．組が001組から100組まであるので，この宝くじは計10万×100組＝1000万枚が販売されました（ユニットの説明は省略）．

　この宝くじの結果を表5-1にまとめました．たとえば，6等は下2桁が15であれば，当せん賞金は1000円です．1等は75組で下5桁が06889で，当たれば賞金2億円です．番号が一致しても，組が違えば1等の組違い賞となってしまいます．

　当せんした場合の賞金は分かりましたが，期待値を計算するには，当せん確率を求める必要があります．表の最右列に等級ごとの当せん確率を示しています．たとえば，7等は下1桁が0なので，当せん確率は1/10＝10%です（数字は0〜9まで）．6等は下2桁が15なので，当せん確率は(1/10)×(1/10)＝1/100＝1%となります．1等は1000万枚中1枚しかないので，その確率は1/1000万＝0.00001%です．2等も同様です．1等の前後賞は75組106889番の前後で，75組の106888と106890番です．それぞれの確率は1等と同様に0.00001%であるため，前後賞の確率は2×0.00001%となります．1等の組違い賞とは，106889番で，001組から100組まで計99組あります（75組は除外）．よって，その確率は99×0.00001%となります．ちなみに，どの賞にも当せんしない確率は，1から各賞に当せんする確率を引けば求められ，約89%となります．

　以上から，宝くじの期待利益は，各賞の賞金に当せん確率を乗じて

　　2億円×0.00001% ＋ 5000万円×0.00002% ＋ … ＋ 100万円×0.003% ＝ 141円

となります[2]．300円で宝くじを購入すると平均で141円だけ戻ってきます．以上を前提とすると，宝くじの控除率（賭金のうち胴元が取得する割合）は53%（＝159/300）もあります．宝くじの胴元は政府（地方自治体）であることを考えれば，宝くじは政府への寄付といえるかもしれません．

表5-1 宝くじの賞金と当せん確率

等級	当せん金額	組	番号	確率(%)
1等	2億円	75組	106889番	0.00001
1等の前後賞	5000万円	75組	1等の前後の番号	0.00002
1等の組違い賞	10万円		1等の組違い同番号	0.00099
2等	1億円	52組	152692番	0.00001
3等	1000万円	組下1ケタ8組	125887番	0.0001
4等	10万円	各組共通	下4桁　7332番	0.01
5等	1万円	各組共通	下3桁　728番	0.1
6等	1000円	各組共通	下2桁　15番	1
7等	300円	各組共通	下1桁　0番	10
夏祭り賞	100万円	各組共通	161250, 135948, 151144番	0.003

5.3.1 分散と標準偏差の定義

図5-3では，確率変数 X の分布として2つのケースを想定しています．確率変数 X のとりうる値はともに $\{x_1, x_2, x_3, x_4, x_5\}$ であり，期待値 $E[X]$ を中心に左右対称の分布です（$E[X]=x_3$ と仮定）．確率分布(a)と(b)を比較すると，(a)は期待値を中心に狭い範囲で散らばっているのに対し，(b)は期待値から広い範囲に散らばっています．このように期待値を基準に考えることによって，すなわち，確率変数 X のとりうる各値 x_i の期待値からの乖離（偏差：$x_i-E[X]$）を用いて，確率分布のばらつきの程度を測る指標を作ることができそうです．ただし，偏差（$x_i-E[X]$）にはプラスもマイナスもありますから，そのまま加えても打ち消し合ってしまいます．そこで，偏差を2乗してから加えるようにすれば，プラスとマイナスが打ち消し合うことなく，ばらつきの程度を測ることが可能となります．このような考え方を用いた確率分布のば

---

2) グリーンジャンボ宝くじ（2012年）は，「ジャンボ宝くじ史上初の1等3億円！」と銘打って販売されました．賞金の内容（1ユニット）は，1等3億円（1本），1等前後賞1億円（2本），1等組違い賞10万円（99本），2等1000万円（2本），3等500万円（10本），4等100万円（100本），5等1万円（10000本），6等3000円（10万本），7等300円（100万本）です．期待値を計算すると138円であり，300円のうち46%だけしか戻ってきません（控除率54%）．1等の賞金は高額ですが，他の賞金が減額されていて期待値はサマージャンボとほとんど変わりません．

図5-3 確率分布のばらつきと分散
(a) 分散が小さい　　(b) 分散が大きい

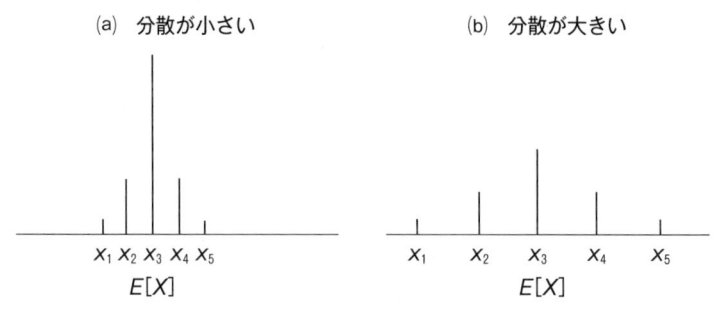

らつきの程度を測る指標が分散と標準偏差です．

分散は $(X-E[X])^2$ の期待値と定義されます．つまり，分散とは，X のとりうる値 x_i が期待値 $E[X]$ から乖離している程度を $(x_i-E[X])^2$ とし，その確率 $P\{X=x_i\}$ を掛けて加重平均したものです．X の分散は V(X) または σ^2（「シグマ2乗」と読む）と表されます[3]．

分散（variance）
$$V(X)=E[(X-E[X])^2]=\sum_{i=1}^{m}(x_i-E[X])^2P\{X=x_i\}$$

標本分散と同様，分散は偏差の2乗をとるので桁数が変わってしまうという問題があります．このため，分散の平方根をとって桁数をもとに戻した**標準偏差**も，ばらつきの尺度として広く用いられます．X の標準偏差は，分散の平方根ですから $\sqrt{V(X)}$ または σ と表されます．

標準偏差（standard deviation）
$$\sqrt{V(X)}=\sqrt{E[(X-E[X])^2]}=\sqrt{\sum_{i=1}^{m}(x_i-E[X])^2P\{X=x_i\}}$$

---

[3] V は Variance の頭文字であり，V(X) は X の分散ということです．

なお,分散の計算に便利な公式(簡便公式)を紹介しておきます[4].

$$V(X) = E[(X-E[X])^2] = E[(X^2 + E[X]^2 - 2E[X]X)]$$
$$= E[X^2] + E[X]^2 - 2E[X]E[X] = E[X^2] - E[X]^2$$

つまり,Xの分散は,「Xの2乗の期待値からXの期待値の2乗を引いたもの」となります.以下の3つの例を通じて,分散と標準偏差の理解を深めていきましょう.

例1(サイコロからみる分散と標本分散の関係) サイコロを1回投げたときの出目をXとします.このときのXの分散を求めてみましょう.

$$V(X) = (1-3.5)^2 \times \frac{1}{6} + (2-3.5)^2 \times \frac{1}{6} + (3-3.5)^2 \times \frac{1}{6}$$
$$+ (4-3.5)^2 \times \frac{1}{6} + (5-3.5)^2 \times \frac{1}{6} + (6-3.5)^2 \times \frac{1}{6}$$

計算は大変そうです.そこで,先ほどの公式を用いてみます.XとX^2の期待値は,それぞれ$E[X]=(1+2+3+4+5+6)/6=3.5$,$E[X^2]=(1+4+9+16+25+36)/6=15.17$ですから,$X$の分散は,$V(X)=E[X^2]-E[X]^2=15.17-3.5^2=2.92$となります.また,標準偏差は$\sqrt{2.92}=1.71$となります.

次に,分散$V(X)$と標本分散s_x^2との関係を考えます(標本分散は2.2.2節参照).サイコロを600回振って,1,2,3,4,5,6の目が出た回数が90,105,110,80,95,120回であったときの出目の平均は3.575ですから(5.2.1節の例1を参照),標本分散は

$$s_x^2 = \frac{(1-3.575)^2 \times 90 + (2-3.575)^2 \times 105 + \cdots + (6-3.575)^2 \times 120}{599}$$
$$= (1-3.575)^2 \times \frac{90}{599} + (2-3.575)^2 \times \frac{105}{599} + \cdots + (6-3.575)^2 \times \frac{120}{599}$$

となります(計算すると3.02).試行回数が増えるにつれて,相対度数は確率1/6に収束し,平均である3.575も期待値3.5に収束していきます.したがって「試行回数が増えるにつれて標本分散は分散に収束する」ことになります[5].

---

4) 期待値$E[X]$は定数ですから,式展開において期待値の外に出すことができ,$E[E[X]^2]=E[X]^2$,$E[2E[X]X]=2E[X]E[X]$としています.

5章 確率変数と確率分布

図5-4　XとX^2の確率分布

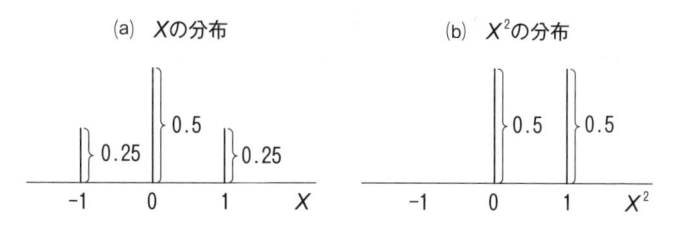

(a) Xの分布　　　　　(b) X^2の分布

例2（XとX^2の分布）　確率変数Xは-1，0，1という値をとり，それぞれの確率を$P\{X=-1\}=0.25$，$P\{X=0\}=0.5$，$P\{X=1\}=0.25$とします．図5-4は，確率変数XとX^2の分布を描いたものです．Xは-1，0，1という値をとることから，X^2は0または1となります．確率変数X^2が0または1をとる確率は，Xが0のとき$X^2=0$，Xが-1または1のとき$X^2=1$ですから，$P\{X^2=0\}=P\{X=0\}=0.5$，$P\{X^2=1\}=P\{X=-1\}+P\{X=1\}=0.5$となります．以上をもとに，$X$の分散を求めます．$E[X]=-1\times0.25+0\times0.5+1\times0.25=0$，$E[X^2]=0\times0.5+1\times0.5=0.5$ですから，$V(X)=E[X^2]-E[X]^2=0.5-0^2=0.5$となります．

例3（投資戦略）　最近は，投資による資産運用を行う大学生も少なくありません．大学生の二郎君は，勉学のかたわらアルバイトで貯めた100万円を，株に投資するか国債に投資するかで迷っていました．国債は一般には安全資産と考えられており（コラム5-2参照），ここでは1年後に100%の確率で（つまり確実に）1.01倍となるとします．他方，株は1年後に30%の確率で1.2倍，40%の確率で一定，30%の確率で0.9倍となるとします．このとき，二郎君はどちらの資産に投資したらよいでしょうか．

---

5) サイコロを600回振るとき，その出目を記録したものはデータとなります．このとき，母集団は1〜6の目が1/6の確率で生じるというデータの生成構造でした．そして，分散は母集団のばらつきであり，標本分散はデータのばらつきを表しています．データのサンプルサイズが大きくなれば，データと母集団との違いはなくなっていくため，標本分散は分散に収束していくのです．平均が期待値に収束するのも同様の理由です．

国債に投資すれば，100％の確率で100万円が101万円になるので，不確実性はなく分散は0となります．株で運用したときの1年後の資産額を X とすると，その期待値は $E[X]=120\times0.3+100\times0.4+90\times0.3=103$ 万円となります．また，$E[X^2]=120^2\times0.3+100^2\times0.4+90^2\times0.3=10750$ となるので，分散は簡便公式から $10750-103^2=141$，標準偏差は $\sqrt{141}=11.87$ となります．

以上から明らかなのは，株式の方が国債よりも期待値は大きいものの，標準偏差は11.87万円と大きく，リスクの高い資産であるということです．どちらの資産に投資するかは，結局のところ，リスクに対する投資家の許容度に依存します．たとえば，リスク回避的な投資家であれば（頑張って貯めた100万円を安全に運用したければ），期待収益の違いはあっても，よりリスクの低い資産である国債を購入した方がよいといえます．これに対し，リスク愛好的な投資家であれば（100万円をもとに大儲けしたいのであれば），リスクは大きかったとしても，ハイリスク・ハイリターンの株式を購入した方がよいことになります．

5.3.2 線形変換した確率変数の分散

X を $Y=a+bX$ と線形変換したときの，Y の分散を求めてみます．Y の分散 $V(Y)$ は，$E[Y]=a+bE[X]$ という性質を用いて

$$E[(Y-E[Y])^2]=E[(a+bX-(a+bE[X]))^2]$$
$$=E[b^2(X-E[X])^2]$$
$$=b^2E[(X-E[X])^2]=b^2V(X)$$

となります．この式から，Y の分散は b のみに依存することが分かります（a は Y の分散に影響を与えません）．Y の分散は，$|b|>1$ なら X の分散より大きくなり，$|b|<1$ なら X の分散より小さくなります．

Y の分散は b のみに依存するという性質の理解を深めるため，2つの線形変換を考えます．1つ目は，$a>0$ として $Y=a+X$ という線形変換です（図5-6(a)参照）．このとき，Y の期待値と分散は，それぞれ $a+E[X]$ と $V(X)$ となります．Y は X の分布を a だけシフトさせていますが，分布の形状自体は変わらず，Y の分散は X の分散と同じです．2つ目は，X の期待値を0，また $b>1$ とした $Y=bX$ という線形変換です（図5-6(b)参照）．このとき，Y

コラム5-2　日本破綻の可能性

　国債は国が発行する債券です．たとえば，国が，1年後に101万円で買い取る約束の国債を発行したとします（買取価格101万円を償還価格といいます）．国債の収益率（利回り）は，市場で取引される国債の価格すなわち時価に依存します．たとえば，時価100万円の国債を購入すると，1年後に101万円がもらえます．この場合の収益率は1％です．国債の時価は国債の需給で決まります．投資家が国債を不要であると思えば国債の価格は暴落する一方，償還価格は変わらないので収益率は上昇します．国が発行する国債にはリスクがない（債務不履行の可能性はない）と考えるのが普通です．しかし，現在の日本の状況をみるかぎり，日本の国債のリスクは皆無とはいえません．

　個人の債務不履行の可能性は，借金自体の大きさではなく，借金/所得の大きさで判断されます．借金が多くても高所得であれば問題になりませんし，借金が少なくても低所得であれば問題となります．GDPが国の所得に相当しますから，国の債務不履行の可能性については，債務額/GDPが重要な指標となります．図5-5は，1885～2009年までの日本の債務額/GDPの動きを図示したものです．図から2009年の債務額はGDPの約2.0倍であり，第2次世界大戦末期よりさらに危機的水準であることが分かります．1945年に債務額/GDPが急落していますが，これは物価が高騰したためであり，地道に債務が返済されたためではありません．国債は発行時に償還価格が決められることから，物価が上昇しても債務額は変わらない一方で，物価が上昇すれば商品を高価格で販売できるためGDPは増加します．第2次世界大戦直後は物価が高騰し国債は紙くず同然になりました．もちろん，現在は日銀に独立性が与えられており，物価の高騰は起き難いと考えられます．しかし，このような歴史をみると，国債のリスクは皆無とはいえません．

　『日本経済新聞』は，日本の将来について悲観的予測をしています．「独断で将来を予想してみたい．財政再建は進まず歳出の半分程度を国債に頼り続ける．日銀は大幅な国債購入に乗り出す．インフレ懸念や財政悪化懸念が高まり，長期金利も急騰する[6]．……財政赤字を減らせないなら，インフレという，形を変えた増税によって政府の債務を実質的に減らすしかない．それは世界の歴史が

図 5-5　日本の債務額/GDP の推移

教えるところである」(2009年12月21日付). 悲観的な予測ですが, 決して起こり得ないシナリオではありません. たとえば, ギリシャでは, 債務問題から金利が急騰して, 2012年には一時35％を超える水準にまで達しました. 日本でも, 政府が真剣に債務削減に努めないかぎり, このシナリオが徐々に現実味を帯びていくことでしょう. 将来への負担の先送りは限界に達しており, 一刻も早い政府の対応が求められます.

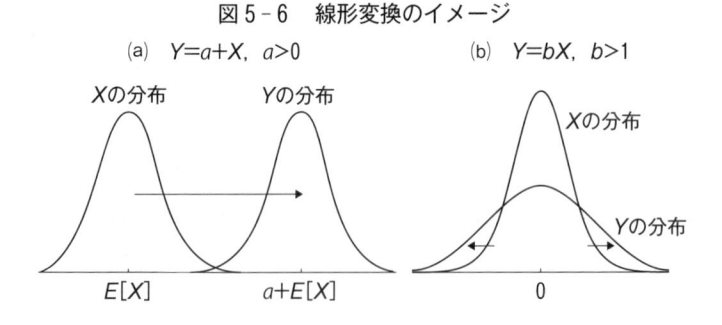

図 5-6　線形変換のイメージ

(a) $Y=a+X$, $a>0$　　　(b) $Y=bX$, $b>1$

---

6)　日本では, 国債が国内でほぼ消化されており, 他国に比較して長期金利が急騰する懸念はあまりないといわれます. しかし, 小黒一正・小林慶一郎『日本破綻を防ぐ2つのプラン』(日経プレミアシリーズ, 2011年) は, 2030年には「財政破綻確率 (公的債務が個人金融資産に占める割合が90％以上になる確率)」は100％になると指摘しています. 近い将来, 国債を国内だけで消化できなくなり長期金利が急騰する懸念が出てくるといえるのです.

の期待値と分散は,それぞれ0と$b^2V(X)$となります.$b>1$より,Yの分散はXの分散よりも大きくなります.中心が0のままなのは,0にbを掛けても0だからです.

5.4 複数の確率変数

以上では,確率変数が1つだけの状況を考えてきました.しかし,複雑な現実世界では確率変数が1つだけの状況はほぼ皆無です.複雑な事象を解明するためには,複数の確率変数を用いた分析が不可欠です.天気が雨のとき通勤時間は長くなるのか,日本株と米国株の株価は連動しているのか,学生の体調と試験結果は関係しているのか.これらの質問に答えるには,複数の確率変数を同時に考える必要があります.以下では,確率変数が2つの状況を前提とし,いくつかの重要な概念を紹介します.

5.4.1 同時確率

確率変数XとYがあり,Xのとりうる値を$\{x_1, x_2, \cdots, x_m\}$,$Y$のとりうる値を$\{y_1, y_2, \cdots, y_s\}$とします.このとき,$X$が$x_i$,$Y$が$y_j$という値を同時にとる確率を**同時確率**(joint probability)といい,$P\{X=x_i, Y=y_j\}$と表します.

天気を表す確率変数Xと,通勤時間を表す確率変数Yとの同時確率を考えましょう.Xは,$X=0$なら雨,$X=1$なら晴れとします.また,Yは,$Y=0$なら短時間,$Y=1$なら中時間,$Y=2$なら長時間で目的地に着くとします.表5-2は,XとYの同時確率をまとめたもので,**同時確率分布表**と呼ばれます[7].通常,通勤時間は雨なら長くなり,晴れなら短くなります.また,天気は晴れでも,事故などの影響で通勤時間が長くなることもあるでしょう.表から,天気が雨で通勤時間が長時間である確率$P\{X=0, Y=2\}$は0.15です.また,天気が雨で通勤時間が短時間である確率$P\{X=0, Y=0\}$は0.05と低くなっています.これに対して,天気が晴れで通勤時間が長時間である確率$P\{X=1, Y=2\}$は0.05と低く,天気が晴れで通勤時間が短時間である確率

---

7) 同時確率は結合確率,同時確率分布表は結合確率分布表ともいいます.

表5-2　同時確率分布表

		Y			
		0	1	2	
X	0	0.05	0.10	0.15	0.30
	1	0.50	0.15	0.05	0.70
		0.55	0.25	0.20	1.00

$P\{X=1, Y=0\}$ は0.50と高くなっています．確率の公理から確率の和は1であるため，これらの同時確率の合計は1となっています $(0.05+0.10+0.15+0.50+0.15+0.05=1.0)$．

同時確率分布表から，X と Y のそれぞれの確率分布を求めることができます．これらは同時確率分布表の周辺に現れるため，**周辺確率分布**と呼ばれます．周辺確率分布の定義は以下のとおりです．

周辺確率分布（marginal probability distribution）

$$P\{X=x_i\} = \sum_{j=1}^{s} P\{X=x_i, Y=y_j\}$$

$$P\{Y=y_j\} = \sum_{i=1}^{m} P\{X=x_i, Y=y_j\}$$

X の周辺確率分布 $P\{X=x_i\}$ は，$X=x_i$ を固定してさまざまな y_j についての和をとったもので，Y の周辺確率分布 $P\{Y=y_j\}$ は，$Y=y_j$ を固定してさまざまな x_i についての和をとったものです．周辺確率分布も確率ですから，それらの和は必ず1となります．

$$\sum_{i=1}^{m} P\{X=x_i\} = 1, \quad \sum_{j=1}^{s} P\{Y=y_j\} = 1$$

通勤の例をもとに確率を計算しましょう．$Y=0$ となる確率 $P\{Y=0\}$ は

$P\{Y=0\} = P\{X=0, Y=0\} + P\{X=1, Y=0\} = 0.05+0.50 = 0.55$

です．$Y=0$ のとき，X が0や1となる可能性があり，これらの確率を合計して $Y=0$ の確率を求めます．同様に，$X=0$ となる確率 $P\{X=0\}$ は，Y が0，

1，2をとる確率を合計して求めます．
$$P\{X=0\}=P\{X=0, Y=0\}+P\{X=0, Y=1\}+P\{X=0, Y=2\}$$
$$=0.05+0.10+0.15=0.3$$

なお，表5-2から，雨の確率 $P\{X=0\}$ は0.3，晴れの確率 $P\{X=1\}$ は0.7であり，その和は $P\{X=0\}+P\{X=1\}=1$ です．短時間となる確率 $P\{Y=0\}$ は0.55，中時間となる確率 $P\{Y=1\}$ は0.25，長時間となる確率 $P\{Y=2\}$ は0.20なので，それらの和は $P\{Y=0\}+P\{Y=1\}+P\{Y=2\}=1$ となります．

5.4.2 複数の確率変数の関数の期待値

同時確率を理解すれば，複数の確率変数からなる任意の関数の期待値を計算できるようになります．まず，X と Y からなる任意の関数を $g(X,Y)$ とします．その関数の形は，X と Y が含まれていればどのようなものでもかまいません．例としては，$g(X,Y)=X+Y$ や $g(X,Y)=X-Y$ などがあります．このとき，$g(X,Y)$ の期待値は，同時確率を用いて次のように定義されます．

$$E[g(X,Y)] = \sum_{i=1}^{m} \sum_{j=1}^{s} g(X=x_i, Y=y_j) P\{X=x_i, Y=y_j\}$$

単一変数の期待値と同様（5.2.1節参照），X と Y からなる任意の関数の期待値は，X と Y のとりうる値で評価した関数の値 $g(X=x_i, Y=y_j)$ を，X と Y の同時確率 $P\{X=x_i, Y=y_j\}$ で加重平均したものです．

例1（夫婦の年収の期待値①） 太郎君の年収 X は確率的に変動して600万円または400万円になり，太郎君の奥さんの年収 Y も確率的に変動して500万円または450万円になるとします．このとき，夫婦の年収（$X+Y$）の期待値を求めましょう．$X+Y$ のとりうる値は，(600+500)，(600+450)，(400+500)，(400+450) の4通りです．各々の確率を $P\{X=600, Y=500\}=0.5$，$P\{X=600, Y=450\}=0.2$，$P\{X=400, Y=500\}=0.2$，$P\{X=400, Y=450\}=0.1$ としましょう．夫婦の年収の期待値 $E[X+Y]$ は，以下のとおり，$X+Y$ のとりうる値をその確率で加重平均をとったものとなります．

$$E[X+Y] = (600+500)P\{X=600, Y=500\} + (600+450)P\{X=600, Y=450\}$$
$$+ (400+500)P\{X=400, Y=500\} + (400+450)P\{X=400, Y=450\}$$
$$= (1100\times 0.5) + (1050\times 0.2) + (900\times 0.2) + (850\times 0.1) = 1025$$

次に，複数の確率変数の和や差の期待値の一般的性質を調べます．ここで確率変数 X と Y の関数を $g(X, Y) = aX + bY$ とします（a と b は任意の定数）．このとき，期待値は
$$E[aX+bY] = aE[X] + bE[Y]$$
となります（証明は補足参照）．ここで $a=b=1$ とおくと，
$$E[X+Y] = E[X] + E[Y]$$
つまり，和の期待値はそれぞれの期待値の和となります．また，$a=1$，$b=-1$ とおくと，
$$E[X-Y] = E[X] - E[Y]$$
となり，差の期待値はそれぞれの期待値の差となっています．

上の性質は，確率変数が3つ以上の場合にも当てはまります．たとえば，任意の定数 c と新たな確率変数 Z を追加した関数 $g(X, Y, Z) = aX + bY + cZ$ の期待値は
$$E[aX+bY+cZ] = E[(aX+bY)+cZ] = E[aX+bY] + E[cZ]$$
$$= aE[X] + bE[Y] + cE[Z]$$
となります．$a=b=c=1$ とすると，
$$E[X+Y+Z] = E[X] + E[Y] + E[Z]$$
となります．以上より，「確率変数の和の期待値はそれぞれの期待値の和となる」といえます．

例2（夫婦の年収の期待値②） 太郎君夫婦の年収の和の期待値を，それぞれの年収の期待値の和として求めます．太郎君の年収 X の周辺確率は，
$$P\{X=600\} = P\{X=600, Y=500\} + P\{X=600, Y=450\} = 0.5 + 0.2 = 0.7,$$
$$P\{X=400\} = P\{X=400, Y=500\} + P\{X=400, Y=450\} = 0.2 + 0.1 = 0.3,$$
奥さんの年収 Y の周辺確率は，
$$P\{Y=500\} = P\{X=600, Y=500\} + P\{X=400, Y=500\} = 0.5 + 0.2 = 0.7,$$

$P\{Y=450\}=P\{X=600, Y=450\}+P\{X=400, Y=450\}=0.2+0.1=0.3$，で，それぞれ $E[X]=600×0.7+400×0.3=540$，$E[Y]=500×0.7+450×0.3=485$ となります．したがって，年収の和の期待値は，それぞれの年収の期待値の和として，$E[X+Y]=E[X]+E[Y]=540+485=1025$ となります．

例3（サイコロの出目の期待値） サイコロを2回振って，1回目の出目を X とし，2回目の出目を Y とします．5.2.1節の例1から，サイコロを1回振ったときの出目の期待値は3.5です（$E[X]=E[Y]=3.5$）．出目の和 $X+Y$ の期待値は，それぞれの期待値の和であり $E[X+Y]=E[X]+E[Y]=3.5+3.5=7$ となります．次に，サイコロを3回振ります．3回目の出目を Z とすると，出目の和である $X+Y+Z$ の期待値は，$E[X+Y+Z]=E[X]+E[Y]+E[Z]=3.5+3.5+3.5=3×3.5=10.5$ です．また，一般にサイコロを n 回振った場合の出目の和の期待値は $n×3.5$ となります．

5.4.3 共分散と相関係数

3.2節では，データの相互関係を測る指標である標本共分散と標本相関係数を学習しました．以下では，2つの確率変数の相互関係を測る指標である共分散と相関係数を学習します．

確率変数 X と Y の**共分散**は，x_i の偏差 ($x_i-E[X]$) と y_j の偏差 ($y_j-E[Y]$) の積に，その同時確率 $P\{X=x_i, Y=y_j\}$ を掛けて加重平均をとったものです．X と Y の共分散は $\mathrm{Cov}(X, Y)$ または σ_{XY} と表します[8]．

共分散（covariance）

$$\mathrm{Cov}(X, Y) = E[(X-E[X])(Y-E[Y])]$$
$$= \sum_{i=1}^{m}\sum_{j=1}^{s}(x_i-E[X])(y_j-E[Y])P\{X=x_i, Y=y_j\}$$

図5-7を使い共分散を理解しましょう．各点は X と Y のとりうる値の組

---

[8] Cov は Covariance の頭文字で，$\mathrm{Cov}(X, Y)$ は X と Y の共分散ということです．

図5-7 共分散と相関

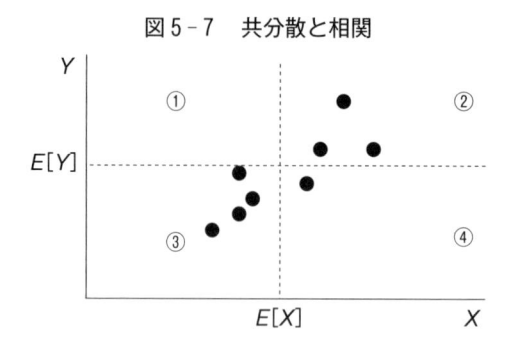

合せ (x_i, y_j) を表します.ただし,各点の確率 $P\{X=x_i, Y=y_j\}$ は必ずしも同じではありません.$E[X]$ および $E[Y]$ を用いて,この図を4つの領域に分割します.共分散は,偏差の積 $(x_i-E[X])(y_j-E[Y])$ に同時確率である $P\{X=x_i, Y=y_j\}$ を掛けて加重平均したものでした.したがって,②と③の領域に多くの点があったり,それらの同時確率が高かったりすると,共分散はプラスとなります.同様に,①と④の領域に多くの点があったり,それらの同時確率が高かったりすると,共分散はマイナスとなります.これらの点が①②③④にまんべんなく散らばって,同時確率も同じくらいであれば共分散は 0 に近い値をとります.

　標本共分散と同様に,共分散が正なら 2 変数間に**正の相関**があり,共分散が負であれば**負の相関**があります.標本共分散は 2 変数に相関関係がない場合には 0 に近い値をとりますが,共分散も同様に X と Y が独立であれば 0 になります.2つの変数が**独立**であれば変数間に関係はないため(確率変数の独立の定義は補足参照),相関関係を測る指標である共分散は 0 になるということです(証明は補足参照).また,平均と期待値の関係と同様に,「試行回数が増えるにつれて標本共分散は共分散に収束する」という性質があります.

例1(和や差の分散と共分散の関係) 確率変数の和や差の分散は,それぞれの確率変数の分散だけでなく,それぞれの確率変数の共分散にも依存しています.そこで,$aX+bY$ の分散を計算してみます(a と b は任意の定数).

$aX+bY$ の期待値は $E[aX+bY]=aE[X]+bE[Y]$ ですから，分散 $V(aX+bY)$ は，以下のとおりです．

$$E[\{aX+bY-E[aX+bY]\}^2]=E[\{a(X-E[X])+b(Y-E[Y])\}^2]$$
$$=a^2E[(X-E[X])^2]+b^2E[(Y-E[Y])^2]+2abE[(X-E[X])(Y-E[Y])]$$
$$=a^2V(X)+b^2V(Y)+2ab\mathrm{Cov}(X,Y)$$

たとえば，$a=b=1$ のときは

$$V(X+Y)=V(X)+V(Y)+2\mathrm{Cov}(X,Y)$$

です．つまり，和の分散は，それぞれの分散の和に$2\times$共分散を加えたものです．X と Y が独立なら共分散は0ですから，和の分散はそれぞれの分散の和となります．すなわち，$V(X+Y)=V(X)+V(Y)$ です．また，$a=1$, $b=-1$ であれば

$$V(X-Y)=V(X)+V(Y)-2\mathrm{Cov}(X,Y)$$

です．つまり，差の分散は，それぞれの分散の和から$2\times$共分散を引いたものとなります．ここで X と Y が独立なら共分散は0ですから，差の分散はそれぞれの分散の和，$V(X-Y)=V(X)+V(Y)$ となります．

以上から，確率変数の和や差の分散の重要な性質として，「独立な確率変数の和や差の分散は，それぞれの確率変数の分散の和となる」といえます．これは，確率変数が3つ以上の場合でも当てはまります．たとえば，確率変数 X, Y, Z が互いに独立なら，$V(X+Y+Z)=V(X)+V(Y)+V(Z)$ となります．

標本共分散には，その値がスケールに依存するという欠点がありました（3.2.1節参照）．共分散も同様の欠点を持っています．たとえば，任意の定数 $b>0$ を使って，X を b 倍した新しい変数 $Z=bX$ を定義します．このとき Z と Y との共分散 $\mathrm{Cov}(Z,Y)$ は，$E[Z]=bE[X]$ という関係を使って

$$E[(Z-E[Z])(Y-E[Y])]=E[(bX-bE[X])(Y-E[Y])]$$
$$=bE[(X-E[X])(Y-E[Y])]=b\mathrm{Cov}(X,Y)$$

となります．つまり，X を b 倍した新変数 Z と Y の共分散はもとの X と Y の共分散の b 倍となり，共分散は相互関係を測る指標としては十分ではありません．この問題を解決する指標が次に紹介する相関係数です．

> **相関係数**（correlation coefficient）
> $$\rho_{XY} = \frac{\mathrm{Cov}(X, Y)}{\sqrt{\mathrm{V}(X)\mathrm{V}(Y)}}$$

ここで ρ（「ロー」と読む）は相関係数を表す記号であり，ρ_{XY} は X と Y との相関係数を意味します．相関係数は標本相関係数と同様の性質を持っています．以下で，相関係数の性質を確認しましょう．

第1に，相関係数はスケールを変えても値は変わりません．たとえば，スケールを変更した新しい確率変数 $Z=bX$ を考えます（スケール変更なので $b>0$ とします）．線形変換により分散は $\mathrm{V}(Z)=b^2\mathrm{V}(X)$ となり（5.3.2節参照），また，先に求めたように $\mathrm{Cov}(Z, Y)=b\mathrm{Cov}(X, Y)$ ですから，

$$\rho_{ZY} = \frac{\mathrm{Cov}(Z, Y)}{\sqrt{\mathrm{V}(Z)\mathrm{V}(Y)}}$$
$$= \frac{b\mathrm{Cov}(X, Y)}{\sqrt{b^2\mathrm{V}(X)\mathrm{V}(Y)}} = \rho_{XY}$$

となり[9]，スケールを変えても相関係数の値は変わりません．

第2に，もし2変数が独立なら相関係数は0となります．2変数が独立であれば変数間に相関はないため，相関関係を測る指標である共分散は0となり，相関係数も0となります．

第3に，相関係数が1または-1となるのはXとYに完全な線形関係があるときです（$Y=a+bX$）．図5-8は，XとYに線形関係がある場合を図示しました．各点は，XとYのとりうる値の組合せ (x_i, y_i) を示しています．$b>0$ であれば相関係数は1，$b<0$ であれば相関係数は-1となります．これは以下のように証明できます．$Y=a+bX$ とすると，Yの期待値と分散はそれぞれ $E[Y]=a+bE[X]$，$\mathrm{V}(Y)=b^2\mathrm{V}(X)$ となります（5.2.2, 5.3.2節参照）．よって，XとYの相関係数は，

---

[9] 分子と分母に b がありますから，互いに打ち消しあって $\rho_{ZY}=\rho_{XY}$ となります．

図 5-8 　相関係数と線形関係

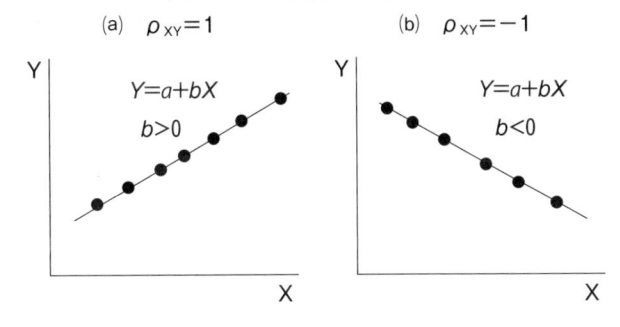

(a) 　$\rho_{XY}=1$

(b) 　$\rho_{XY}=-1$

$Y=a+bX$ 　$b>0$

$Y=a+bX$ 　$b<0$

$$\rho_{XY}=\frac{E[(X-E[X])(Y-E[Y])]}{\sqrt{V(X)V(Y)}}=\frac{E[(X-E[X])(a+bX-(a+bE[X]))]}{\sqrt{V(X)b^2V(X)}}$$

$$=\frac{bE[(X-E[X])(X-E[X])]}{|b|V(X)}=\frac{b}{|b|}$$

となります．ここで $b/|b|$ は，b をその絶対値で割っており，$b>0$ であれば相関係数は 1，$b<0$ であれば相関係数は -1 となります．

第 4 に，標本相関係数と同様に，相関係数も絶対値で必ず 1 以下となります（証明は補足参照）．

例 2（卵をひとつのカゴに入れるな）　金融市場はハイリスク・ハイリターン，ローリスク・ローリターンですが，分散投資によりリターンを変えずにリスクを低下させることも可能です．「卵をひとつのカゴにいれるな」という昔からの教えが，いまでも有用な考え方となっています．ここでは相関係数を用いて，分散投資のメリットを明らかにします．

具体例で考えてみましょう．2 つの投資先 A と B があり，収益率をそれぞれ $c+X$ と $c+Y$ とします（c は任意の定数，X と Y は確率変数）．X と Y の期待値と分散を，$E[X]=E[Y]=0$，$V(X)=V(Y)=\sigma^2$ とします．$E[X]=E[Y]=0$ から，X の分散は $V(X)=E[(X-0)^2]=E[X^2]$，Y の分散は $V(Y)=[(Y-0)^2]=E[Y^2]$，X と Y の共分散は $\mathrm{Cov}(X,Y)=E[(X-0)(Y-0)]=E[XY]$ となります．以上の仮定より，資産 A で運用すると平均 c の収益率

図 5-9　分散投資の収益率の分散

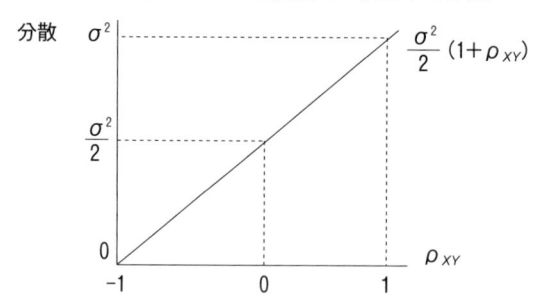

すなわち $E[c+X]=c+E[X]=c$ となりますが，確率変数 X の影響で収益率は変動し，その分散は σ^2 となります．資産 B も同様で，資産 A と B は同じ期待収益率と分散を持っています．ただし，その実現値は確率変数 X と Y の影響で必ずしも同じではありません．

次に，手持ち資産を A, B それぞれに半分ずつ分散投資した場合の収益率は

$$\frac{(c+X)+(c+Y)}{2}=c+\frac{X+Y}{2}$$

となります．その期待値は $E[c+(X+Y)/2]=c$ ですから，分散投資すれば平均的に c の収益率となります．ここまでは A, B への個別投資における収益率と同じですが，分散投資の場合における収益率の分散をみると，その違いが明らかになります．手持ち資産を A, B それぞれに半分ずつ分散投資した場合の収益率の分散は以下となります（証明は補足参照）．

$$E\left[\left(c+\frac{X+Y}{2}-c\right)^2\right]=\frac{\sigma^2}{2}(1+\rho_{XY})$$

図 5-9 は，この収益率の分散を図示したものです．もし $\rho_{XY}=-1$ なら分散は 0，$\rho_{XY}=0$ なら分散は $\sigma^2/2$，$\rho_{XY}=1$ なら分散は σ^2 となります．よって，ρ_{XY} が 1 でない限り，分散投資の方が分散は小さくなり，リスクは減少します．

コラム5-3　成功する分散投資と成功しない分散投資

　資産をトヨタ株とホンダ株に半分ずつ分散投資するとします．図5-10(a)は，2006年1月から09年9月までの，トヨタ，ホンダ，分散投資した場合の株価を示しています．分散投資した場合の株価は両者の株価の平均，つまり（トヨタの株価＋ホンダの株価）/2となります．両社とも自動車を生産する輸出企業ですから，これらの株価は似た動きをしています．したがって，このような分散投資では資産価格はあまり安定しません．

　それでは，ユニクロ（ファーストリテイリング）株とトヨタ株に分散投資するとどうなるでしょうか．図5-10(b)は，ユニクロ，トヨタ，分散投資した場合の株価を示しています．ユニクロは，海外で生産した衣服を格安で販売している輸入企業ですから，トヨタ株と異なる動きをします．2007年8月サブプライムローン問題が大きく報じられると，トヨタ株は大きく値を下げましたが，ユニクロ株は逆に上昇しています．世界不況は，海外需要の減少でありトヨタにとってマイナス要因でしたが，格安商品を販売しているユニクロにとってはむしろプラス要因でした．分散投資により，トヨタ株の下落はユニクロ株の上昇で打ち消されたため，損失はほとんど出ていません．分散投資により資産価格が安定したということです．このように分散投資を成功させるには，相関係数がマイナスとなる資産を組み合わせることがポイントとなります．

　実際に資産運用する際には，各種資産間の標本相関係数を過去5年分のデー

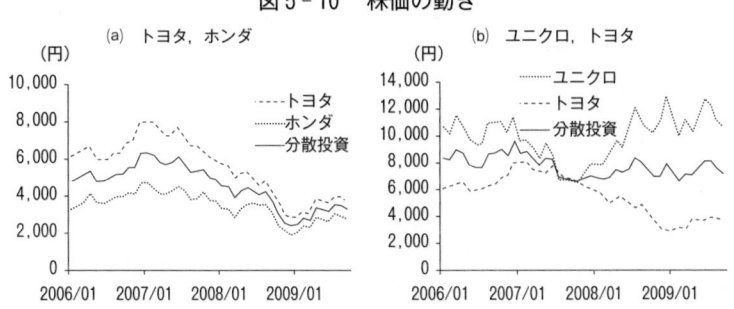

図5-10　株価の動き

タなどを用いて計算したりします(長期投資が目的であれば,もっと長期のデータから標本相関係数を計算します).資産には,大別して,日本株式,日本債券,日本の土地,海外株式,海外債券,海外の土地などがあります.これらの相関係数を調べて,相性の良い資産を組み合わせれば,良いポートフォリオを作ることができるでしょう.

5.5 連続確率変数

　連続確率変数は,とりうる値が連続的で無数に存在しています.たとえば,0から1の値をとる連続確率変数を考えてみても,0.50と0.51の間には0.501や0.502などの点がとれ,その間にはまたその中間の値がとれるというように,0から1の間には無数の点が連続的に存在します.無数にある点に有限の値である確率を付与すると,連続確率変数の全ての確率の和は無限大となり,確率の公理に反します.そこで,連続確率変数では,確率変数がある点をとる確率を0と考え,確率を点ではなく幅によって定義します.

　連続確率変数の確率分布は**密度関数**(density function)と呼ばれ,$f(x)$と表します.任意の定数aとbを考えます(ただし$a \leq b$).このとき密度関数を用いて,連続確率変数Xがa以上b以下($a \leq X \leq b$)となる確率を

$$P\{a \leq X \leq b\} = \int_a^b f(x)dx$$

によって定義します.右辺の積分$\int_a^b f(x)dx$は,aからbの範囲の密度関数$f(x)$の面積(図5-11(a)の網掛けの領域)を与えます.

　密度関数$f(x)$も確率の公理を満たす必要があります(具体的な密度関数は6章参照).まず,確率は0以上なので$f(x)$も必ず0以上($f(x) \geq 0$)です.次に,確率の和は1ですから,Xのとりうる全範囲の面積は1となります.

$$P\{-\infty < X < \infty\} = \int_{-\infty}^{\infty} f(x)dx = 1$$

　上述のとおり,連続確率変数では,確率を点ではなく,密度関数の面積すなわち幅で測ることとし,ある1点の確率は0と考えます.連続確率変数ではと

図 5-11　積分の意味

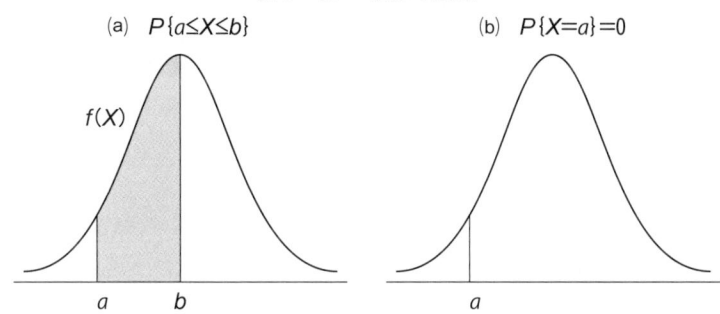

(a) $P\{a \leq X \leq b\}$　　　(b) $P\{X=a\}=0$

りうる値が無数に存在するので，このように考えないと，公理「確率の和が1」が満たされなくなります．以上を踏まえて，連続確率変数 X がある点 a をとる確率を考えましょう．その確率は，図 5-11(b) における a の線となります．長方形の面積は「高さ × 幅」ですが，線の幅は 0 であり，その高さにかかわらず面積は 0 で，$X=a$ の確率は 0 です．

補足：証明

$a+bX$ の期待値

$$E[a+bX] = \sum_{i=1}^{m}(a+bx_i)P\{X=x_i\} = \sum_{i=1}^{m}aP\{X=x_i\} + \sum_{i=1}^{m}bx_iP\{X=x_i\}$$

$$= a\sum_{i=1}^{m}P\{X=x_i\} + b\sum_{i=1}^{m}x_iP\{X=x_i\} = a+bE[X]$$

$aX+bY$ の期待値

$$E[aX+bY] = \sum_{i=1}^{m}\sum_{j=1}^{s}(ax_i+by_j)P\{X=x_i, Y=y_j\}$$

$$= \sum_{i=1}^{m}\sum_{j=1}^{s}ax_iP\{X=x_i, Y=y_j\} + \sum_{i=1}^{m}\sum_{j=1}^{s}by_jP\{X=x_i, Y=y_j\}$$

$$=a\sum_{i=1}^{m}\sum_{j=1}^{s}x_iP\{X=x_i, Y=y_j\}+b\sum_{i=1}^{m}\sum_{j=1}^{s}y_j P\{X=x_i, Y=y_j\}$$

$$=a\sum_{i=1}^{m}x_i\sum_{j=1}^{s}P\{X=x_i, Y=y_j\}+b\sum_{j=1}^{s}y_j\sum_{i=1}^{m}P\{X=x_i, Y=y_j\}$$

$$=a\sum_{i=1}^{m}x_iP\{X=x_i\}+b\sum_{j=1}^{s}y_jP\{Y=y_j\}$$

$$=aE[X]+bE[Y]$$

独立なら共分散は 0

共分散の便利な公式を紹介します．

$$\mathrm{Cov}(X, Y)=E[(X-E[X])(Y-E[Y])]$$
$$=E[(XY-E[X]Y-E[Y]X+E[X]E[Y])]$$
$$=E[XY]-E[X]E[Y]-E[X]E[Y]+E[X]E[Y]$$
$$=E[XY]-E[X]E[Y]$$

つまり，「X と Y の共分散は，X と Y の積の期待値から X の期待値と Y の期待値との積を引いたもの」となります．

事象の独立と同様（4.4.3節参照），確率変数 X と Y が**独立**とは，全ての x_i と y_j について

$$P\{X=x_i, Y=y_j\}=P\{X=x_i\}P\{Y=y_j\}$$

が成立することです．これを利用して，

$$E[XY]=\sum_{i=1}^{m}\sum_{j=1}^{s}x_iy_j P\{X=x_i, Y=y_j\}$$

$$=\sum_{i=1}^{m}\sum_{j=1}^{s}x_iy_jP\{X=x_i\}P\{Y=y_j\}$$

$$=\sum_{i=1}^{m}\sum_{j=1}^{s}x_i P\{X=x_i\}y_j P\{Y=y_j\}$$

$$=\sum_{i=1}^{m}x_i P\{X=x_i\}\sum_{j=1}^{s}y_j P\{Y=y_j\}$$

$$=E[X]E[Y]$$

式展開では二重和を用いています（付録 A 参照）[10]．ここで $\mathrm{Cov}(X, Y)=$

$E[XY]-E[X]E[Y]$ ですから，X と Y が独立なら共分散は $\mathrm{Cov}(X,Y)=E[X]E[Y]-E[X]E[Y]=0$ となります．

相関係数の絶対値は1以下

$\mathrm{V}(aX+bY)=a^2\mathrm{V}(X)+b^2\mathrm{V}(Y)+2ab\mathrm{Cov}(X,Y)$ であることから，$a=-\mathrm{Cov}(X,Y)/\mathrm{V}(X)$，$b=1$ とすると，

$$\mathrm{V}\left(-\frac{\mathrm{Cov}(X,Y)}{\mathrm{V}(X)}X+Y\right)=\frac{\mathrm{Cov}(X,Y)^2}{\mathrm{V}(X)}+\mathrm{V}(Y)-2\frac{\mathrm{Cov}(X,Y)^2}{\mathrm{V}(X)}$$
$$=\mathrm{V}(Y)-\frac{\mathrm{Cov}(X,Y)^2}{\mathrm{V}(X)}\geq 0$$

となります（分散は0以上）．したがって，これを書き換えると

$$\frac{\mathrm{Cov}(X,Y)^2}{\mathrm{V}(X)}\leq\mathrm{V}(Y)$$

となります．そして，両辺を $\mathrm{V}(Y)$ で割ると

$$\frac{\mathrm{Cov}(X,Y)^2}{\mathrm{V}(X)\mathrm{V}(Y)}\leq 1$$

ですから，相関係数の定義を用いて

$$\rho_{XY}^2=\left(\frac{\mathrm{Cov}(X,Y)}{\sqrt{\mathrm{V}(X)\mathrm{V}(Y)}}\right)^2\leq 1$$

となります．相関係数の2乗が1以下ですから，相関係数の絶対値も1以下となります（$|\rho_{XY}|\leq 1$）．

分散投資の収益率の分散

分散投資の収益率の分散は，

---

10) 二重和はそれぞれの和の積として表せます $\left(\sum_{i=1}^{m}\sum_{j=1}^{s}z_iw_j=\sum_{i=1}^{m}z_i\sum_{j=1}^{s}w_j\right)$．ここで $z_i=x_iP\{X=x_i\}$，$w_j=y_jP\{Y=y_j\}$ と定義すると

$$\sum_{i=1}^{m}\sum_{j=1}^{s}x_iP\{X=x_i\}y_jP\{Y=y_j\}=\sum_{i=1}^{m}x_iP\{X=x_i\}\sum_{j=1}^{s}y_jP\{Y=y_j\}$$

$$E\left[\left(c+\frac{X+Y}{2}-c\right)^2\right]=\frac{1}{2^2}E[(X+Y)^2]$$

$$=\frac{1}{2^2}(E[X^2]+E[Y^2]+2E[XY])$$

$$=\frac{1}{2^2}(\sigma^2+\sigma^2+2\mathrm{Cov}(X,Y))$$

$$=\frac{\sigma^2}{2}\left(1+\frac{\mathrm{Cov}(X,Y)}{\sigma^2}\right)$$

です．$V(X)=V(Y)=\sigma^2$ ですから以下が成立します．

$$\frac{\mathrm{Cov}(X,Y)}{\sigma^2}=\frac{\mathrm{Cov}(X,Y)}{\sqrt{\sigma^2\sigma^2}}=\frac{\mathrm{Cov}(X,Y)}{\sqrt{V(X)V(Y)}}=\rho_{XY}$$

練習問題

1．コインの表が出たら1万円を獲得し，裏が出たら5000円を支払うとします．このコイン投げゲームの参加によって得られる期待利益，および利益の分散と標準偏差を求めてください．

2．レストランの店主は，過去の経験から1日当たり，雨なら5万円の収入があり，雨でないなら8万円の収入があると分かっています．雨の確率が0.3なら，お店の期待収入，および収入の分散と標準偏差を求めてください．

3．太郎君は，自分の車が事故のとき3万円の負担で済む自動車保険に加入するかどうか迷っています．この保険に加入すると，1年に1万円を支払うことになります．太郎君の住む地域では，1回の事故に対して負担すべき車の平均修理費は20万円，全運転者の10％が1年に1回事故を起こしていました（1年に複数回事故を起こした人はいません）．太郎君は自動車保険に加入すべきでしょうか．加入した場合の期待値，加入しなかった場合の期待値を比較して判断してください．

4．三郎君の高校では，募金集めの催しとして福引きが行われています．募金者は自分で決めた料金を支払って，箱の中からくじを1枚引けます．箱には，1等1枚，2等10枚，3等24枚，4等65枚のくじが入っているとします．賞

品は，1等1000円，2等300円，3等50円，4等0円です．いくら支払えば寄付をしたことになるでしょうか．
5. 確率変数 X は $-1, 0, 3$ の値をとり，その確率を $P\{X=-1\}=0.25$, $P\{X=0\}=0.5$, $P\{X=3\}=0.25$ とします．X の期待値，分散，標準偏差，X が期待値±標準偏差の区間に収まる確率を求めてください．
6. 5.4.1節の表5-2を用いて，X と Y について，それぞれの期待値と分散，また，共分散と相関係数を求めてください．
7. 夫の年収 X は期待値が400万円，標準偏差は100万円とし，妻の年収 Y は期待値が450万円，標準偏差は80万円とします．X と Y の相関係数が0.8のとき，夫婦の年収 $(X+Y)$ の期待値，分散，標準偏差を求めてください．
8. $V(X)=V(Y)$ とするとき，$\mathrm{Cov}(X+Y, X-Y)=0$ を証明してください．
9. X と Y の共分散が0のとき，X と Y が互いに独立ではない例を考えてください．
10. 二郎君は貯金を株式で運用するか，債券で運用するかで迷っています．株式で運用すると，収益率は r_s（期待値8%，標準偏差7%）で，債券で運用すると，収益率は r_b（期待値3%，標準偏差3%）とします．株式と債券の収益率の相関係数を0.05とします．貯金のうち，割合 w を株式で，割合 $1-w$ を債券で運用することにしました（$0 \leq w \leq 1$）．したがって，資産の収益率は $wr_s+(1-w)r_b$ です．(1)期待値を最大にする w と(2)分散を最小にする w を求めてください．
11. 確率変数 X に期待値 μ と分散 σ^2 が存在すると仮定します．任意の $\kappa>0$（κ は「カッパ」と読む）に対してチェビシェフの不等式が成立します．

$$P\{|X-\mu|\geq \kappa\sigma\}\leq \frac{1}{\kappa^2}$$

X を離散確率変数として，(1)上記の不等式を証明してください．(2)次の不等式が成立することを証明してください．

$$P\{\mu-\kappa\sigma<X<\mu+\kappa\sigma\}\geq 1-\frac{1}{\kappa^2}$$

(3) X のとりうる範囲とその確率についてどのような関係がいえるかを，$\kappa=1,2,3$ の場合について説明してください．

6章　主要な確率分布

推測統計では，母集団から無作為抽出されるデータを確率変数ととらえ，母集団分布の性質を推定します．データによっては，あらかじめ母集団分布の形状が明らかな場合があります．そうした場合，データから母集団分布の特性値（中心，ばらつきなど）を推定したり，その確率的評価をしたりすることが容易です．本章では，離散確率分布としてベルヌーイ分布と二項分布，連続確率分布として正規分布を紹介します．また，母集団分布の形状が分からない場合でも，確率変数の和や平均の分布は正規分布で近似できることを説明します．これらは推測統計の基礎と考えてください．

6.1　離散確率分布

6.1.1　ベルヌーイ分布

ある試行の結果，特定の事象 A が起これば成功，それ以外であれば失敗とします．たとえば，コインの表がでれば成功，裏なら失敗という具合です．このとき X は成功なら1，失敗なら0をとる確率変数とします（図6-1参照）．また，それぞれの確率を p と $1-p$ とします（歪みのないコインなら表の確率は $p=0.5$，裏の確率は $1-p=0.5$ です）．このような X をとくに**ベルヌーイ確率変数**と呼び，その確率分布を**ベルヌーイ分布**といいます[1]．

> **ベルヌーイ分布**（Bernoulli distribution）
> X は0か1の値をとり，$X=1$ の確率は $P\{X=1\}=p$，$X=0$ の確率は $P\{X=0\}=1-p$ となる．

---

[1] この名前は確率論で偉大な貢献をしたヤコブ・ベルヌーイ（Jakob Bernoulli）にちなんでつけられたものです．

図 6-1　ベルヌーイ分布

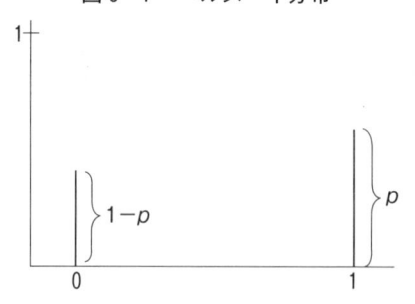

　5章で学んだように，確率変数 X の期待値とは，X のとりうる値 x_i を，その確率 $P\{X=x_i\}$ で加重平均したものです．ベルヌーイ確率変数 X の期待値は以下のとおりです．

$$E[X] = 1 \times p + 0 \times (1-p) = p$$

次に，分散 $V(X) = E[(X-p)^2]$ は，X のとりうる値（1 または 0）が期待値 p から乖離している程度（すなわち $(1-p)^2$ または $(0-p)^2$）を，その確率（p または $1-p$）で加重平均したものです．したがって，X の分散は，

$$V(X) = (1-p)^2 p + (0-p)^2(1-p)$$
$$= ((1-p)p + p^2)(1-p) = p(1-p)$$

となります．以下の例を通じて，ベルヌーイ分布の理解を深めていきましょう．

例1（大災害リスク）　大地震など大災害による損失規模はきわめて大きく，保険会社がそのリスクを引き受けることは困難です．そこで，考え出されたのが大災害債券です．大災害債券とは，保険会社などが大災害債券の発行によって投資家から集めた資金を国債などの安全資産で運用しておき，そして，もし大災害が発生した場合には，その資産の売却代金を被保険者への保険金の支払いに充てるというものです．大災害が発生すると，債券を購入した投資家は何も受け取ることはできませんが（元本も失います）[2]，大災害が発生しなければ，投資家は元本と国債の利息に加え彼らが引き受けたリスクに対するプレミ

---

2)　現実には災害規模に応じて元本が目減りする程度は異なります．

アムを受け取ることができます[3]．大災害債券のポイントは，大災害リスクを保険会社から無数の債券購入者に移転できることにあります．つまり，大災害債券は資本市場を通じたリスク移転のシステムといえるでしょう．

このような大災害債券の仕組みは，ベルヌーイ分布の考え方を応用したものです．かりに保険会社が1年満期の大災害債券を発行したとします．次の1年の間に大災害が発生しなければ1，大災害が発生すれば0となる確率変数をXとし，大災害が発生しない確率をp，発生する確率を$1-p$とします（Xはベルヌーイ確率変数）．そして，国債の金利をr，リスクプレミアムをr_pとします（これらは確率変数ではありません）．以上を前提に大災害債券の収益率を求めます[4]．大災害がなければ（$X=1$）その収益率は$r+r_p$となり，大災害があれば（$X=0$）収益率は-1となります（-100%の収益率とは全てを失うということ）．したがって，大災害債券の収益率は$(1+r+r_p)X-1$です．

大災害債券の収益率$(1+r+r_p)X-1$の期待値は，
$$E[(1+r+r_p)X-1]=(1+r+r_p)E[X]-1=(1+r+r_p)p-1$$
となります．また，大災害債券の収益率の分散は，ベルヌーイ変数の分散式$V(X)=E[(X-p)^2]=p(1-p)$を用いて
$$E[\{(1+r+r_p)X-1-((1+r+r_p)p-1)\}^2]=E[\{(1+r+r_p)(X-p)\}^2]$$
$$=(1+r+r_p)^2 E[(X-p)^2]$$
$$=(1+r+r_p)^2 p(1-p)$$
となります．以上の結果を踏まえて，具体的な数値を与えてみます．たとえば，$r=0.01$，$r_p=0.10$，$p=0.96$とすると，期待収益率は$(1+0.01+0.10)\times 0.96-1=0.066$，分散は$(1+0.01+0.10)^2\times 0.96\times(1-0.96)=0.047$，標準偏差は$0.217$となります[5]．この債券の期待収益率は6.6%と高い一方，標準偏差も21.7%と高く，高リスクの資産であるといえます．なお，投資家にとっての大災害債券のメリットは，その期待収益率の高さに加え，株式や他債券との相関の低さがあります．

---

3) 投資家に対するプレミアムは，保険会社における保険料収入から支払われます．

4) 100円を投資して110円になった場合の収益は10円で，収益率は10%（＝10/100）です．

5) $p=0.96$ですから大災害が生じる確率は4%です．4%の確率で大災害が生じるとは，100年のうち4年だけ，換言すると25年に一度だけ大災害が生じるということです．

6.1.2 二項分布

ベルヌーイ分布と同様,ある試行の結果,特定の事象 A が起これば成功,それ以外であれば失敗とし,成功の確率を p,失敗の確率を $1-p$ とします.この試行を n 回繰り返すと,成功回数 X は**二項確率変数**となり,その確率分布は**二項分布**となります.たとえば,コインを n 回投げて,表が出る回数を X とすると,X は二項確率変数となります.

> **二項分布**(binominal distribution)
> 成功の確率を p,失敗の確率を $1-p$ とする試行を n 回行うとき,n 回中 x 回成功する確率は,
> $$P\{X=x\} = {}_nC_x p^x(1-p)^{n-x}$$
> $$= \frac{n!}{x!(n-x)!} p^x(1-p)^{n-x}$$
> となる(分布の導出は補足,階乗!の定義は付録 A 参照).

上式から明らかなように,二項分布は n と p によって完全に決定されます.換言すれば,n と p がその確率を決定する母数です.このため,X が二項分布に従うことを,$X \sim B(n,p)$ と表します(B は Binominal の頭文字で二項分布を,「$\sim$」は従うを意味します).

二項確率変数 X は,相互に独立なベルヌーイ確率変数の和となっています.$X_1, X_2, \cdots, X_n$ を相互に独立なベルヌーイ確率変数とすると($P\{X_i=1\}=p$,$P\{X_i=0\}=1-p$),n 個のベルヌーイ確率変数の和 ($X=X_1+X_2+\cdots+X_n$) は二項確率変数となります ($X \sim B(n,p)$).たとえば,コインを 3 回投げて表が出る回数を X とします.このとき,X_i を i 回目にコインを投げて表なら 1,裏なら 0 となるベルヌーイ確率変数とすると,$X=X_1+X_2+X_3$ となります.たとえば,1,2 回目だけが表なら $X_1=1$,$X_2=1$,$X_3=0$ で,3 回のうち表の回数は $X=X_1+X_2+X_3=1+1+0=2$ です.

二項確率変数 X の期待値 $E[X]$ と分散 $V(X)$ は,
$$E[X]=np, \quad V(X)=np(1-p)$$

図6-2　二項分布 $B(3, 1/6)$

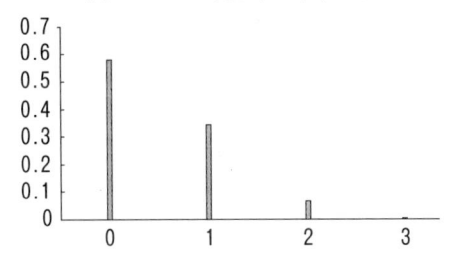

で与えられます．前述のとおり，二項確率変数 X は相互に独立なベルヌーイ確率変数 X_i の和です（$E[X_i]=p$, $V(X_i)=p(1-p)$）．また，確率変数の和の期待値はそれぞれの期待値の和となり（5.4.2節参照），和の分散はそれぞれの分散の和となります（5.4.3節参照）．したがって，$X=X_1+\cdots+X_n$ の期待値は

$$E[X]=E[X_1+\cdots+X_n]=E[X_1]+\cdots+E[X_n]=p+\cdots+p=np$$

であり，分散は次のとおりです．

$$V(X)=V(X_1+\cdots+X_n)=V(X_1)+\cdots+V(X_n)=p(1-p)+\cdots+p(1-p)$$
$$=np(1-p)$$

以下の例を通じて，二項分布の理解を深めましょう（コラム6-1参照）．

例1（サイコロを3回振る） サイコロを振って1の目が出たら成功とします（成功確率は $p=1/6$）．そして，サイコロを3回振って成功する回数を X とします（確率分布の形状は図6-2参照）．このとき，3回中 x 回成功する確率は

$$P\{X=x\}={}_3C_x\left(\frac{1}{6}\right)^x\left(\frac{5}{6}\right)^{3-x}=\frac{3!}{x!(3-x)!}\left(\frac{1}{6}\right)^x\left(\frac{5}{6}\right)^{3-x}$$

となります．たとえば，サイコロを3回振って1回だけ成功する確率は，

$$P\{X=1\}=\frac{3!}{1!(3-1)!}\left(\frac{1}{6}\right)^1\left(\frac{5}{6}\right)^2=3\left(\frac{1}{6}\right)\left(\frac{5}{6}\right)^2=0.347$$

です．この式が正しいことを確認するため，たとえば，最初だけ1の目が出たとしましょう（最初だけ成功）．成功を S，失敗を F と表すと SFF という状況です．この確率は $(1/6)\times(5/6)^2$ となります．ただし，1回だけ成功するのは，

SFFという場合だけではなく，2回目，3回目に1の目が出る場合もあります（FSF, FFS）．つまり，1回だけ成功する組合せは計3通りあり，3回中1回だけ成功する確率は$3 \times (1/6) \times (5/6)^2$となります．

同様に，$X=0, 2, 3$の確率はそれぞれ以下のとおりです[6]．

$$P\{X=0\} = \frac{3!}{0!(3-0)!}\left(\frac{1}{6}\right)^0\left(\frac{5}{6}\right)^3 = \left(\frac{5}{6}\right)^3 = 0.579$$

$$P\{X=2\} = \frac{3!}{2!(3-2)!}\left(\frac{1}{6}\right)^2\left(\frac{5}{6}\right)^1 = 3\left(\frac{1}{6}\right)^2\left(\frac{5}{6}\right) = 0.069$$

$$P\{X=3\} = \frac{3!}{3!(3-3)!}\left(\frac{1}{6}\right)^3\left(\frac{5}{6}\right)^0 = \left(\frac{1}{6}\right)^3 = 0.005$$

6.2 連続確率分布

6.2.1 正規分布

2.1.2節で紹介した釣鐘状の分布は**正規分布**と呼ばれ，身長，試験の成績，株価収益率など，さまざまな変数に当てはまる分布の形状です．正規分布は指数関数の代表的な底であるネイピア数$e=2.718\cdots$を使って，以下のように定義されます（指数関数は付録A参照）．

正規分布（normal distribution）

Xは$-\infty$から∞までの値をとる連続確率変数であるため，その確率は密度関数の幅で与えられる（5.5節参照）．その密度関数は，

$$f_X(x) = \frac{1}{\sqrt{2\pi\sigma^2}} e^{-\frac{(x-\mu)^2}{2\sigma^2}}$$

であり，このときのXを**正規確率変数**，その分布を**正規分布**という．

---

[6] 3回のうち全て失敗はFFFの1通り，3回のうち2回成功はSSF, FSS, SFSの3通り，3回のうち全て成功はSSSの1通りです．

コラム6-1　大相撲に八百長は存在するか

　コラム4-4では，条件付き確率を使って大相撲に八百長がある可能性を明らかにしました．ここでは二項分布を用いて八百長の可能性を検証します．全力士が同じ実力であると仮定し，力士が15日間で何勝できるかを考えてみましょう．確率変数Xは，15試合中に何番勝てるかを表す二項確率変数であるとします．図6-3は，二項分布$B(15,1/2)$と，実際の勝利数の分布を示したものです．
　図をみると，二項分布は実際の勝利数の分布をうまく説明しているといえそうです．しかし，勝利数が7，8勝の力士については，二項分布と実際の勝利数の分布が乖離しているのがみてとれます．二項分布に従えば，7，8勝の力士の割合は両方とも19.6%になると予測されますが，実際は7勝12.2%，8勝26%となっています．もちろん，全力士の実力が同等であると仮定して，二項分布で説明することは正確性に欠けるでしょう．しかし，7勝が極端に少なく8勝が極端に多い分布は八百長の可能性を疑わせます．つまり，コラム4-4に加え，ここでも7勝7敗の崖っぷち力士は，勝率を何らかの力で高めて，勝利数の分布を歪ませている可能性があるといえそうです．

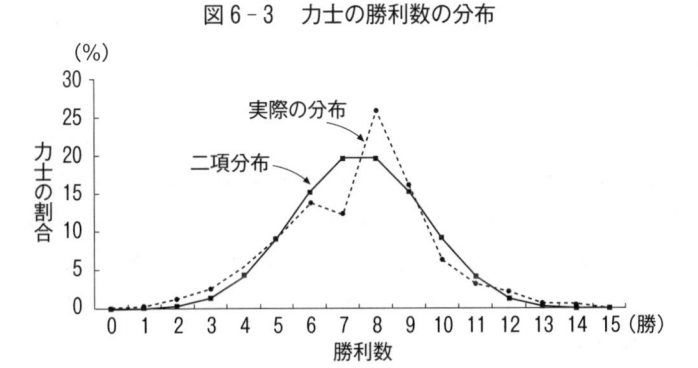

図6-3　力士の勝利数の分布

（出典）Duggan, M., Levitt, S.D. (2002). "Winning Isn't Everything: Corruption in Sumo Wrestling." *American Economic Review* 92, 1594-1605をもとに作図．

図6-4　正規分布

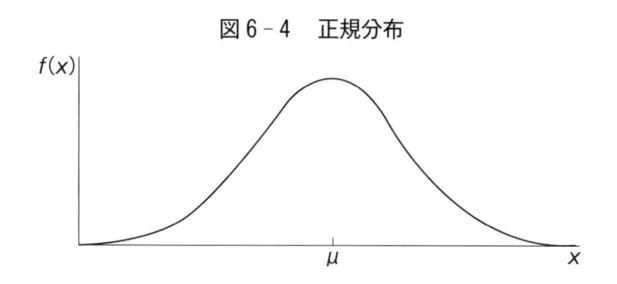

　正規確率変数 X の期待値は μ，分散は σ^2 となります（図6-4参照）．密度関数の式から明らかなように，正規分布の形状は μ と σ^2 によって完全に決定されます．換言すると，μ と σ^2 が密度関数を決定する母数となっています．このため，X が正規分布に従うことを，$X \sim N(\mu, \sigma^2)$ と表します（N は Normal の頭文字で正規分布を意味します）．

　ここで，正規分布が μ を中心とした釣鐘状となる理由を考えましょう．第1は，分布が μ を中心として左右対称となる理由についてです．密度関数の $e^{-(x-\mu)^2/2\sigma^2}$ という項は，$x=\mu$ のとき $e^0=1$ で最大となり[7]，$x \neq \mu$ のとき1より小さく，x が μ から離れるにつれて小さくなっていきます．したがって，密度関数も $x=\mu$ で最大となり，x が μ から離れると小さくなっていきます．また，$(x-\mu)^2$ は $x=\mu$ を中心に左右対称ですから，密度関数も $x=\mu$ を中心に左右対称となります．

　第2は，分布のばらつきが σ^2 に依存している理由についてです．密度関数は $x=\mu$ で最大値をとり，$1/\sqrt{2\pi\sigma^2}$ となります（$e^0=1$）．したがって，σ^2 が大きいほど密度関数の頂点は低くなり，σ^2 が小さいほどその頂点は高くなります（図6-5参照）．いずれの場合も確率の和（つまり密度関数の面積）は1ですから，頂点が低い場合には分布は広がり，頂点が高い場合には分布は μ の周りに集中します．つまり σ^2 が大きいほど分布のばらつきが大きく，σ^2 が小さいほど分布のばらつきは小さくなります．

---

[7]　$x=\mu$ のとき，$e^{-(\mu-\mu)^2/2\sigma^2}=e^0=1$ となります．

図 6-5　正規分布と分散 σ^2 の関係

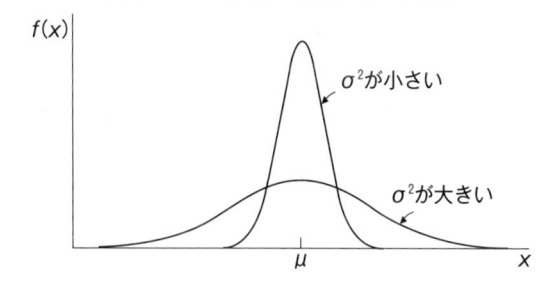

図 6-6　身長の分布

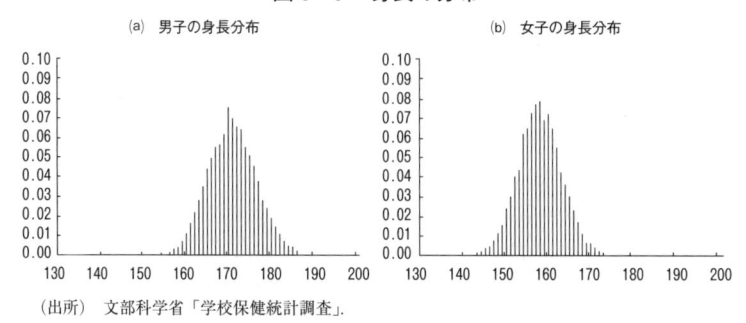

(a) 男子の身長分布　　　　(b) 女子の身長分布

(出所)　文部科学省「学校保健統計調査」．

例1（身長は正規分布に従う）　政府は，毎年，5～17歳までの子どもの身長，体重，聴力などを測定しています．2005年の調査結果をみると，17歳の身長では，男子は平均170.8cm，標本標準偏差5.81cm，女子は平均158.0cm，標本標準偏差は5.28cmでした．図6-6は，横軸が身長で，縦軸が身長ごとの相対度数となっています．この図から，男女の身長はそれぞれ正規分布に従っていることが確認できます（コラム6-2参照）．

6.2.2　標準正規分布

正規確率変数のうち，期待値が0，分散が1のものをとくに**標準正規確率変数**といい，その分布を**標準正規分布**と呼びます（標準正規分布の密度関数は，正規分布の密度関数に $\mu=0$, $\sigma^2=1$ を代入したもの）．

コラム6-2　正規分布からいかさまを暴く

「近代統計学の父」と称されるA・ケトレー（Adolphe Quételet）は，フランス軍隊の徴兵試験を受けた約10万人の身長を調査し，いかさまの存在を明らかにしました（図6-7参照）．すなわち，調査の結果，正規分布から予想される人数に比べて，157cmより少しだけ背の低い人が極端に多く，157cmより少しだけ背の高い人が極端に少ないことを発見したのです．ケトレーは，当時のフランスでは，157cmより身長の低い人は兵役が免除されたので，兵役逃れのために身長が過少になるよう測定したのではないかを疑いました．たとえば，身長158cmの人が，背を少し屈ませて身長を測定すると身長は157cmより低くなるでしょう．検査官に「背中を伸ばせ」と怒鳴られても，必死に抵抗すればよいのです．

徴兵制は今日でも多くの国で存在し，それに対応してさまざまな形の徴兵逃れがあるようです．たとえば台湾の徴兵制では，身長が196cm以上や157cm未満では徴兵免除となります．台湾についても，身長の分布を調べれば，ケトレーのような発見があるかもしれません（ただし，台湾では2018年に徴兵制を撤廃しており，現在は軍事訓練が義務づけられています）．

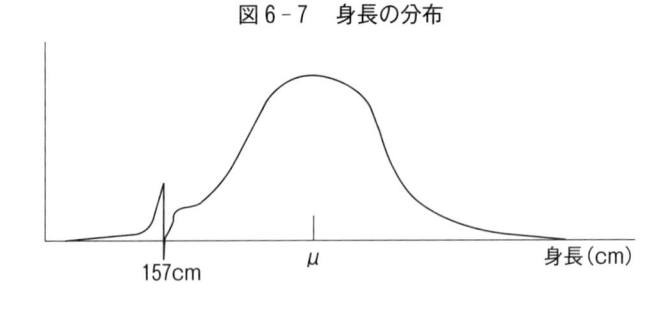

図6-7　身長の分布

図6-8 標準正規分布 $N(0,1)$

$P\{Z<z\}$

0 z

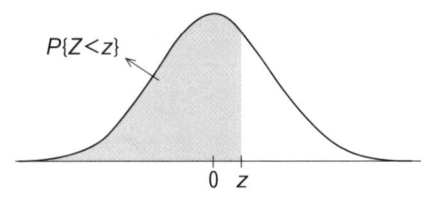

標準正規分布（standard normal distribution）

Z は期待値 0，分散 1 の正規分布に従う．Z の密度関数は以下となる．

$$f_Z(z) = \frac{1}{\sqrt{2\pi}} e^{-\frac{z^2}{2}}$$

Z が標準正規分布に従うことを，$Z \sim N(0,1)$ と表します．また，標準正規確率変数の確率は，標準正規分布表（巻末の付表 1）で与えられています．標準正規分布表では，標準正規確率変数 Z がある値 z より小さい確率 $P\{Z<z\}$ が与えられています（図 6-8 参照）．また，連続確率変数 Z が 1 点をとる確率は 0 ですから $P\{Z<z\} = P\{Z \leq z\}$ となり，等号 = の有無は確率に全く影響を与えません．

標準正規分布表では，1 列目に z の最初の 2 桁，1 行目に z の 3 桁目の数字が記入されています．たとえば，$z = 1.96$ であれば最初の 2 桁は 1.9 で，3 桁目が 0.06 になります．標準正規分布表をみると，1.9 の行と 0.06 の列がクロスするポイントは 0.9750 となっており，これは Z が $z = 1.96$ より小さい確率は 0.9750 ということを意味します．

例 1（確率の計算練習） 分布表の使い方に慣れるため，$P\{Z>1\}$，$P\{|Z|<1\}$，$P\{|Z|<1.96\}$，$P\{|Z|<1.645\}$ を求めてみましょう．分布の図を描くと，容易に確率を計算することができます．

$P\{Z>1\}$ は図 6-9(a) の網の領域の面積です．これは，全体の面積 1 から

図6-9 確率の計算

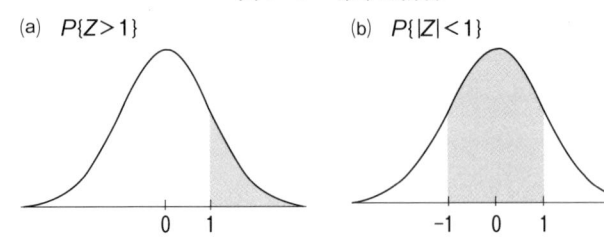

(a) $P\{Z>1\}$

(b) $P\{|Z|<1\}$

$P\{Z<1\}$ を引いたもので，$P\{Z>1\}=1-P\{Z<1\}=1-0.8413=0.1587$ です．また，正規分布は左右対称なので $P\{Z>1\}=P\{Z<-1\}$ が成立し，$P\{Z<-1\}=0.1587$ となります．

$P\{|Z|<1\}$ は図6-9(b)の網の領域に当たります．これは $P\{Z<1\}-P\{Z<-1\}$ で求まります．よって，$P\{|Z|<1\}=P\{Z<1\}-P\{Z<-1\}=0.8413-(1-0.8413)=0.6826$ です．同様に，$P\{|Z|<1.96\}=P\{Z<1.96\}-P\{Z<-1.96\}=0.9750-(1-0.9750)=0.95$ となります．

$P\{|Z|<1.645\}=P\{Z<1.645\}-P\{Z<-1.645\}$ です．ただし，付表1には $P\{Z<1.645\}$ がありません．付表から，$P\{Z<1.64\}=0.9495$，$P\{Z<1.65\}=0.9505$ となり，1.645が1.64と1.65のちょうど真ん中であることを考えると，$P\{Z<1.645\}=0.95$ であることが分かります．したがって，

$P\{|Z|<1.645\}=P\{Z<1.645\}-P\{Z<-1.645\}=0.95-(1-0.95)=0.90$

となります．

6.2.3 正規分布の標準化

一般的な正規確率変数 X の分布 $N(\mu, \sigma^2)$ は μ や σ^2 に依存していますが，X の**標準化**（期待値を引き，標準偏差で割ること）によって，標準正規分布表を用いた確率の計算が可能となります．

6章 主要な確率分布

> **正規確率変数の標準化**
>
> $X \sim N(\mu, \sigma^2)$ のとき,X から期待値 μ を引き,標準偏差 σ で割って標準化した変数 $Z=(X-\mu)/\sigma$ は標準正規分布に従う.
>
> $$Z = \frac{X-\mu}{\sigma} \sim N(0, 1)$$

ここで $(X-\mu)/\sigma$ は標準正規分布に従うため,Z と表しています.たとえば,$X \sim N(1, 5^2)$ なら $Z=(X-1)/5 \sim N(0,1)$,また $X \sim N(7, 15^2)$ なら $Z=(X-7)/15 \sim N(0,1)$ となります.

まず,X の標準化によって,$Z=(X-\mu)/\sigma$ の期待値が 0 で分散が 1 となることを確認しましょう.$Z=(X-\mu)/\sigma$ の期待値は,$E[X]=\mu$ を使って

$$E\left[\frac{X-\mu}{\sigma}\right] = \frac{1}{\sigma}E[(X-\mu)] = \frac{1}{\sigma}(E[X]-\mu) = 0$$

となります.$Z=(X-\mu)/\sigma$ の分散は,$V(X)=E[(X-\mu)^2]=\sigma^2$ を用いて

$$E\left[\left(\frac{X-\mu}{\sigma}-0\right)^2\right] = \frac{1}{\sigma^2}E[(X-\mu)^2] = \frac{1}{\sigma^2}\sigma^2 = 1$$

となります[8].

次に,標準化のイメージを図で確認しましょう.図 6-10 は,X と $X-\mu$ の分布を表しています($\mu>0$ と仮定).X は μ を中心に分布していますが,X から μ を引いた $X-\mu$ は 0 の周りで分布します.正の定数である μ を引くと,X の分布全体が左に μ だけシフトすることが分かります.さらに,標準偏差 σ で割ってみましょう.$\sigma>1$ なら,$X-\mu$ を 1 より大きな値で割るため,$(X-\mu)/\sigma$ の分散は小さくなります(図 6-11 参照).$1>\sigma$ なら,$(X-\mu)$ を 1 より小さな値で割るため,$(X-\mu)/\sigma$ の分散は大きくなります.つまり,σ で割ることは,分散がちょうど 1 となるように,ばらつきを調整する操作である

---

[8] 別の証明を紹介します.ここで $a=-\mu/\sigma, b=1/\sigma$ とすると,$Z=a+bX$ と書けます.つまり,Z は X を線形変換した変数です.Z の期待値と分散は $E[Z]=a+bE[X]$,$V(Z)=b^2V(X)$ ですから(5.2.2, 5.3.2 節参照),$a=-\mu/\sigma, b=1/\sigma$ を代入すると,$E[Z]=-\mu/\sigma+(1/\sigma)\mu=0$,$V(Z)=(1/\sigma)^2\sigma^2=1$ となります.

図6-10　期待値 μ を引く

X−μ の分布　　　　　　Xの分布

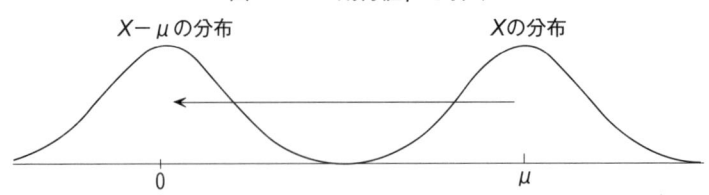

0　　　　　　　　　　　μ

図6-11　標準偏差 σ で割る（$\sigma > 1$）

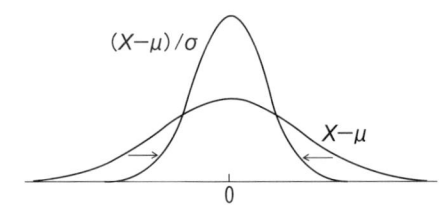

$(X-\mu)/\sigma$

$X-\mu$

0

といえます．標準化を用いた正規確率変数の確率の計算方法を具体的に見てみましょう．

例1（標準化による確率計算） $X \sim N(2, 3^2)$ とし，X を標準化すると

$$Z = \frac{X-2}{3} \sim N(0, 1)$$

となります．ここで，X が $-3.88 < X < 7.88$ となる確率を求めてみます．

$$P\{-3.88 < X < 7.88\} = P\left\{\frac{-3.88-2}{3} < \frac{X-2}{3} < \frac{7.88-2}{3}\right\}$$
$$= P\{-1.96 < Z < 1.96\}$$

上式{　}内の式展開が標準化に当たります．すなわち，それぞれから X の期待値2を引いて，標準偏差3で割り標準化しています．6.2.2節の例1で求めたように $P\{|Z| < 1.96\} = 0.95$ であるため，$P\{-3.88 < X < 7.88\} = 0.95$ です．

6.2.4 正規分布の性質

2つの投資先1,2があり,それぞれの収益率 X_1 と X_2 は正規確率変数とし,手持ち資産を半分ずつ投資した場合の収益率を求めます.これは投資先1,2の収益率の平均であるため,

$$\frac{X_1+X_2}{2} = \frac{1}{2}X_1 + \frac{1}{2}X_2$$

となります.では,この分散投資の収益率はどのような確率分布に従うのでしょうか.実は,分散投資の収益率もやはり正規分布に従います.ここでは2件の投資先だけを考えていますが,投資先が n 件の場合も,分散投資の収益率は正規分布に従います.この結果は,「正規確率変数の線形結合は正規分布に従う」という正規分布の性質から導かれます.

はじめに,確率変数の線形結合を定義します.m 個の確率変数 $X_1, X_2, \cdots, X_m$ と任意の定数 $c_1, c_2, \cdots, c_m$ に対して

$$c_1X_1 + c_2X_2 + \cdots + c_mX_m$$

としたものを m 個の確率変数 $X_1, X_2, \cdots, X_m$ の線形結合といいます.任意の定数が,$c_1=c_2=\cdots=c_m=1$ なら線形結合は総和 $X_1+X_2+\cdots+X_m$ となり,$c_1=c_2=\cdots=c_m=1/m$ なら平均 $(X_1+X_2+\cdots+X_m)/m$ となります.分散投資の例は,$m=2$,$c_1=c_2=1/2$ とした線形結合です.このとき,全ての X_i が正規確率変数であれば,これら正規確率変数の線形結合は正規分布に従います.

---

m 個の正規確率変数

$$X_1 \sim N(\mu_1, \sigma_1^2), \ X_2 \sim N(\mu_2, \sigma_2^2), \ \cdots, \ X_m \sim N(\mu_m, \sigma_m^2)$$

があるとき,任意の定数 $c_1, c_2, \cdots, c_m$ に対して,これらの正規確率変数の線形結合 $c_1X_1+c_2X_2+\cdots+c_mX_m$ は正規分布に従う.

正規分布の性質のイメージを簡単な例で説明します.X_1 と X_2 を相互に独立な2つの正規確率変数とします ($X_1 \sim N(\mu_1, \sigma_1^2)$, $X_2 \sim N(\mu_2, \sigma_2^2)$).ただし $0<\mu_1<\mu_2$ とします(図6-12参照).このとき,X_1+X_2 は X_1 と X_2 の線形結合ですから正規分布に従います.

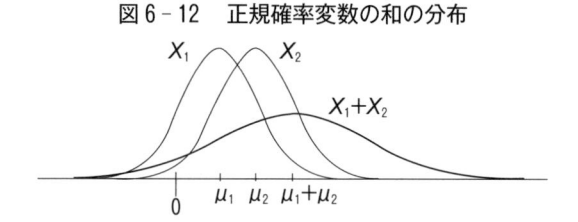

図6-12 正規確率変数の和の分布

6.3 確率変数の和と平均の分布

6.3.1 和と平均の期待値と分散

n 個の相互に独立な確率変数 X_1, X_2, …, X_n があり,X_i の期待値を μ,分散を σ^2 とします.これらの和 (ΣX_i) の期待値と分散は,以下のとおりです.

$$E[\sum_{i=1}^{n} X_i] = n\mu, \quad V(\sum_{i=1}^{n} X_i) = n\sigma^2$$

確率変数の和の期待値はそれぞれの期待値の和であり (5.4.2節参照),相互に独立な確率変数の和の分散はそれぞれの分散の和ですから (5.4.3節参照),ΣX_i の期待値は $E[X_i] = \mu$ より

$$E[\sum_{i=1}^{n} X_i] = E[X_1] + E[X_2] + \cdots + E[X_n]$$
$$= \mu + \mu + \cdots + \mu = n\mu$$

となり,ΣX_i の分散は $V(X_i) = \sigma^2$ より,以下のようになります.

$$V(\sum_{i=1}^{n} X_i) = V(X_1) + V(X_2) + \cdots + V(X_n)$$
$$= \sigma^2 + \sigma^2 + \cdots + \sigma^2 = n\sigma^2$$

これらの確率変数の平均 ($\bar{X} = \Sigma X_i / n$) の期待値と分散は,以下のとおりです.

$$E[\bar{X}]=\mu,\ V(\bar{X})=\frac{\sigma^2}{n}$$

$\bar{X}=\Sigma X_i/n$ の期待値は $E[\Sigma X_i]=n\mu$ より

$$E[\bar{X}]=E\left[\frac{\sum_{i=1}^{n}X_i}{n}\right]=\frac{1}{n}E[\sum_{i=1}^{n}X_i]=\frac{1}{n}n\mu=\mu$$

となり，$\bar{X}$ の分散は $V(\sum_{i=1}^{n}X_i)=E[(\sum_{i=1}^{n}X_i-n\mu)^2]=n\sigma^2$ より

$$E[(\bar{X}-\mu)^2]=E\left[\left(\frac{\sum_{i=1}^{n}X_i}{n}-\frac{n\mu}{n}\right)^2\right]=\frac{1}{n^2}E\left[\left(\sum_{i=1}^{n}X_i-n\mu\right)^2\right]$$
$$=\frac{1}{n^2}V(\sum_{i=1}^{n}X_i)=\frac{1}{n^2}n\sigma^2=\frac{\sigma^2}{n}$$

となります．

和と平均の期待値と分散は，7章以降で頻繁に用いられます．以下では，これらを利用した計算例を紹介します．

例1（システマティック・リスク） システマティック・リスクとは，分散投資によって消去しえない，市場全体が影響を受けるリスクのことです（コラム6-3参照）．ここで n 件の投資先があるとし，資産 i の収益率を $c+X_i+Y$ とします．c は任意の定数，X_i は資産 i 固有の変動，Y は全投資先に共通した変動です（$X_1, X_2, \cdots, X_n, Y$ は互いに独立とします）．確率変数 X_i は期待値0で分散 σ_X^2 とし，確率変数 Y は期待値0で分散 σ_Y^2 とします．すなわち $E[X_i]=0,\ E[Y]=0,\ E[(X_i-0)^2]=E[X_i^2]=\sigma_X^2,\ E[(Y-0)^2]=E[Y^2]=\sigma_Y^2$ となります．X_i と Y が独立であるため，X_i と Y との共分散は0となります（$E[(Y-0)(X_i-0)]=E[YX_i]=0$）．

手持ち資産を各投資先に均等配分すると，分散投資から得られる収益率は

$$\frac{\sum_{i=1}^{n}(c+X_i+Y)}{n}=c+\frac{\sum_{i=1}^{n}X_i}{n}+Y$$

となります．したがって，分散投資から得られる収益率の期待値は，

$$c+E\left[\frac{\sum_{i=1}^{n}X_i}{n}\right]+E[Y]=c$$

図6-13 分散投資のリスク

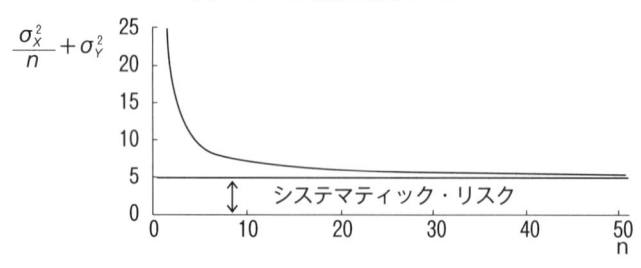

$\dfrac{\sigma_X^2}{n}+\sigma_Y^2$ 縦軸（0, 5, 10, 15, 20, 25），横軸 n（0, 10, 20, 30, 40, 50），システマティック・リスク

となります（左辺2項目は平均の期待値で，$E[X_i]=0$ から0です）．これは分散投資の収益率が平均的に c となることを意味します．

分散投資から得られる収益率の分散は，偏差（収益率 − 収益率の期待値）の2乗の期待値ですから，

$$\begin{aligned}E\!\left[\!\left(c+\frac{\sum_{i=1}^{n}X_i}{n}+Y-c\right)^{\!2}\right]&=E\!\left[\!\left(\frac{\sum_{i=1}^{n}X_i}{n}+Y\right)^{\!2}\right]\\&=E\!\left[\left(\frac{\sum_{i=1}^{n}X_i}{n}\right)^{\!2}+Y^2+2Y\frac{\sum_{i=1}^{n}X_i}{n}\right]\\&=E\!\left[\left(\frac{\sum_{i=1}^{n}X_i}{n}\right)^{\!2}\right]+E[Y^2]+2E\!\left[\frac{Y\sum_{i=1}^{n}X_i}{n}\right]\end{aligned}$$

となります．右辺第1項は，平均 $(\Sigma X_i/n)$ の分散ですから

$$E\!\left[\left(\frac{\sum_{i=1}^{n}X_i}{n}-0\right)^{\!2}\right]=\frac{\sigma_X^2}{n}$$

となり，第2項は定義により $E[Y^2]=\sigma_Y^2$ となり，第3項の分子は X_i と Y が独立であるため $E[Y\sum_{i=1}^{n}X_i]=E[\sum_{i=1}^{n}YX_i]=\sum_{i=1}^{n}E[YX_i]=0$ となります．以上から，分散投資から得られる収益率の分散は，

$$\frac{\sigma_X^2}{n}+\sigma_Y^2$$

となります．この式から，投資先数 n を増やせば，固有のリスク (σ_X^2/n) は小さくできますが，市場全体に生じるシステマティック・リスク (σ_Y^2) は，投資先数を増やしても減らせないことがわかります．

図6-13は，$\sigma_X^2=20$，$\sigma_Y^2=5$ のときの分散投資の収益率の分散の変化を示し

たものです．n が増えると分散は減少しますが，システマティック・リスクは減らせないことが見てとれます．

例2（標本分散の計算で除数に $n-1$ を用いる理由） 標本分散は，偏差2乗和を $n-1$ で割ったものでした．除数として $n-1$ を用いるのは，分散をより正確に推定するためであることを，以下で説明します．

n 個の相互に独立な確率変数 $X_1, X_2, \cdots, X_n$ があり，X_i の期待値を μ，分散を σ^2 とします．このとき，X_i の偏差2乗和の期待値は，

$$E[\sum_{i=1}^{n}(X_i-\bar{X})^2]=(n-1)\sigma^2$$

となります（和や平均の期待値と分散の性質を用いた証明は補足参照）．この結果を用いると，標本分散の期待値は，

$$E\left[\frac{\sum_{i=1}^{n}(X_i-\bar{X})^2}{n-1}\right]=\frac{1}{n-1}E\left[\sum_{i=1}^{n}(X_i-\bar{X})^2\right]$$
$$=\frac{1}{n-1}(n-1)\sigma^2=\sigma^2$$

となります．つまり，偏差2乗和を $n-1$ で割ると，標本分散の期待値は σ^2 と一致します．これに対して，偏差2乗和を n で割ると，期待値は

$$E\left[\frac{\sum_{i=1}^{n}(X_i-\bar{X})^2}{n}\right]=\frac{n-1}{n}E\left[\frac{\sum_{i=1}^{n}(X_i-\bar{X})^2}{n-1}\right]$$
$$=\frac{n-1}{n}\sigma^2$$

となり，σ^2 より小さくなります．つまり，偏差2乗和を n で割ったものでは分散を小さめに評価してしまいます．これが標本分散を求めるとき，除数として n ではなく $n-1$ を用いた理由です．

コラム 6-3　サブプライムローン問題

　サブプライムローンとは，米国における通常の住宅ローン審査には通らない信用度の低い人向けのローンで，所得の低い人向けや，過去に返済が滞った人向けのローンなどがこれに当たります．米国では，これらの人々に，最初の2年間は低金利とし，2年後から金利を上げるという「ゆとり」ローンの利用が行われました．住宅バブルが続いていたころは，2年後に住宅を高く売れるので，担保価値が上がりより安い金利での借換えも可能でした（もちろん住宅価格が下がれば，住宅を高く売ることもローンの借換えもできないので，ローン返済は滞ります）．米国では，この住宅ローンの元利金（元本＋利子）の返済を受けとる権利を証券化した商品が販売されていました．

　証券化の仕組みの概要は以下のとおりです．まず，地方銀行が個人への住宅ローンを貸し付けます．融資案件が1件だけであれば，借手の健康状態の悪化や勤務先の倒産といった可能性からリスクは大きくなりますが，数百件の住宅ローンを束にした証券の発行によって，このような個人リスクは抑えることができます．しかしそれでも，同一地区での数百件の融資には地域リスクが残ります．たとえば，デトロイトは自動車産業の盛んな地域ですが，自動車販売が不振になれば，この地域の景気は悪化し，人々の返済が滞り証券価値は低下します．このような地域リスクを抑えるために，米国の投資銀行（日本の証券会社に相当）は，複数地域の証券を購入しました．石油価格の上昇は，車の販売不振を招きデトロイトには景気の悪化をもたらす一方，石油資源のあるテキサスには好景気をもたらします．投資銀行は，サブプライムローンを幾重にも束にして証券化し，個人リスク，地域リスクを抑え，リスクの低い証券として販売しました．

　確かに，個人融資を束にすれば個人リスクは縮小し，複数地域の融資を束にすれば地域リスクを抑制できます．しかし，証券化の仕組みは，米国全域に及ぶシステマティック・リスクを十分に考慮したものではなかったのです．この判断ミスが，2007年のサブプライムローンを含む証券価格の暴落につながる一因となったと考えられます．その結果，2008年後半にリーマン・ブラザーズが倒産し，AIG，ファニーメイ，フレディマックが国有化される事態となりました．

6.3.2 中心極限定理

相互に独立な n 個の確率変数 X_1, X_2, $\cdots$, X_n が与えられたとき，確率変数 X_i の分布がどのような形状であっても，n が十分に大きければ，これらの和や平均は正規分布に従います．これを**中心極限定理**といいます．

中心極限定理（central limit theorem）

相互に独立な n 個の確率変数 X_1, X_2, $\cdots$, X_n がある（$E[X_i]=\mu$，$V(X_i)=\sigma^2$）．n が十分に大きければ，これらの和と平均は正規分布に従う．

$$\sum_{i=1}^{n} X_i \sim N(n\mu, n\sigma^2), \quad \bar{X} \sim N\left(\mu, \frac{\sigma^2}{n}\right)$$

中心極限定理は，統計学において最も重要な定理の1つとされ，統計学を理解するうえで欠かせない定理です[9]．以下に，サイコロの例を用いて，中心極限定理の直観的な意味を説明します．

例1（サイコロ投げに見る中心極限定理） サイコロを n 回振ったときの出目の和は，X_i を i 回目の出目とすると，$X = X_1 + X_2 + \cdots + X_n$ です．サイコロを1回振ると，1から6までの目が1/6の確率で生じます（図6-14(a)参照）．

サイコロを2回振ったときの標本空間には，計36個の標本点が存在します．

$$\Omega = \begin{Bmatrix} (1,1), & (1,2), & (1,3), & (1,4), & (1,5), & (1,6) \\ (2,1), & (2,2), & (2,3), & (2,4), & (2,5), & (2,6) \\ (3,1), & (3,2), & (3,3), & (3,4), & (3,5), & (3,6) \\ (4,1), & (4,2), & (4,3), & (4,4), & (4,5), & (4,6) \\ (5,1), & (5,2), & (5,3), & (5,4), & (5,5), & (5,6) \\ (6,1), & (6,2), & (6,3), & (6,4), & (6,5), & (6,6) \end{Bmatrix}$$

---

[9] n がいくつあれば十分に大きい値といえるのか，その答えは状況に応じて異なります．もとの分布が左右対称なら n は比較的小さい値でも十分ですが，もとの分布が大きく歪んでいたりすると n は大きい方がいいでしょう．単なる目安ですが，n が30ほどあれば，多くの場合で和や平均は正規分布によってよく近似できるようです．

図6-14　サイコロの出目の和の分布（n=1,2,3）

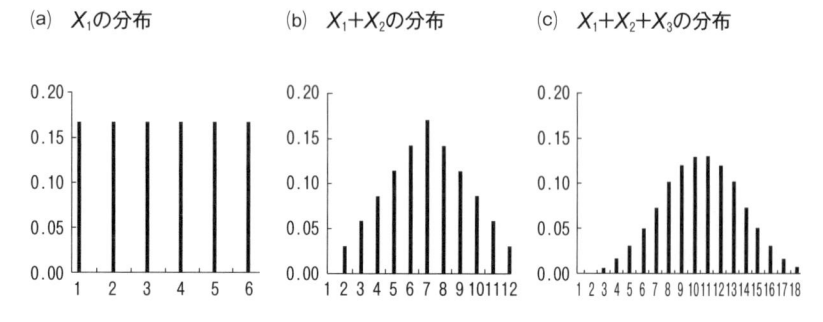

(a) X_1の分布　　(b) X_1+X_2の分布　　(c) $X_1+X_2+X_3$の分布

このとき，出目の和の分布は図6-14(b)で表され，$n=2$でかなり正規分布に近い分布になっていることが確認できます．

サイコロを2回振ったときの出目の和が，正規分布に近くなる理由を説明します．出目の和が小さい値をとるのは，全てのX_iが小さい値をとる場合のみです．2回とも出目が小さい値をとる確率は小さく，出目の和が小さい値をとる確率も小さくなります．また，出目の和が大きい値をとる確率も同様の理由で小さくなります．たとえば，和が2となるのは，2回とも1（$X_1=X_2=1$）のときで，その確率は1/36です．出目の和が12となるのは，2回とも6（$X_1=X_2=6$）のときで，その確率はやはり1/36です．これに対し，出目の和が中位の値をとるのは，X_1とX_2の両方が中位，X_1が小さくX_2が大きい，X_1が大きくX_2が小さい場合など，様々な組合せが考えられます．たとえば，出目の和が7をとるのは，(1+6)，(2+5)，(3+4)，(4+3)，(5+2)，(6+1)の6通りで，その確率は6/36と大きくなります．以上から，サイコロを2回振ったとき，出目の和の分布は2から12までの値をとり，その分布は7を中心とした左右対称の釣鐘状の分布になるのです．

最後に，サイコロを3回振ったときの出目の和を考えます．このときの出目の和の分布は，中心が10.5の釣鐘状の分布です（図6-14(c)参照）．$n=3$でさらに正規分布に近くなることが分かります．

例2（二項分布の正規近似） 二項確率変数は，n個の独立なベルヌーイ確率

図6-15　二項分布（$n=1, 5, 18$）

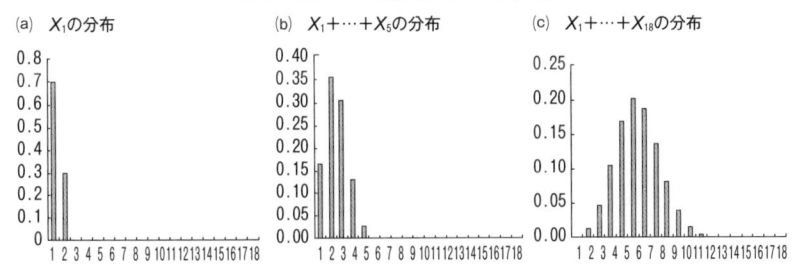

(a) X_1の分布　　(b) $X_1+\cdots+X_5$の分布　　(c) $X_1+\cdots+X_{18}$の分布

変数の和（$X=X_1+X_2+\cdots+X_n$）でした（6.1.2節参照）．したがって，二項確率変数も，nの値が十分に大きければ，中心極限定理によって正規分布に従います．図6-15は，X_iが1をとる確率が0.3の二項確率変数について，$n=1$, 5, 18のときの分布を描いたものです．$n=1$のときは単なるベルヌーイ分布です（図6-15(a)参照）．$n=5$のときは歪んだ分布で正規分布とはなっていません（図6-15(b)参照）．しかし，$n=18$のときは二項分布は左右対称で正規分布にかなり近くなっています（図6-15(c)参照）．

二項分布の正規近似

　二項分布の取扱いのやっかいな点は，確率計算が難しいことです．たとえば，100!の計算はそう簡単ではありません．実は，nが十分に大きければ，二項確率変数の確率は標準正規分布表（付表1）から容易に計算できます．以下は，統計学上級の内容ですが，理解を深めたい読者はぜひ読んでください．

　二項確率変数の期待値はnp，分散は$np(1-p)$でした（6.1.2節参照）．したがって，nが十分に大きければ，中心極限定理により，二項分布$B(n,p)$は正規分布$N(np, np(1-p))$で近似できます．図6-16では，$n=18$, $p=0.3$として，二項分布$B(18, 0.3)$と正規分布$N(5.4, 3.78)$を重ねて図示しました（$np=18\times 0.3=5.4$, $np(1-p)=18\times 0.3\times 0.7=3.78$）．図から，$n$が18くらいでも，二項分布は正規分布で十分近似できることが分かります．

　図6-17では，正規分布$N(np, np(1-p))$の密度関数と，その高さが

図 6‑16　二項分布と正規分布

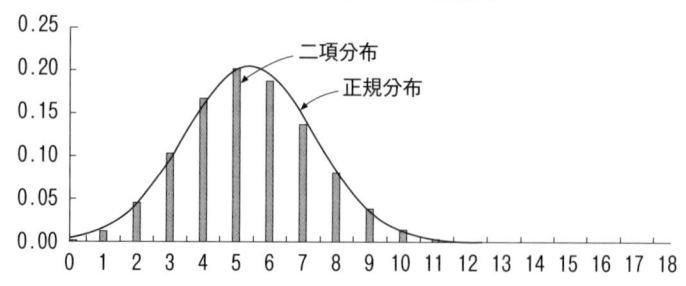

図 6‑17　二項確率の正規近似

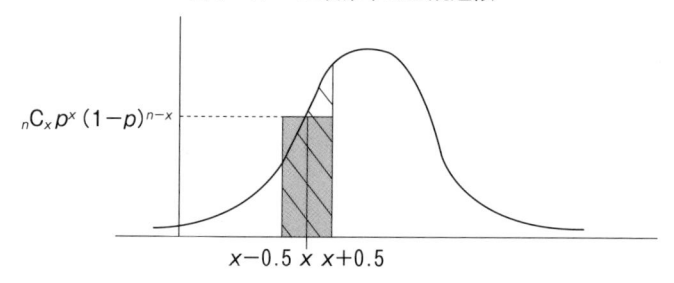

$P\{X=x\}={}_nC_x p^x(1-p)^{n-x}$ で幅が 1（$x-0.5$ から $x+0.5$ まで）の長方形を図示しました．長方形の面積 = 高さ × 幅なので，この長方形の面積が $X=x$ における二項分布の確率 $P\{X=x\}={}_nC_x p^x(1-p)^{n-x}$ となります．したがって，この面積を求めれば，$X=x$ における ${}_nC_x p^x(1-p)^{n-x}$ が計算できます．図 6‑17 の斜線の領域（$x-0.5$ から $x+0.5$ までの正規分布の密度関数の面積）が，この長方形の面積の近似として優れていそうです．以上から，n 回のうち x 回成功する確率は，X が正規分布 $N(np, np(1-p))$ に従うと考えて，確率 $P\{x-0.5<X<x+0.5\}$ を計算すればよいといえます[10]．以下では，具体例を通じて，正規近似による二項確率の計算を理解しましょう．

---

10) 同様に，n 回のうち成功回数が x 回以下となる確率は，$P\{X<x+0.5\}$ となります．また，n 回のうち成功回数が x 回以上となる確率は，$P\{x-0.5<X\}$ となります．

例1（試験の点数） ある科目の試験では，3択の問題が10問出題されます．試験は10点満点，各問題は正答で1点です．また，3点以下は落第で，4点以上なら及第とします．全く勉強していなかった二郎君は，適当に回答することにしました．試験問題は3択式なので，でたらめに回答しても1/3の確率で正解となります．正答数を X とすると，$X=x$ となる確率は

$$P\{X=x\} = {}_{10}C_x \left(\frac{1}{3}\right)^x \left(\frac{2}{3}\right)^{10-x}$$

で与えられます．たとえば，3点の確率は以下のとおりです．

$$P\{X=3\} = {}_{10}C_3 \left(\frac{1}{3}\right)^3 \left(\frac{2}{3}\right)^{10-3} = \frac{10!}{3!(10-3)!} \left(\frac{1}{3}\right)^3 \left(\frac{2}{3}\right)^7 = 0.2601$$

次に，正規近似によって確率を求めましょう．$n=10$ と小さいですが，正規分布で近似できるとします．したがって，$X \sim N(np, np(1-p))$ であり，$np=10\times(1/3)=3.33$, $\sqrt{np(1-p)}=\sqrt{10\times(1/3)\times(2/3)}=1.49$ です．X から期待値3.33を引き，標準偏差1.49で割って標準化すると

$$Z = \frac{X-3.33}{1.49} \sim N(0,1)$$

ですから，二郎君が3点しかとれない確率は

$$P\{2.5<X<3.5\} = P\left\{\frac{2.5-3.33}{1.49} < \frac{X-3.33}{1.49} < \frac{3.5-3.33}{1.49}\right\}$$
$$= P\{-0.56<Z<0.11\}$$

となります．これは標準正規分布表から，

$$P\{-0.56<Z<0.11\} = P\{Z<0.11\} - P\{Z<-0.56\}$$
$$= P\{Z<0.11\} - (1-P\{Z<0.56\}) = 0.5438 - (1-0.7123) = 0.2561$$

となります．二項分布を用いた正確な確率は0.2601ですから，0.2561は近似としてはかなりよいといえます．

次に，二郎君が3点以下（落第）となる確率を求めてみましょう．二項分布を用いると，その確率である $P\{X=0\}+P\{X=1\}+P\{X=2\}+P\{X=3\}$ は

$${}_{10}C_0\left(\frac{1}{3}\right)^0\left(\frac{2}{3}\right)^{10} + {}_{10}C_1\left(\frac{1}{3}\right)^1\left(\frac{2}{3}\right)^9 + {}_{10}C_2\left(\frac{1}{3}\right)^2\left(\frac{2}{3}\right)^8 + {}_{10}C_3\left(\frac{1}{3}\right)^3\left(\frac{2}{3}\right)^7 = 0.5593$$

となります．正規近似によって確率を求めましょう．3点以下となる確率は，

$$P\{X<3.5\}=P\left\{\frac{X-3.33}{1.49}<\frac{3.5-3.33}{1.49}\right\}=P\{Z<0.11\}=0.5438$$

となります．これは本当の確率0.5593とほぼ同じであり，近似としてかなり正確といえそうです．残念ながら，二郎君のでたらめな回答では落第する確率が56％になります．ただ，適当に回答して44％が及第となるのも問題ですから，教員の立場からすれば及第点は4点以上ではなく，もっと高い点に設定することが望ましいといえそうです．適当に回答することを防ぐため，誤答を減点することも考えられます（この場合にどうなるかは練習問題3を参照）．

補足：証明

二項分布の導出

ある実験（試行）が成功したらS，失敗したらFとします．このとき，x回連続で成功したあと，$n-x$回連続で失敗したときの事象は

$$\underbrace{SS\cdots\cdots S}_{x\text{個}}\quad\underbrace{FF\cdots\cdots F}_{n-x\text{個}}$$

となります．成功Sの確率はpで，失敗Fの確率は$1-p$ですから，この事象の確率は$p^x(1-p)^{n-x}$です．n回の試行でx回成功し$n-x$回失敗するという条件を満たすケースは，成功と失敗の順序を考慮すれば他にも多数存在します．たとえば，$n-x$回連続して失敗し，x回連続して成功するかもしれません（$FF\cdots FSS\cdots S$）．条件を満たすケースは合計何通りか，数えてみましょう．

n個の○に1～nまでの番号を振ります．

$$①②③\cdots\cdots (n-1)(n)$$

ここでx個の文字Sを，どの番号の○に置くか考えましょう（$n-x$個のFは残りの場所に自動的に割り振られます）．Sの並べ方は区別しないので，n個の場所からx個を選ぶ組合せの数だけSの置き方があります．これは合計で

$$_nC_x=\frac{n!}{x!(n-x)!}$$

通りです（付録 A 参照）．したがって，n 回の試行で x 回成功し $n-x$ 回失敗する確率は $P\{X=x\}={}_nC_x p^x(1-p)^{n-x}$ となります．

偏差の2乗和の期待値

$$\begin{aligned}
E[\sum_{i=1}^{n}(X_i-\bar{X})^2] &= E[\sum_{i=1}^{n}\{(X_i-\mu)-(\bar{X}-\mu)\}^2] \\
&= E[\sum_{i=1}^{n}\{(X_i-\mu)^2+(\bar{X}-\mu)^2-2(\bar{X}-\mu)(X_i-\mu)\}] \\
&= E[\sum_{i=1}^{n}(X_i-\mu)^2+n(\bar{X}-\mu)^2-2(\bar{X}-\mu)\sum_{i=1}^{n}(X_i-\mu)] \\
&= E[\sum_{i=1}^{n}(X_i-\mu)^2]+nE[(\bar{X}-\mu)^2]-2E[(\bar{X}-\mu)\sum_{i=1}^{n}(X_i-\mu)]
\end{aligned}$$

各項について期待値を求めます．右辺第1項目は，

$$E[\sum_{i=1}^{n}(X_i-\mu)^2]=\sum_{i=1}^{n}E[(X_i-\mu)^2]=\sum_{i=1}^{n}\sigma^2=n\sigma^2$$

となり，第2項目は平均の分散ですから，

$$E[(\bar{X}-\mu)^2]=\frac{\sigma^2}{n}$$

となり，第3項目は以下のとおりです．

$$\begin{aligned}
E[(\bar{X}-\mu)\sum_{i=1}^{n}(X_i-\mu)] &= E[(\bar{X}-\mu)(\sum_{i=1}^{n}X_i-n\mu)] \\
&= E[(\bar{X}-\mu)n(\bar{X}-\mu)] \\
&= nE[(\bar{X}-\mu)^2]=n\frac{\sigma^2}{n}=\sigma^2
\end{aligned}$$

これらの結果を代入すると，偏差2乗和の期待値は，次のようになります．

$$E[\sum_{i=1}^{n}(X_i-\bar{X})^2]=n\sigma^2+n\frac{\sigma^2}{n}-2\sigma^2=(n-1)\sigma^2$$

練習問題

1. X をベルヌーイ確率変数として，$E[X^2]$ を求めてください．また，$V(X) = E[X^2] - E[X]^2$ から，$V(X) = p(1-p)$ を示してください．

2. 中古車市場では，良質な車が市場全体の7割，悪質な車が市場全体の3割であるとします．良い車なら80万円の価値，悪い車なら30万円の価値とします．(1)もし売り手も買い手も中古車の品質を判別できないなら，中古車はいくらで取引されるでしょうか．(2)売り手だけが品質を正しく判断できるなら，この市場に何が起こるでしょうか．

3. 試験は3択問題が10問，各問に10点が均等配点されています．3択問題ですから，適当に（でたらめに）回答しても1/3の確率で正解となります．教員は学生が適当に答えないように，誤答なら−5点のペナルティを課すことにしました．(1)学生が適当に回答したときの点数の期待値，(2)点数が正となる確率，を求めてください．

4. コラム6−1では，力士の勝利数が二項分布に従うとしました．この議論が厳密には正しくないのはなぜですか．

5. 過去のデータで3月に雨が降っていた日数を調べた結果，全日数のうち割合 p で雨が降っていました．来年3月に雨が降る日数を X とすると，X は二項分布 $B(31, p)$ に従うと考えてよいでしょうか．

6. $X \sim B(n, p)$ と $Y \sim B(m, p)$ が独立なら，$X + Y \sim B(n+m, p)$ となることを証明してください．

7. $X \sim N(12, 2^2)$ として，(1) $X > 10$，(2) $X < 8$，(3) $|X - 12| < 3$ となる確率を求めてください．

8. $X \sim N(230, 20^2)$ のとき，$P\{220 < X < 280\}$ を求めてください．

9. 歪みのないの硬貨を14回投げて，ちょうど4回だけ表となる確率を，(1)二項分布の公式，(2)正規分布による近似，により求めてください．

10. 試験を実施したところ，点数の分布は厳密な正規分布ではなく，90点のところが極端に人数が多くなっていました．この結果をどう解釈しますか．

11. 男子と女子の身長はそれぞれ正規分布に従っています．男女をまとめて1つのグループとしたとき，身長の分布は正規分布に従っているでしょうか

（正規分布の性質との関係も述べてください）．

12. 確率変数 X が x 以下の確率 $P\{X \leq x\}$ は x の関数とみることができ，この関数 $F(x) = P\{X \leq x\}$ を累積分布関数（cumulative distribution function）といいます．標準正規分布の累積分布関数を図示してください．

13. X は区間 $[a, b]$ 上の一様分布（uniform distribution）に従うとき，その密度関数は

$$f(x) = \begin{cases} \dfrac{1}{b-a} & a \leq x \leq b \\ 0 & \text{それ以外} \end{cases}$$

となります．(1)密度関数を図示し，(2)密度関数の面積，(3) X の期待値を求めてください．

7章　母数の推定

推測統計の目的は，データから母集団の特性値を推測することにあります．本章では，母集団から無作為抽出されるデータは確率変数ととらえることができ，それらは母集団分布と同じ確率分布に従うことを説明します．また，データから特性値を推定する方法として，点で推定する点推定と区間で推定する区間推定をそれぞれ紹介します．

7.1　推定の考え方

母集団の性質を特徴づける特性値はとくに**母数**（parameter）と呼ばれ，θ（「シータ」と読む）と表します．母数θとしては，母集団の割合，平均，分散などが考えられます．これらをとくに**母割合**，**母平均**，**母分散**などと呼び，それぞれp, μ, σ^2 と表したりもします．

母数θの推定方法には，θを値として推定する**点推定**（point estimation）と，θを区間として推定する**区間推定**（interval estimation）の2つがあります．推定結果は必ずしも母数と一致するわけではなく，得られるデータによっては高めの値となったり，低めの値となったりもします．このように，得られるデータにより推定結果が変わることを**標本変動**といいます．具体例を通じて，これらの概念を理解していきましょう．

例1（内閣支持率）　ある新聞社が内閣支持率の調査を行うため1000人への聞取り調査を行いました．知りたいのは，真の内閣支持率（有権者全体の支持率）で，これが母数θとなります．新聞社は母集団全体の一部であるデータ（1000人への聞取り調査）から支持率を計算し，真の内閣支持率として推定された値として公表します（コラム1-1参照）．

同日付けの調査であっても，公表される支持率の値は新聞社により異なる場

合がほとんどです．これは各新聞社の調査対象者が基本的には異なるためです．たとえば，民主党の鳩山内閣発足時（調査期間：2009年9月16〜17日）の内閣支持率は『毎日新聞』77％，『日本経済新聞』75％，『読売新聞』75％，『朝日新聞』71％，『産経新聞』69％であり，最大でおよそ8％もの差が生じています（コラム7-2参照）．このような場合には，5社の最大値と最小値を用いて，「真の内閣支持率は69〜77％までの区間に収まる」と区間で表現する方がより正確といえるかもしれません．

7.2 基本概念

7.2.1 無作為抽出されるデータの性質

母集団から無作為抽出されるデータを**確率変数**ととらえることにより，母集団の性質を推定し確率的な評価が可能となります．なぜ無作為抽出されるデータを確率変数と見ることができるのか，具体的に考えてみます．

母集団から無作為に n 個のデータを抽出します．データとして抽出されうる結果を $X_1, X_2, \cdots, X_n$ とし，その**実現値**を $x_1, x_2, \cdots, x_n$ とします（確率変数と実現値との関係は5.1節参照）．たとえば，17歳男子の母集団から無作為抽出して，それぞれの身長を計測するとしましょう．データの抽出前には，1人目の身長が何 cm か分かりません．背の高い人が選ばれる可能性もあれば，その反対に低い人が選ばれるかもしれません．したがって，抽出前，1人目の身長として計測されうる結果を X_1 とすると，これは確率変数となります．抽出後，その実現値 x_1 はもはや確率変数ではありません．すでに誰が選ばれたかは分かっており，身長自体も分かっているからです．

6章で述べたように，身長の母集団分布は正規分布となります（母集団分布が正規分布のとき，これをとくに**正規母集団**と呼びます）．たとえば，図7-3は17歳男子の身長の母集団分布で，母平均170.8cm，母標準偏差5.81cm の正規分布となっています[1]．無作為抽出により選ばれるデータ（$X_1, X_2, \cdots,$

---

1) これは全数調査ではありませんが，ここでは無作為抽出の含意を理解するため，この分布を母集団分布と考えて説明しています．

コラム7-1　労働力調査

　図7-1は，1980〜2010年の日本の失業率の推移を示したものです．失業率は，1990年までは2.5%前後で推移していましたが，バブル崩壊後（1990年以降）は5%まで上昇しました．その後，小泉政権時代（2001〜06年）には，いったん低下しますが，2008年の金融危機により再度上昇しています．失業率は経済状況を把握するうえで重要な指標ですが，その推定方法はあまり知られていません．

　失業率は，総務省統計局が毎月実施している「労働力調査」に基づいて算出されます．「労働力調査」では，無作為抽出により選ばれた約4万世帯に住む15歳以上の世帯員約10万人を対象に，月末1週間の就業状態のアンケートが行われます．その質問5（図7-2参照）の「月末1週間に仕事をしたかどうかの別」について，「おもに仕事」，「通学のかたわらに仕事」，「家事などのかたわらに仕事」，「仕事を休んでいた」と回答した人は就業者とみなされます．これに対して，「仕事を探していた」と回答した人は失業者とみなされます．つまり，「失業者とは就業の意思はあるが就業ができていない者のこと」を指しています．このほか，仕事を少しもせずに，「通学」，「家事」，「その他」を選択した人は非労働力人口と分類され，15歳以上の就業あるいは失業している者は労働力人口に分類されます．

図7-1　失業率の推移

（出所）総務省「労働力調査」．

図7-2 調査票

月末1週間（ただし12月は20〜26日）に仕事をしたかどうかの別

・月末1週間に少しでも仕事をしたかどうかについて　記入してください
・仕事とは　収入をともなう仕事をいい　自家営業（個人経営の商店や農家など）の手伝いや内職も含めます
　（「基礎調査票の記入のしかた」参照）

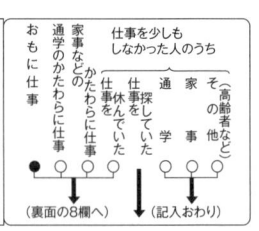

おもに仕事／家事などのかたわらに仕事／通学のかたわらに仕事／仕事を少ししなかった人のうち（仕事を休んでいた／仕事を探していた／通学／家事／その他（高齢者など））

●　○○○　（裏面の8欄へ）　○○○○○　（記入おわり）

　「労働力調査」によって得られたデータから，さまざまな雇用動向が把握できます．約10万人のうち労働力人口の占める割合すなわち「労働力人口比率」，約10万人のうち就業者の占める割合すなわち「就業率」，労働力人口のうち失業者の占める割合すなわち「失業率」などです．これらは約10万人のデータから推定された比率ですが，ここから日本全体の労働力人口，就業者数，失業者数までをも推定することができます．日本全体における労働力人口は，日本全体の15歳以上人口×労働力人口比率として推定できます[2]．同様に，就業者数＝日本全体の15歳以上人口×就業率，失業者数＝日本全体の労働力人口×失業率として推定できます．

　ただし，この調査では失業率をうまく推定できていない可能性があります．たとえば，失業給付を受給するため，就業意思がないにもかかわらず，失業中という申請をしている者は非労働力人口にカウントした方がより適切でしょう．反対に，就職活動をしても仕事が見つからず，就業自体を諦めてしまった人は潜在的失業者ととらえ，失業者としてカウントした方がよいかもしれません．日本では，女性労働者に潜在的失業者が多いといわれており，とくに景気悪化局面では潜在的失業者が増加し，失業率を過小推定する傾向があるようです．「労働力調査」には以上のような問題もありますが，日本の労働環境を把握するとても重要な調査です．より正確にデータから情報を把握するためには，こうしたデータ特有のクセを知ることが重要だといえます．

---

[2] 日本全体の15歳以上人口は，国勢調査（加えて人口動態調査や出入国管理統計）を用いて求めることができます．

図7-3　17歳男子の身長の母集団分布

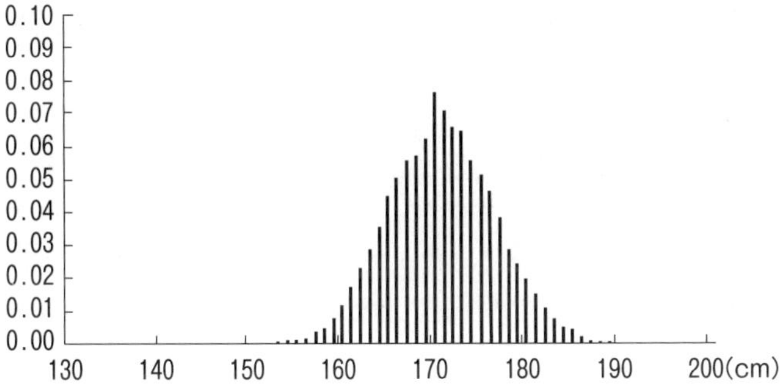

X_n) の性質を考えてみましょう.

母集団分布が正規分布なので，無作為抽出される1人目の身長 X_1 も正規分布 $N(170.8, 5.81^2)$ に従います．無作為抽出ですから，どの人も選ばれる確率は同じです．母集団には身長が平均的な人が多いので，そのような人が選ばれる確率は高くなります．逆に，身長がとても高い（低い）人は少ないので，そうした人が選ばれる確率は低くなります．2人目の身長についても，$X_2 \sim N(170.8, 5.81^2)$ となります．また，無作為抽出ですから，X_1 と X_2 は相互に独立です．1人目の身長が何であれ，2人目の身長に影響はありません．同様にして，どの i についても $X_i \sim N(170.8, 5.81^2)$ で，$X_1, X_2, \cdots, X_n$ は相互に独立です．

以上をまとめると，無作為抽出される $X_1, X_2, \cdots, X_n$ には以下の性質があるといえます．

---
(1) 確率変数である
(2) 相互に独立である
(3) 母集団分布と同一の分布に従う

このうち，(3)の性質については，通常，母集団分布は明らかではなく，無作為抽出される確率変数の分布も明らかではありません．しかし，同じ母集団分布から抽出されるので，「全ての X_i は同じ期待値 μ と分散 σ^2 を持つ」といえ

ます．したがって，$X_1, X_2, \cdots, X_n$ は中心極限定理の条件を満たし，n が十分に大きいとき，これらの和や平均は正規分布に従います（6.3.2節参照）．以上3つの性質はデータ分析において重要な性質となっています．

最後に，統計量と統計値を紹介します．母集団から抽出される $X_1, X_2, \cdots, X_n$ をもとにつくられた任意の関数（計算式）を**統計量**といいます．これは確率変数 X_i の関数であるため，統計量も確率変数となります．データ抽出後，実現値 $x_1, x_2, \cdots, x_n$ を，この式に代入して求めた値を**統計値**といいます．これは実現値 x_i の関数であるため，統計値は確率変数ではありません．

7.2.2 推定量と推定値

母集団から抽出される $X_1, X_2, \cdots, X_n$ を用いて，母数 θ を点推定する方法はいくつもあります．たとえば，母平均を点推定する方法は，なにも平均だけではありません（練習問題8，9参照）．

母数 θ を推定するための**統計量**（計算式）をとくに**推定量**（estimator）といい，母数 θ に ^（「ハット」と読む）を付けて $\hat{\theta}$ と表します．また，推定量 $\hat{\theta}$ は確率変数 $X_1, X_2, \cdots, X_n$ の任意の関数として，次のようにも表します[3]．

$$\hat{\theta} = f(X_1, X_2, \cdots, X_n)$$

確率変数 X_i の関数である推定量 $\hat{\theta}$ もまた確率変数となります．データの抽出後，実現値 $x_1, x_2, \cdots, x_n$ を代入した $\hat{\theta} = f(x_1, x_2, \cdots, x_n)$ を**推定値**（estimate）といいます．実現値は確率変数ではないので，それらの関数である推定値も確率変数ではありません．

たとえば，大学生全体を母集団，大学生全体の平均身長を母数としましょう．この場合，データの平均を表す式は推定量となります．

$$\hat{\theta} = \frac{1}{n}\sum_{i=1}^{n} X_i$$

これに対して，実現値を代入して計算された平均の値は推定値となります．

$$\hat{\theta} = \frac{1}{n}\sum_{i=1}^{n} x_i$$

---

[3] $f(X_1, X_2, \cdots, X_n)$ は，$X_1, X_2, \cdots, X_n$ の任意の関数であることを意味します．

図7-4 推定量 $\hat{\theta}$ の分布

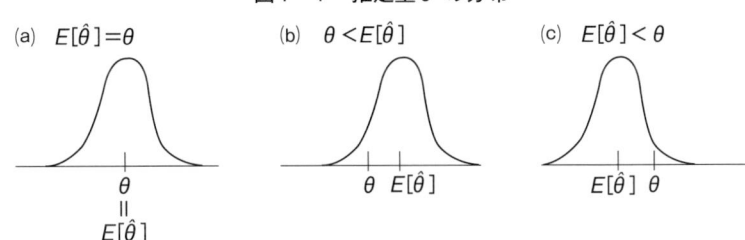

(a) $E[\hat{\theta}]=\theta$ (b) $\theta<E[\hat{\theta}]$ (c) $E[\hat{\theta}]<\theta$

　推定量 $\hat{\theta}$ は確率変数であるため，母数 θ よりも大きな（あるいは小さな）値をとることもあります．推定量 $\hat{\theta}$ の**標準偏差**（standard deviation）は推定量のばらつきを表す指標であり，推定量 $\hat{\theta}$ と母数 θ との乖離 ($\hat{\theta}-\theta$)，つまり**推定誤差**の程度を表すことから，とくに**標準誤差**（standard error）と呼ばれます．

7.2.3　推定量の優劣を判断する基準

　母数 θ を推定する推定量 $\hat{\theta}$ は多数存在します．たとえば，母平均を推定する際，単なる平均だけでなく加重平均も推定量となります（練習問題9参照）．そこで，推定量の優劣を判断する基準が必要となります．その判断基準である**不偏性，一致性，有効性**について詳しくみていきましょう．

不偏性（unbiasedness）

　不偏性とは，推定量 $\hat{\theta}$ が平均的に母数 θ と一致することで，式で表すと
$$E[\hat{\theta}]=\theta$$
が成立することです．不偏性を満たしている推定量をとくに**不偏推定量**といいます．図7-4(a)は，不偏推定量の分布を示したものです．図7-4(b)(c)は，$\hat{\theta}$ をバイアスのある推定量としたときの分布を示しています．(b)の場合 ($\theta<E[\hat{\theta}]$) には，$\hat{\theta}$ は θ を高めに推定する傾向があり，(c)の場合 ($E[\hat{\theta}]<\theta$) には，$\hat{\theta}$ は θ を低めに推定する傾向があるため，両方とも問題のある推定量といえます．

一致性（consistency）

　一致性とは，n が大きくなるにつれて，推定量 $\hat{\theta}$ が母数 θ に収束していくこ

図7-5 一致性

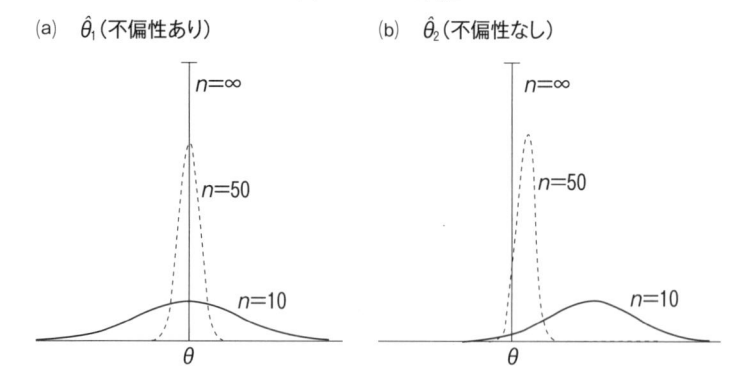

(a) $\hat{\theta}_1$(不偏性あり)　　　　(b) $\hat{\theta}_2$(不偏性なし)

とをいいます．数式で表すと，任意の$\varepsilon>0$に対して，

$$\lim_{n\to\infty} P\{|\hat{\theta}-\theta|<\varepsilon\}=1$$

が成立することです（lim はnが無限大になったときの極限を表します）．$P\{|\hat{\theta}-\theta|<\varepsilon\}$は，推定誤差の絶対値$|\hat{\theta}-\theta|$が$\varepsilon$（任意の非常に小さい値）より小さくなる確率を表します．つまり，上式は「nが大きくなるにつれて推定誤差が0となる確率は1に近づいていく」ことを意味しています．推定量$\hat{\theta}$が一致性を満たしているとき，$\hat{\theta}$はθに**確率収束**（convergence in probability）するといい，また，この推定量をとくに**一致推定量**といいます．

なお，図7-5は，ともに一致推定量である$\hat{\theta}_1$と$\hat{\theta}_2$の分布を$n=10$, 50, ∞について示したものです．図7-5(a)の$\hat{\theta}_1$が不偏性を満たしている場合では，どのnでも$\hat{\theta}_1$はθを中心に分布しており，nが大きくなるにつれて，$\hat{\theta}_1$の分散が小さくなり，$\hat{\theta}_1$がθに収束していく様子が見てとれます．図7-5(b)の$\hat{\theta}_2$が不偏性を満たしていない場合でも，nが大きくなるにつれて，やはり$\hat{\theta}_2$がθに収束していく様子が見てとれます[4]．

---

4) $\hat{\theta}_1$は不偏性も一致性もあるとすると，$\hat{\theta}_2$としては$\hat{\theta}_1+1/n$が考えられます．$\hat{\theta}_2$の期待値は$E[\hat{\theta}_2]=E[\hat{\theta}_1]+1/n=\theta+1/n$です（不偏性はない）．$n$が大きくなるにつれて，$\hat{\theta}_1$は$\theta$に，$1/n$は0に収束しますから，$\hat{\theta}_2$は一致性を満たします．

図7-6 有効性

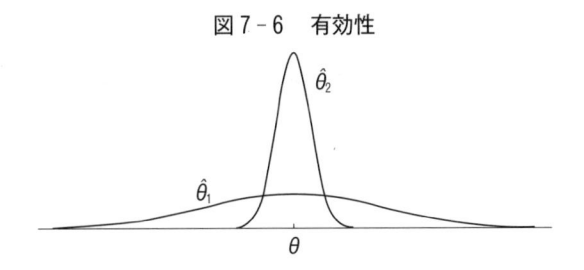

有効性(efficiency)

3つ目の基準は有効性です.図7-6は,2つの不偏推定量 $(\hat{\theta}_1, \hat{\theta}_2)$ の分布を示したものです $(V(\hat{\theta}_1) > V(\hat{\theta}_2))$. $\hat{\theta}_2$ は $\hat{\theta}_1$ より分散の小さい推定量であることから,$\hat{\theta}_1$ より正確に推定ができており,より優れた推定量といえます.つまり,$\hat{\theta}_2$ は $\hat{\theta}_1$ よりも情報を有効に使って推定を行っており,分散を小さくしているのです.よって,$\hat{\theta}_2$ は $\hat{\theta}_1$ より**有効**(efficient)な推定量といいます.

例1(不偏性) ある新聞社は内閣支持率を調べるため,調査会社100社に調査を依頼しました(各調査会社はそれぞれ1000人に聞取り調査を行いました).その結果,調査会社ごとに異なる100個の内閣支持率が推定されました(それぞれ $\hat{\theta}_1, \hat{\theta}_2, \cdots, \hat{\theta}_{100}$ と表記します).各推定が不偏性を満たしていれば,「同じ推定を何度も行えば平均的には正しく推定される」はずですから,これらの平均 $(\hat{\theta}_1 + \hat{\theta}_2 + \cdots + \hat{\theta}_{100})/100$ は真の内閣支持率 θ とほぼ一致していると考えられます.

7.3 点推定の統計的性質

ここでは母数 θ を点推定する統計量すなわち推定量の統計的性質を紹介します.母集団分布が既知であれば,そこから無作為に抽出される $X_1, \cdots, X_n$ の分布を知ることができ,これらの関数である推定量の分布を導出することもできます.しかし,通常,母集団分布は未知であるため,推定量の分布を導出しえないように思われます.

コラム7-2　内閣支持率のバイアス

　鳩山内閣発足時（2009年9月16日）の支持率は，『毎日新聞』77％，『産経新聞』69％でした．8％という大きな違いは，標本変動によって正当化することはできるのでしょうか．

　これは2009年9月16日という一時点での比較に過ぎず，他の時点でみればこの差はもっと小さい可能性があります．そこで図7-7では，2009年9月から2010年4月までの，『毎日新聞』と『産経新聞』による鳩山内閣支持率の調査結果の推移を描いてみました．図から，内閣支持率の低下傾向がみてとれます．これは「政治とカネ」や「普天間基地」の問題などで，鳩山政権が国民からの支持を失ったためです．さらに，図を見て驚くのは，『毎日新聞』における支持率が『産経新聞』における支持率より常に高い値であることです．その差は最大で13％に及び，何らかのバイアスの存在を疑わせます．

　もし推定にバイアスがなければ，ある月に，『毎日新聞』が『産経新聞』より支持率を高めに推定する確率は50％のはずです．各時点の調査は独立であることから，こうしたことが7カ月連続して生じる確率は$0.5^7=0.0078$です．つまり，偶然であれば0.78％の確率でしか生じないことが起こっており，不自然な結果だといえそうです．この結果もやはり，『毎日新聞』と『産経新聞』の推定にはバイアスがある可能性を疑わせます．

　バイアスの存在自体は驚くことではありません．各新聞社は独自のスタンスを持ち，自然とその購読者層も異なっていることから，調査協力者も異なる可

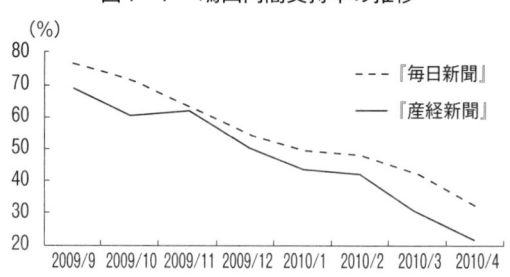

図7-7　鳩山内閣支持率の推移

7章　母数の推定　181

> 能性があると考えられます．また，産経新聞は「重ね聞き」をしている一方，毎日新聞は「重ね聞き」をしていない点も影響しているかもしれません（詳しくはコラム1-1参照）．大事なことは，我々が新聞社の推定にはバイアスが存在している可能性を認識することです．そうすれば，推定結果をそのまま受け入れるのではなく，ある程度の幅を持って解釈することができます．バランスのよい判断は，多様な情報ソースをもとにした，多様な視点からの判断によって初めて可能になるのです．

　実は，推定量として平均を考えるかぎりは，母集団分布がたとえ未知であっても，推定量の分布は正規分布に従います．無作為に選ばれる $X_1, X_2, \cdots, X_n$ は相互に独立であり，どの X_i についても期待値と分散は同じ値となります．よって，無作為に選ばれる $X_1, X_2, \cdots, X_n$ は**中心極限定理**の条件を満たしており，n が十分に大きければ，その平均 $\Sigma X_i/n$ は正規分布に従います．母割合の推定量である割合は平均として定義できるため，中心極限定理を適用できます．また，母平均は平均を使って推定できますから，やはり中心極限理を用いることが可能なのです．

　なお，n が十分に大きいときのデータを**大標本**（large sample）といい，n が小さいときのデータを**小標本**（small sample）といいます．以下では，中心極限定理を用いることができる大標本を前提とした説明を行います．また，n が十分に大きいので，標本分散は母分散を高い精度で推定できていると仮定します．小標本の場合については9章で詳しく説明します．

7.3.1　母割合の推定

　ある新聞社が内閣支持率を推定するために，n 人への聞取り調査を行います．このときの母集団は有権者全体，母割合は真の内閣支持率（p と表記）です．母数 θ は p です．聞取り調査により，$X_1, X_2, \cdots, X_n$ が得られます．X_i は i 人目が支持なら1，不支持なら0となる確率変数です．母集団は支持者と不支持者だけで構成され，全体のうち割合 p が支持者，割合 $1-p$ が不支持者となります．この母集団から無作為抽出すると，X_i は確率 p で1（支持）となり，確率 $1-p$ で0（不支持）となります．X_i はベルヌーイ確率変数で，期待値と

分散は，それぞれ $E[X_i]=p$ と $V(X_i)=p(1-p)$ となります．

母割合 p を推定するため，X_i の平均を求めます．真の内閣支持率の推定量 $\hat{p}$ は，X_i の平均で，支持者数（ΣX_i）を合計人数（n）で割ったものです．

$$\hat{p}=\frac{1}{n}\sum_{i=1}^{n}X_i$$

X_i の期待値と分散は $E[X_i]=p$ と $V(X_i)=p(1-p)$ であり，また，$\hat{p}$ は X_i の平均であることから，$\hat{p}$ の期待値は p，分散は $p(1-p)/n$ となります（6.3.1節参照）．また，中心極限定理より，n が十分に大きければ，以下が成立します（6.3.2節参照）．

$$\hat{p} \sim N\left(p, \frac{p(1-p)}{n}\right)$$

推定量 $\hat{p}$ の期待値は p ですから不偏性が成立しています．また，分散は n が大きくなるにつれて 0 に収束しています．推定量は不偏性があり，n が大きくなるにつれて分散が小さくなるとは，図7-5(a)の状況に他なりません．したがって，n が大きくなると $\hat{p}$ は p に収束しており，一致性も満たされます．

7.3.2 母平均の推定

全国の大学生の平均身長の推定について考えてみましょう．母集団は大学生全員，母平均 μ は大学生全員の平均身長，母分散 σ^2 は大学生全員の身長の分散です（母数 θ は μ と σ^2 の2つです）．無作為抽出により得られる X_1, X_2, …, X_n から母平均の推定を行います．無作為抽出なので，X_1, X_2, …, X_n は相互に独立で，それらの期待値と分散は母平均と母分散と同じと考えられます（つまり，$E[X_i]=\mu$, $V(X_i)=\sigma^2$）．

母平均を推定するため，X_1, X_2, …, X_n から平均を計算します．

$$\bar{X}=\frac{1}{n}\sum_{i=1}^{n}X_i$$

6.3.1節で学んだように，平均の期待値は μ，分散は σ^2/n です．そして，n が十分に大きければ，中心極限定理により，平均は正規分布に従います．

$$\bar{X} \sim N\left(\mu, \frac{\sigma^2}{n}\right)$$

平均の期待値は μ ですから不偏性が成立しています．また，分散は n が大きくなるにつれて 0 に収束しています．したがって，n が大きくなると $\bar{X}$ は μ に収束しており，一致性も満たされます（図 7-5(a) 参照）．ここでは証明しませんが，X_i が正規母集団から無作為抽出されるなら，その平均が母平均を推定する不偏推定量の中で最も有効（分散が小さい）な推定量（**最小分散不偏推定量**）であることが知られています（練習問題 9 参照）．

7.4 区間推定

点推定には標本変動の程度が明らかではないという欠点があります．たとえば，内閣支持率の推定では，10人中 4 人の支持であっても，100人中40人の支持であっても，点推定では同じ40％の支持率となります．しかし，よく考えてみると，10人より100人の方が，より高い精度で推定できているはずです．しかし，点推定の情報だけでは，推定の精度を明らかにすることはできません．

本節では，母数が存在すると思われる区間の推定，つまり区間推定を説明します．「内閣支持率は40％である」と点で推定するのではなく，「内閣支持率は35～45％までの区間内にある」と区間で推定するような方法です．区間で推定することで，推定の精度を明示的に表すことができます．区間が狭いほど高い精度の情報となり，区間が広いほど低い精度の情報となります．

7.4.1 母割合の区間推定

ある新聞社が真の内閣支持率 p を推定するため，n 人への聞取り調査を行うとします．得られるデータは $X_1, X_2, \cdots, X_n$ で，X_i は i 人目が支持なら 1，不支持なら 0 となる確率変数です（7.3.1節参照）．

内閣支持率 $\hat{p}$ は，中心極限定理により，

$$\hat{p} = \frac{\sum_{i=1}^{n} X_i}{n} \sim N\left(p, \frac{p(1-p)}{n}\right)$$

---

5) 7.2.2節で述べたように，推定量の標準偏差を標準誤差といいます．この場合，$\hat{p}$ は p の推定量ですから，$\hat{p}$ の標準偏差である $\sqrt{p(1-p)/n}$ は標準誤差です．

となり，$\hat{p}$ を標準化，つまり期待値 p を引いて標準誤差 $\sqrt{p(1-p)/n}$ で割ると以下が成立します（標準化については6.2.3節参照）[5]．

$$\frac{\hat{p}-p}{\sqrt{p(1-p)/n}} \sim N(0,1)$$

標準正規確率変数が-1.96から1.96までの区間内（±1.96）に収まる確率は95％ですから（6.2.2節の例1を参照），

$$P\left\{-1.96 < \frac{\hat{p}-p}{\sqrt{p(1-p)/n}} < 1.96\right\} = 0.95$$

となります．上式の｛｝内の式を書き直すと，

$$P\left\{\hat{p}-1.96\sqrt{\frac{p(1-p)}{n}} < p < \hat{p}+1.96\sqrt{\frac{p(1-p)}{n}}\right\} = 0.95$$

となります．これは上記命題，つまり｛｝内の

$$\hat{p}-1.96\sqrt{\frac{p(1-p)}{n}} < p < \hat{p}+1.96\sqrt{\frac{p(1-p)}{n}}$$

という命題が95％の確率で正しいことを意味します．$\hat{p}-1.96\sqrt{p(1-p)/n}$ から $\hat{p}+1.96\sqrt{p(1-p)/n}$ までの区間を $\hat{p}\pm1.96\sqrt{p(1-p)/n}$ の区間と略記すれば，「真の内閣支持率 p は $\hat{p}\pm1.96\sqrt{p(1-p)/n}$ の区間内に95％の確率で存在する」といえます．このとき95％を**信頼度**（confidence level）といい，上記区間を**信頼区間**（confidence interval）といいます．

慣例的に分析に用いられる信頼度は90％，95％，99％です．95％の信頼区間を求めるとき，1.96という値を用いましたが，90％では1.645，99％では2.576という値を用います（6.6.2節の例1を参照）[6]．

例1（ビデオリサーチの主張は正しいのか） ビデオリサーチ社では，600世帯を調査対象として，各世帯がどの番組を見ていたかを調べています．同社は「本当の視聴率 p が10％なら，95％の確率で $\hat{p}$ は7.6〜12.4％までの区間内に収まる」と説明しています．ここでは，説明の意味を考えてみましょう．信頼度95％の信頼区間を書き換えると，

---

[6] $Z \sim N(0,1)$ とすると $P\{|Z|<1.645\}=0.90$，$P\{|Z|<2.576\}=0.99$ です．これらは標準正規分布表では確認できませんが，エクセルを用いれば確認できます（付録B参照）．

$$p-1.96\sqrt{\frac{p(1-p)}{n}} < \hat{p} < p+1.96\sqrt{\frac{p(1-p)}{n}}$$

と表せます．つまり，「$\hat{p}$ は $p\pm1.96\sqrt{p(1-p)/n}$ の区間内に95％の確率で存在する」ということです．ここで $p=0.1$，$n=600$ なら，95％の確率で

$$0.1-1.96\sqrt{\frac{0.1\times0.9}{600}} < \hat{p} < 0.1+1.96\sqrt{\frac{0.1\times0.9}{600}}$$

が成立します．ここで $1.96\sqrt{0.1\times0.9/600}=0.024$ ですから，ビデオリサーチ社の主張するとおり，$\hat{p}$ は $0.076(=0.1-0.024)$ から $0.124(=0.1+0.024)$ までの区間内に95％の確率で収まります．

95％の信頼区間を求めるには，標準誤差 $\sqrt{p(1-p)/n}$ を計算する必要がありますが，これは真の内閣支持率 p に依存しており，計算できません．n が十分に大きければ，$\hat{p}$ は p を高い精度で推定できていますから，$\hat{p}$ を p で置き換えて $\sqrt{p(1-p)/n}$ を計算しても問題はありません．よって，95％の信頼区間は，

$$\hat{p}-1.96\sqrt{\frac{\hat{p}(1-\hat{p})}{n}} < p < \hat{p}+1.96\sqrt{\frac{\hat{p}(1-\hat{p})}{n}}$$

と推定できます．

信頼度の意味をより深く理解するため，次のような調査を計1000回行ってみます．各調査では，無作為抽出で選ばれた n 人に聞取り調査を行い，このデータから内閣支持率の信頼区間を計算します（毎回，異なる n 人が選ばれます）．信頼区間は $\hat{p}\pm1.96\sqrt{\hat{p}(1-\hat{p})/n}$ の区間ですが，偶然，$\hat{p}$ が大きすぎたり小さすぎたりすると，信頼区間が真の内閣支持率 p を含まない可能性もあります．図7-8は，真の内閣支持率 $p=0.5$ として，1～15回分の調査結果を描いたものです．縦軸は p の信頼区間，横軸は何回目の調査かを表します．また，⟵⟶は，調査ごとの信頼度95％の信頼区間を表しています．1回目の調査で得た信頼区間は真の支持率である0.5を含んでいますが，12回目の調査で得た信頼区間は0.5を含んでいません．信頼度95％とは，「1000回調査をすると950回は信頼区間の中に真の支持率0.5が含まれ，残り50回だけ信頼区間外に真の支持率0.5が出る」という意味です．

　信頼区間には2つの性質があります．第1は，信頼区間は信頼度が上がると

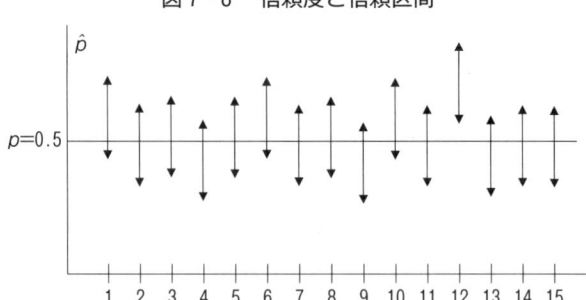

図7-8 信頼度と信頼区間

広くなるという性質です．たとえば，「支持率 p が 0 ～100％の間に収まる」という命題は，区間が非常に広いため100％正しい命題です．区間を広げるほど p が区間内に収まる確率（信頼度）は上がります．換言すれば，信頼度を高く設定すれば信頼区間は広がり，反対に，信頼度を低く設定すれば信頼区間は狭まるという性質があるといえます．

第2は，n が大きくなると，信頼区間は狭くなるという性質です．n が大きくなると，標準誤差 $\sqrt{p(1-p)/n}$ は小さくなるので信頼区間も狭くなります．情報量が増えると p を高い精度で推定でき，信頼区間が狭くなるのです．

7.4.2 母平均の区間推定

母集団からデータ $X_1, X_2, \cdots, X_n$ が無作為抽出されるとし，その母平均と母分散を，それぞれ μ と σ^2 とします．ここでは，データを使って母平均 μ を区間推定しましょう．

平均 $\bar{X}$ は，中心極限定理により，

$$\bar{X} \sim N\left(\mu, \frac{\sigma^2}{n}\right)$$

となり（6.3.2節参照），$\bar{X}$ を標準化，つまり期待値 μ を引いて標準誤差 $\sqrt{\sigma^2/n}$ で割ると以下が成立します（標準化については6.2.3節参照）[7]．

---

7) $\bar{X}$ は μ の推定量であるため，$\bar{X}$ の標準偏差である $\sqrt{\sigma^2/n}$ は標準誤差となります．

コラム7-3　野生生物の数の推定

　日本にはたくさんの野生生物がいますが，その生息数はどのように推定しているのでしょうか．もちろん，野生生物である以上，管理されていないので，全数調査はできません．野生生物の生息数の調査方法として，捕獲再捕獲法があります．

　ある湖に生息している魚の数を調べるとしましょう．母集団は湖にいる魚で，その総数を N 匹とします（図7-9参照）．まず，この母集団から200匹の魚を無作為に釣り上げ，魚に標識を付けて湖に戻します．標識の付いた魚の全体に占める割合は $p=200/N$ です．そして時間が経過してから，新たに100匹の魚を釣り上げたところ，100匹のうち10匹に標識が付いていました（標識の付いている割合は $\hat{p}=10/100=0.1$ と推定される）．ここで $p=200/N$ より $N=200/p$ ですから，N は $200/\hat{p}=200/0.1=2000$ 匹と推定できます．

　『読売新聞』に，東中国山地でのツキノワグマの調査にこの方法が用いられた記事が紹介されていました．「山中などで捕らえたクマをいったん放し，再捕獲された割合などから生息頭数を推定する．兵庫，鳥取両県ではすでに実施しており，3県が同じ手法で調査することで東中国山地全体の生息頭数の再調査にもつなげる．岡山県自然環境課は『人との共存のためにも，クマの個体数の把握は必要．速やかに行いたい』としている」（2012年1月19日付）．

　最後に，捕獲再捕獲法の注意点を2つ紹介します．第1に，捕獲，再捕獲の両時点で総数 N が同じでなければいけません．渡り鳥のように調査時点によって総数が変わる場合には，正確な調査は困難です．第2に，捕獲，再捕獲は無作為に行うことです．先の例でいうと，湖の1カ所で捕獲するのではなく，ラ

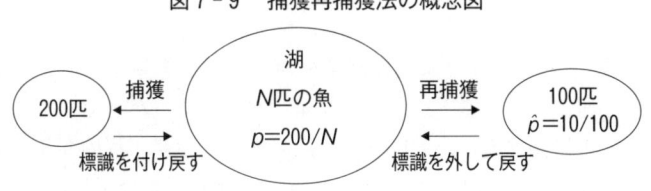

図7-9　捕獲再捕獲法の概念図

捕獲　200匹　→　湖　N匹の魚　$p=200/N$　←　再捕獲　100匹　$\hat{p}=10/100$
標識を付け戻す　　　　　　　　　　　　　　標識を外して戻す

> ンダムに選ばれた複数地点で魚を捕獲する必要があります．標識が目立ったりして再捕獲されやすくなると，無作為抽出ではなくなります．せっかくの調査も実施方法を誤っては台無しとなってしまいます．調査には細心の注意が必要といえます．

$$\frac{\bar{X}-\mu}{\sqrt{\sigma^2/n}} \sim N(0,1)$$

標準正規確率変数が-1.96から1.96までの区間内（±1.96）に収まる確率は95％ですから（6.2.2節の例1を参照），

$$P\left\{-1.96 < \frac{\bar{X}-\mu}{\sqrt{\sigma^2/n}} < 1.96\right\} = 0.95$$

が成立します．上式の｛ ｝内の式を書き直すと，

$$P\left\{\bar{X}-1.96\sqrt{\frac{\sigma^2}{n}} < \mu < \bar{X}+1.96\sqrt{\frac{\sigma^2}{n}}\right\} = 0.95$$

となります．これは上記命題，つまりカッコ内の

$$\bar{X}-1.96\sqrt{\frac{\sigma^2}{n}} < \mu < \bar{X}+1.96\sqrt{\frac{\sigma^2}{n}}$$

が95％の確率で正しいことを意味します．この区間を母平均 μ の95％の信頼区間といいます．しかし，母分散 σ^2 が分からない場合は，この式から95％の信頼区間を求めることはできません．

n が十分に大きいとき，標本分散 s^2 は高い精度で母分散 σ^2 を推定していますから，σ^2 を s^2 で置き換えても問題ありません．つまり，先ほどの結果から，95％の信頼区間は，以下のように推定できます．

$$\bar{X}-1.96\sqrt{\frac{s^2}{n}} < \mu < \bar{X}+1.96\sqrt{\frac{s^2}{n}}$$

例1（管理図） ある工場では工作機械を使ってネジを生産しています．生産工程で何か問題が発生すると，ネジのサイズが大きく（小さく）なったりします．若くして工場長に就いた太郎君は，次の方法で生産工程の問題を発見できないかと考えました．過去の経験から，ネジのサイズの母平均は $\mu=15\text{mm}$，

図 7-10　管理図

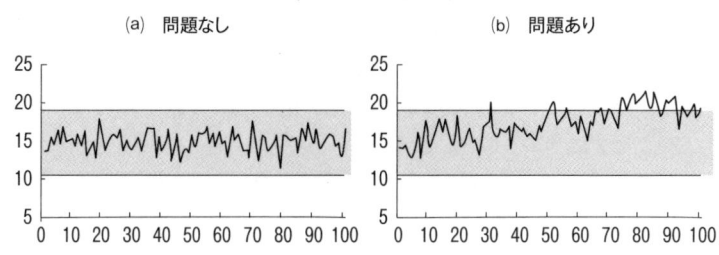

(a) 問題なし　　　　　　　(b) 問題あり

母標準偏差は $\sigma=3$ mm であることが分かっています．太郎君は，生産ラインで1時間おきに5個のネジのサイズを測ってその平均を計算することにしました．サンプルサイズは5個と小さいですが，中心極限定理が成立すると仮定しましょう．このとき，各平均は正規分布 $N(15, 3^2/5)$ に従います．

図7-10は，各平均と3標準誤差区間（期待値±3×標準誤差）を描いたものです[8]．横軸を時間，縦軸を各平均として，計100時間分を記録しています．(a)は何の問題もない場合です．平均は上下していますが，3標準誤差区間の中にとどまっています．これに対して，(b)はサイズが時間とともに次第に大きくなり，50時間を超えたあたりから傾向的に平均が区間の外に出ています．一度だけ区間外に出るのは単なる偶然かもしれませんが，これが複数回生じるのは問題です．サイズが傾向的に大きくなっていることも何らかの不備を示していると考えられます．(b)の場合であれば，太郎君は工場長として生産工程の問題を特定し，原因を取り除く必要があります．

この方法は，平均の**管理図**といわれ，品質管理において重要なツールの1つとなっています．この管理図の目的は，平均の変動が偶然原因か，あるいは異常原因によるものなのかを見分けることにあります．偶然原因とは，人為的にコントロールできない偶然から生じる原因のことです（精巧な機械でも，偶然によって製品サイズに多少の変動は生じます）．平均が区間内に収まっていれ

---

[8] 標準誤差 $\sqrt{3^2/5}=1.342$ から，3標準誤差区間は $15-3\times1.342$ から $15+3\times1.342$ です．何の問題もなければ，平均が3標準誤差区間内にとどまる確率は約99％です．

ば偶然原因とみなされて問題視されません．これに対して，異常原因とは，特定の機械の故障，特定の作業員による誤操作など，特定できるような原因のことです．平均が区間外にでたり，傾向的な変化を持っていたりすると，異常原因とみなされ，生産工程には何らかの問題が存在すると考えられるのです．

練習問題

1. 同一条件のもとで，パソコンのバッテリー耐久時間を1日1回，50日にわたり計測しました．i日目の耐久時間をX_i，その母標準偏差を3時間とします．(1) X_iの平均と母平均μとの差が1時間を超える確率を求めてください．(2)平均が10時間のとき，母平均μの95%の信頼区間を求めてください．
2. 自動車の走行距離を測るため，40回にわたり走行テストを行いました．その結果，走行距離の平均は450km，標本標準偏差は10kmでした．走行距離の母平均μに関する95%の信頼区間を求めてください．
3. 内閣支持率の調査で，推定誤差の絶対値が0.01以内に収まる確率が少なくとも95%以上となるようなnを求めてください．ヒント：推定誤差が最も大きくなるpを想定してnを選びます．
4. 内閣支持率を調査したところ，先月に比べて支持率が0.1%だけ低下しました．これは内閣が支持を失っていることを意味しているでしょうか．
5. ある池の魚の総数Nを調べたいとします．この池から300匹の魚を無作為に釣り上げ，標識を付けて池に戻します．新たに200匹の魚を釣り上げたところ，200匹のうち30匹に標識が付いていました．Nはいくつですか．
6. $\hat{\theta}$をθの不偏推定量とするとき，$\hat{\theta}^2$はθ^2の不偏推定量といえますか．
7. 平均2乗誤差は$E[(\hat{\theta}-\theta)^2]$で定義され，推定量の精度を測る指標のひとつとされます．これは$E[(\hat{\theta}-\theta)^2]=V(\hat{\theta})+(E[\hat{\theta}]-\theta)^2$，つまり$\hat{\theta}$の分散とバイアス（$E[\hat{\theta}]-\theta$）の2乗に分解できます．この分解が正しいことを証明してください．
8. 次の推定量の期待値を求めてください（ただし$E[X_i]=\mu$）．

$$\frac{2}{n(n+1)}\sum_{i=1}^{n}iX_i$$

9. 母集団 (μ, σ^2) から無作為抽出によって，$X_1, X_2, \cdots, X_n$ が得られるとします．μ の推定量として $\sum_{i=1}^{n} w_i X_i$ を考えます（w_i は任意の定数）．(1) この推定量の期待値を求めてください．(2) w_i がどのような制約のもとで，この推定量は不偏性を満たしていますか．(3) 不偏性が満たされて，最も有効（分散が小さい）となる w_i は何でしょうか．

8章　仮説検定

　仮説検定とは，母数について仮説を設定し，その仮説とデータが整合的かどうかを検証する方法です．もし整合的であれば仮説は採択され，矛盾していれば仮説は棄却されます．実は，仮説検定は日常生活の中で数多く行われています（1.5節参照）．たとえば，飛行機では整備ミスなどの問題がなければ死亡事故の確率は低いといわれますが，かりに死亡事故が生じると「整備ミスなどの問題がない」という仮説が誤っていると考え，整備ミスなどの可能性が検証されます．つまり，データと仮説が矛盾するため，その仮説が誤っていると考えるのです．本章では，仮説検定の方法を学んでいきます．

8.1　仮説検定の手順

　仮説検定（hypothesis testing）は，次のような3つの手順で行われます．
　手順1　母数 θ に関して2つの仮説を設定します．**帰無仮説**（null hypothesis）とは検証したい仮説のことで，**対立仮説**（alternative hypothesis）とは帰無仮説が成立しないときの受け皿となる仮説のことです[1]．帰無仮説は H_0 と表し，

$$H_0 : \theta = \theta_0$$

と設定します（θ_0 は分析者がその値を決めます）．たとえば，コインの表が出る確率 θ が0.5かどうかを調べたいときには，$H_0 : \theta = 0.5$ とします（$\theta_0 = 0.5$）．
　これに対して，対立仮説は H_1 と表し，その設定方法は2種類あります．具体的には，

$$H_1 : \theta \neq \theta_0 \quad \text{または} \quad H_1 : \theta < \theta_0 \ (もしくは \ \theta > \theta_0)$$

のどちらかとして対立仮説を設定します．どちらの対立仮説を選ぶかによって，

---

[1]　8.2.3節で詳しく説明しますが，帰無仮説は棄却することに意味があります．検証したい仮説を無に帰すことが目的であるため，検証したい仮説を帰無仮説と呼ぶのです．

仮説検定自体の呼び方が変わります．H_1 を $\theta \neq \theta_0$ とした場合，θ が θ_0 より大きいとき（$\theta > \theta_0$），小さいとき（$\theta < \theta_0$）の両方を含むことから**両側検定**（two-sided test）といいます．これに対して，H_1 を $\theta < \theta_0$（もしくは $\theta > \theta_0$）とした場合，θ_0 より小さい（大きい）ときだけを含むことから**片側検定**（one-sided test）といいます．

　手順2　設定した仮説を検証するため，データから母数 θ の推定量 $\hat{\theta}$ を計算します．母割合の検定なら割合，母平均の検定なら平均の計算です．n が十分大きければ，$\hat{\theta}$ は中心極限定理によって正規分布に従います（n が小さい場合については，9章で説明します）．

　手順3　推定結果が帰無仮説と矛盾しないかを判断します．矛盾しなければ帰無仮説が採択され，矛盾すれば帰無仮説が棄却されて対立仮説が採択されます．次節以降の医薬品会社の事例を通じて，具体的な判断方法を理解していきましょう．

8.2　母平均と母割合の検定

8.2.1　新薬の効果を検証する

　ある医薬品会社はガンに効く新薬の開発に取り組んでいます．マウス実験では，新薬の投与後，腫瘍の縮小がみられました．しかし，人体にもマウスと同じ効果があるとは限らないので，実際に，ガン患者に新薬を投与してその効果を検証する必要があります．

　医薬品会社は，新薬の投与により平均的に腫瘍が縮小するかについて関心を持っています．新薬の投与によって，腫瘍が縮小する平均的な大きさ（ミリ単位）を μ とし，また，その分散を σ^2 とします[2]．新薬の真の効果である μ を検証するため，200人のガン患者へ新薬を投与しました．投与後，腫瘍は平均的に5mmだけ縮小しました（データの平均 $\bar{X} = -5$mm）．効果は患者によって異なり，その標本標準偏差 s は10mmでした．200人への投与の結果，腫瘍は平均で5mm小さくなっていますから，「新薬の効果あり」といえそうです

---

  2)　新薬は全ての人体に同じ効果があるわけではありません．体質などの理由により，その効果が大きい人も小さい人もいます．分散の大小は新薬の効果のばらつきを表します．

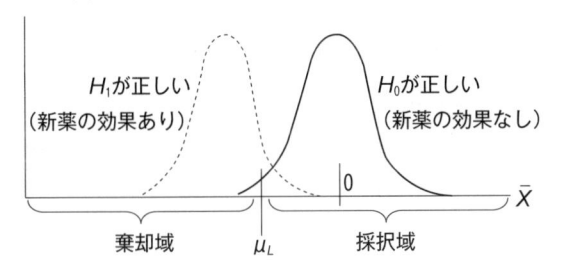

図 8-1　H_0 または H_1 における平均の分布

H_1 が正しい
（新薬の効果あり）

H_0 が正しい
（新薬の効果なし）

棄却域　　μ_L　　採択域　　$\bar{X}$

が，単なる標本変動の可能性も否定できません．そこで，仮説検定によって新薬の効果を検証してみましょう．

仮説は次のとおりです．
$$H_0 : \mu=0, \quad H_1 : \mu<0$$
すなわち，帰無仮説 H_0 は「新薬の効果なし（$\mu=0$）」，対立仮説 H_1 は「新薬の効果あり（$\mu<0$）」です．なお，新薬によって腫瘍は縮小すると考えられるため，H_1 は $\mu<0$ としています（片側検定）．

ここで検定手順 2 と 3 について詳しくみていきます．7 章で学んだように，n が大きければ平均 $\bar{X}$ は正規分布 $N(\mu, \sigma^2/n)$ に従います（図 8-1 参照）．H_0 が正しければ（新薬の効果なし）平均の分布の中心は 0 であり，H_1 が正しければ（新薬の効果あり）分布の中心は 0 より左側にあります．換言すれば，H_0 が正しければ平均は 0 の近傍（そば）で観察されやすく，H_1 が正しければ平均はマイナスの値が観察されやすくなります．

以上から，データの平均 $\bar{X}$ がきわめて小さければ H_1 が正しいと考えるのが自然です．厳密には，下限の値 μ_L を定め，$\bar{X}$ がそれ以下となった場合に $\bar{X}$ はきわめて小さい，つまり H_0 は正しくないと評価します．以上をまとめると，

$\mu_L < \bar{X}$ ならば，帰無仮説 H_0 を採択する

$\bar{X} \leq \mu_L$ ならば，帰無仮説 H_0 を棄却する

となります．なお，H_0 を採択する領域（μ_L より大きい領域）は **採択域**（acceptance region），H_0 を棄却する領域（μ_L 以下の領域）は **棄却域**（rejection region）といいます．

コラム8-1　新薬の効果を測定する

　かつて，天然痘は世界中で不治の病として恐れられていました．しかし，エドワード・ジェンナーが天然痘ワクチンを開発してからは天然痘による死者数は激減しました．このように昔は不治の病とされたものが，新薬の登場により治療が可能になったりします．しかしながら，新薬の人体への効果の見定めは難しく，多くの臨床治験を重ねる必要があることから，開発には莫大な時間と経費がかかります．新薬の開発にあたっては，偽薬（プラシーボ）を用いた臨床治験が重要な役割を果たします．偽薬とは，人体に何の影響もないブドウ糖や乳糖などのことです．人々は薬を投与されると，医者から薬を投与されたという安心感から体調が改善したりします．薬効がなくても，体調が改善される可能性があるのです．このため，新薬が投与された人々だけの分析では，薬の効果と単なる安心感からの改善効果とを識別できず，新薬が投与されたグループと偽薬が投与されたグループを直接比較する必要があります．もし偽薬を投与されたグループより，新薬を投与されたグループの方が薬による改善効果が高ければ，「新薬は効果がある」と評価することができます．

　臨床治験では細心の注意が必要です．バイアスなく評価するためには，患者のグループ分けをランダムに行う必要があります．たとえば，重度の患者を中心に新薬を投与すれば，症状が重度ですから症状が悪化する可能性が高く，新薬の効果を過少評価することになりかねません．また，患者と医師が新薬は本物か偽薬かを知っていれば，効果を正しく測れない可能性があるため，患者だけでなく医師もその薬が本物か偽薬かを知らされません（二重盲検法）．

　新薬の研究開発プロセスは長期にわたり，薬の人体への効果を測るのは，とても時間がかかります．また，新薬開発には，開発期間を長期化させる特有のリスクがあります．たとえば，臨床治験で予想した結果が得られない場合には追加試験が必要となるうえ，患者の参加が予定どおり進まない可能性もあります．さらに，新薬の申請をした後，その審査に時間がかかる可能性もあります．

　我々の生活の中で欠かせない新薬は，統計学を用いた科学的検証によって初めてその効果と安全性を確認できます．統計学なしには新薬の開発はありえないといっても過言ではないでしょう．

8.2.2 棄却域の決定

帰無仮説を棄却する領域すなわち**棄却域**は，どのように決定されるのでしょうか．たとえば，上記でみた新薬の効果を判定する基準を $\mu_L = -1\text{mm}$ と設定すれば，判定基準が甘いため H_0（新薬の効果なし）を棄却しやすくなります．他方，$\mu_L = -100\text{mm}$ と設定すれば，判定基準が厳しくなり H_0（新薬の効果なし）の棄却は難しくなります．

仮説検定の結果には4つの可能性が考えられます（表8-1参照）．望ましい結果は，$H_0(H_1)$ が正しいとき，$H_0(H_1)$ を採択することです．新薬の例でいうと，効果がないときに「効果なし」と判断する場合と，効果があるときに「効果あり」と判断する場合です（表8-1の左上と右下の結果に相当）．これに対して，悪い結果も2つあります．1つは，H_0 が正しいとき H_0 を棄却して H_1 を採択することで，**第1種の過誤**（type I error）といいます．この場合，新薬に効果がないのに，「効果あり」と誤って判断する場合です．もう1つは，H_1 が正しいとき H_0 を採択することで，**第2種の過誤**（type II error）といいます．この場合，新薬に効果があるのに，「効果なし」と誤って判断する場合です．以下では，第1種の過誤が生じる確率を α，第2種の過誤が生じる確率を β と表します．望ましい結果の1つ，H_1 が正しいとき H_0 を棄却して H_1 を採択する確率は $1-\beta$ であり，これをとくに**検定力**（power）と呼びます．

α と β は μ_L に依存して値が変わります．判断基準を厳しく，つまり，μ_L を小さい値に設定したとします．図8-2では，このときの α と β をそれぞれ図示しています．α は，H_0 が正しいときに H_0 を棄却する確率ですから，H_0 が正しいときの分布のもとで棄却域に入る確率（薄く塗った領域）です．β は，H_1 が正しいときに H_0 を採択する確率ですから，H_1 が正しいときの分布のもとで採択域に入る確率（濃く塗った領域）です．判断基準が厳しい場合には（μ_L が小さい），効果のない薬を「効果あり」と誤って判断し難くなりますが（α は小さくなる），逆に，効果のある薬を「効果なし」と誤って判断しやすくなります（β は大きくなる）．

図8-3では，判断基準を甘く，つまり μ_L を大きい値（0に近い値）に設定しています．判断基準が甘いので，効果のない薬を「効果あり」と判断しやす

表8-1 仮説検定における4つの結果

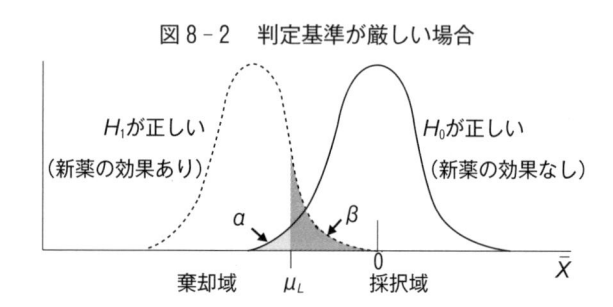

		検定結果	
		H_0を採択 (新薬の効果なし)	H_1を採択 (新薬の効果あり)
本当の状態	H_0が正しい (新薬の効果なし)	正しい判定 確率:$1-\alpha$	第1種の過誤 確率:α
	H_1が正しい (新薬の効果あり)	第2種の過誤 確率:β	正しい判定 確率:$1-\beta$

図8-2 判定基準が厳しい場合

くなりますが(αは大きくなる)，逆に，効果のある薬を「効果なし」と誤って判断し難くなります(βは小さくなる)．以上から，αとβはμ_Lに依存するだけではなく，トレードオフの関係にあることが分かります．

仮説検定では，事前にαが小さくなるようにμ_Lを決定します．つまり，効果のない新薬を「効果あり」と判断する確率(α)が小さくなるようにμ_Lを決定するということです．良い新薬を「効果なし」と判断する確率は高くなりますが(βは大きくなる)，それよりもダメな新薬が人体に与える悪影響を重視するためです．αはとくに**有意水準**(significance level)と呼ばれ，1%，5%，10%などの低い水準に設定されます[3]．αをどの水準に設定するかは，分析者が状況を考慮して決定します[4]．そして，分析者がαを低い水準に設定した後，そのαを満たすようにμ_Lが決定されます．

---

[3] 有意水準を高くすると，第1種の誤りを犯す危険を高めます．この意味から有意水準は**危険率**とも呼ばれます．

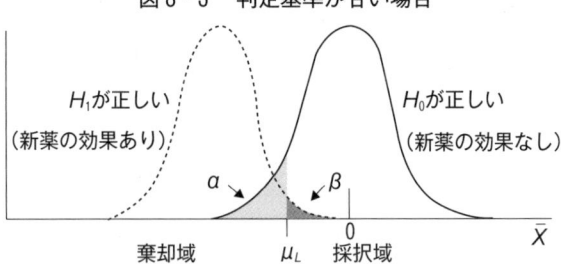

図8-3 判定基準が甘い場合

α は H_0 が正しいとき H_0 を誤って棄却する確率でした．この場合，H_0 が正しいとき平均 $\bar{X}$ が μ_L を下回る確率が α となるため，H_0 が正しいもとで μ_L は
$$P\{\bar{X} \leq \mu_L\} = \alpha$$
を満たすように決定されます[5]．たとえば，有意水準を5％とすると ($\alpha=0.05$)，$P\{\bar{X} \leq \mu_L\}=0.05$ を満たすように μ_L が決定されます．

n が十分に大きいと，中心極限定理から $\bar{X} \sim N(\mu, \sigma^2/n)$ となります．また，s^2 は高い精度で σ^2 を推定できているので，σ^2 を s^2 で置き換えることもできます．8.2.1節の例では，$s=10$，$n=200$ でした．このとき，H_0 が正しければ，
$$\bar{X} \sim N\left(0, \frac{10^2}{200}\right)$$
が成立します（H_0 が正しいので $\mu=0$ としました）．そして $\bar{X}$ を標準化，つまり期待値 0 を引いてから標準誤差 $\sqrt{10^2/200}$ で割ると
$$\frac{\bar{X}-0}{\sqrt{10^2/200}} \sim N(0,1)$$

---

[4] 新薬の開発では，効果のない薬を「効果あり」と誤って判断（第1種の過誤）することがないよう，有意水準 α を低く設定すべきでしょう．人間ドックなどの簡易検査では，帰無仮説は「体調に問題なし」，対立仮説は「問題あり」としており，有意水準 α はあまり低く設定すべきではありません．これは問題があるのに「問題なし」と判断（第2種の過誤）してしまうと，その病気が進行してしまうリスクが大きいためです．逆に，問題がないのに「問題あり」と判断（第1種の過誤）しても，精密検査の時間と費用が無駄になるだけです．

[5] H_0 が正しいもとで μ_L は $P\{\mu_L < \bar{X}\}=1-\alpha$ を満たすように決定されるともいえます．

であり，標準正規確率変数が -1.645 を下回る確率は 5％ですから[6]，

$$0.05 = P\left\{\frac{\bar{X}-0}{\sqrt{10^2/200}} < -1.645\right\}$$

$$= P\left\{\bar{X} < -1.645 \times \sqrt{\frac{10^2}{200}}\right\}$$

が成立します．上式は $\mu_L = -1.645 \times \sqrt{10^2/200} = -1.163$ を意味します．

以上から，平均 $\bar{X}$ が -1.163 を下回れば H_0 は棄却され，$\bar{X}$ が -1.163 を上回れば H_0 が採択されます．実際，$\bar{X} = -5$ mm と（8.2.1節参照），-1.163 mm より小さいので H_0（新薬の効果なし）は有意水準 5％で棄却されます．したがって，この新薬は人体に対して腫瘍を縮小させる効果があるといえそうです．

例1（紅茶の味の違い） 統計学の発展に偉大な貢献をした R・フィッシャー（Ronald Fisher）は，『実験計画法（*The Design of Experiments*）』（1935年）の中で，紅茶の味の違いを確かめる実験を紹介しています（詳しくは参考文献[1]参照）．大学教授たちがアフタヌーンティを楽しんでいたとき，ある婦人は「紅茶にミルクを注ぐのと，ミルクに紅茶を注ぐのでは味が違うのよ（紅茶とミルクの比率は同じ）」と述べました．婦人の主張が正しいかを検証するため，一杯ずつ紅茶をランダムに入れ（50％の確率で「紅茶にミルク」または「ミルクに紅茶」），婦人に違いを言い当ててもらうという実験を行うことにしました．

この実験で婦人は100杯のうち70杯を正しく言い当てたとします．婦人が正しく味の違いを言い当てた割合は $\hat{p} = 70/100 = 0.7$ です（適当にやったときの0.5よりは高い数値です）．この結果から，婦人は味の違いを正しく認識できるといえるでしょうか．ここで仮説は，

$$H_0: p = 0.5, \quad H_1: p > 0.5$$

---

[6] 6.2.2節の例1から，$Z \sim N(0,1)$ なら $P\{Z < 1.645\} = 0.95$ です．確率の和は1であることから，$P\{1.645 < Z\} = 0.05$ です．標準正規分布は0を中心に左右対称ですから，$P\{Z < -1.645\} = 0.05$ となります．

とします．つまり，帰無仮説 H_0 は「婦人は味の違いを認識できない」，対立仮説 H_1 は「夫人は味の違いを認識できる」です．

H_0 が正しければ $\hat{p}$ は0.5の近傍で観察されやすくなり，H_1 が正しければ $\hat{p}$ は0.5を上回る値が観察されやすくなります．よって，$\hat{p}$ が0.5を大きく上回れば H_1 が正しいと考えるのが自然です．厳密には，上限 p_U を定めて，$\hat{p}$ がそれ以上なら大きすぎる，つまり H_0 が誤っていると判断します．有意水準を5％とすると，H_0 が正しいもとで，

$$P\{p_U \leq \hat{p}\} = 0.05$$

を満たすように，上限 p_U が決定されます．

n が大きい場合，中心極限定理より割合の推定量 $\hat{p}$ は正規分布 $N(p, p(1-p)/n)$ に従います．よって，H_0 が正しければ（$p=0.5$），$\hat{p}$ の分布は以下となります．

$$\hat{p} \sim N\left(0.5, \frac{0.5^2}{100}\right)$$

そして標準化された正規確率変数は標準正規分布に従うことから，

$$0.05 = P\left\{1.645 < \frac{\hat{p} - 0.5}{\sqrt{0.5^2/100}}\right\} = P\left\{0.5 + 1.645 \times \sqrt{\frac{0.5^2}{100}} < \hat{p}\right\}$$

が成立します．上式は $p_U = 0.5 + 1.645 \times \sqrt{0.5^2/100} = 0.582$ を意味します．

以上から，$\hat{p}$ が0.582以上であれば H_0 が棄却されます．$\hat{p}=0.7$ ですから，有意水準5％で H_0 が棄却されます．よって，この婦人は紅茶の味の違いが分かるといえそうです．

8.2.3 帰無仮説の採択の意味

有意水準 α は，帰無仮説 H_0 が正しいにもかかわらず，それを誤って棄却する確率で，事前に低い水準として設定されます．新薬の例でいえば，効果のない薬を誤って人々に提供するリスクを小さくするためです．それに加えて，有意水準を低く設定するのは，H_0 の棄却に大きな意味を持たせるためでもあります．H_0 が正しくても標本変動により対立仮説 H_1 が支持されることがありますが，有意水準を低く設定すれば，標本変動により誤って H_0 が棄却される

ことは極めてまれとなります．換言すれば，有意水準を低く設定することで，H_0の棄却は単なる標本変動の結果ではなく，そもそもH_0が誤りであるという意味のある（有意な）原因から生じている可能性が高くなるのです．H_0が棄却されることを「**有意である**（significant）」，棄却されないことを「**有意ではない**」というのはこのためです．

他方，有意水準αを低く事前に設定することで，βが大きくなる可能性があります．βが大きければ，H_1が正しいのにH_0を誤って採択する可能性が高くなり，H_0の採択が何を意味しているのか（H_0が本当は正しいのか，H_1が本当は正しいのに誤ってH_0が採択されたのか）が分からなくなります．統計学では，H_0が採択されても，H_0とH_1のどちらが正しいかははっきりとは分からないため，「H_0の採択はH_0が正しいことを必ずしも意味しない」と考えています．

R・フィッシャーは，帰無仮説H_0の採択について「ある仮説が扱うことのできる事実に矛盾していないという理由だけで，その仮説の正しさが証明されたと信じるような論理的誤謬(ごびゅう)は，統計的な論拠においても，その他の科学的な論拠においても，受け入れられない」（参考文献[1]135頁）と語っています．また，経済学者のL・サマーズ（Lawrence Summers）も，帰無仮説H_0の採択について，「統計学の授業で学生が何度も注意をうけるように，（帰無）仮説を棄却できないということはその仮説の正しさを意味していない」と述べています（コラム8-2参照）[7]．

8.2.4 仮説の設定方法

仮説検定では，分析者が帰無仮説H_0と対立仮説H_1をそれぞれ設定します．先の新薬の例を用いて，仮説をどのように設定すれば良いのかを学んでいきましょう．

新薬の例では，新薬の投与によって腫瘍が縮小する平均的な大きさをμとし，仮説はそれぞれ

$$H_0 : \mu=0, \quad H_1 : \mu<0$$

---

7) Summers, L. (1986), "Does the stock market rationally reflect fundamental values?" *Journal of Finance* 41, 591-601.

コラム 8-2　間違った陰性反応

　ドーピング検査とは，スポーツ選手が競技で好成績をあげるため，ステロイドなどの薬物を服用したかどうかを調べる検査です．具体的には，採取した尿などから薬物が検出されるかを調べます．この場合の帰無仮説 H_0 は「薬物を服用していない（陰性）」，対立仮説 H_1 は「薬物を服用している（陽性）」となります．検査で薬物が少し検出されても，体質や体調が原因で偶然に検出された可能性もあります．よって，薬物がある上限値を超えて検出された場合のみ，薬物を服用していたと判断します．誤った陽性の判断は選手生命に深刻な影響を与えるため，上限値はかなり高めに設定されるようです．つまり，本当は陰性であっても陽性と誤った判断をしてしまう確率（α）をとても低く設定しており，本当は陽性なのに誤って陰性と判断される確率（β）は高くなっている可能性があります．

　ファング『ヤバい統計学』（参考文献[5]）の中では，陸上女子短距離のスターであるマリオン・ジョーンズの話が紹介されています．彼女は2000年のシドニー五輪では金メダルを3個も受賞しました．また，約160回のドーピング検査で全て陰性と判断されていました．しかし，砲丸投選手であった彼女の元夫は，マリオンが薬物を使用していたことを示唆していました．また，BALCO（禁止薬物をスポーツ選手に提供したとされる栄養補助食品会社）のコンテ会長も「彼女は2000年の五輪の前も最中も後もドーピングをしており，彼女は私が座っている隣で注射をした……腹部への注射を嫌がり，……大腿四頭筋に注射をした」と語っていましたが，この疑惑に対し，彼女は「私は常にはっきりと主張してきました．筋肉増強剤の使用には反対です．私は一度も使ったことがないし，これからも使わない」と反論していました．しかし，2006年8月，彼女は検査により陽性反応が検出されました．その後も彼女は潔白を主張しましたが，2007年には偽証罪に問われ，法廷で薬物依存を認めました．

　繰り返しになりますが，検査の陰性反応に，大きな意味を見出すべきではありません．検査で陰性という帰無仮説 H_0 が採択されても，それは陽性であるとも陰性であるとも，はっきりとは断定できないのです．

としました。帰無仮説 H_0 は「新薬の効果なし ($\mu=0$)」，対立仮説 H_1 は「新薬の効果あり ($\mu<0$)」です。この仮説の設定では，H_0 の棄却は「新薬の効果がある ($\mu<0$)」ことを意味していました。

では，なぜ H_0 と H_1 をひっくり返して

$$H_0 : \mu<0, \quad H_1 : \mu=0$$

としないのでしょうか。その理由は2つあります。第1は，統計学では H_0 の採択はあまり意味を持たないからです。$H_0 : \mu<0$ が採択されても，そこから「新薬の効果あり ($\mu<0$)」と結論づけることはできません (8.2.3節参照)。第2は，H_0 は推論を展開しやすい形にすべきだからです。H_0 が点 ($H_0 : \mu=\mu_0$) で設定されていれば (新薬の例では $\mu_0=0$)，H_0 が正しいもとで平均は μ_0 を中心とした正規分布に従います。したがって，平均を標準化 (μ_0 を引いて標準誤差で割る) したものは標準正規分布に従います。しかし，H_0 が区間 ($H_0 : \mu<0$) で設定されると，平均を標準化する際に用いる μ の値が定まりません。推論を容易にするには，H_0 は区間でなく点で設定することが適切といえます。

読者の中には，仮説を

$$H_0 : \mu \geq 0, \quad H_1 : \mu<0$$

とすべきと思われた方もいるでしょう。H_0 は，「腫瘍が大きくなることも含めて新薬の改善効果がない」ということです。たしかに，こうすれば H_0 の棄却は，「新薬の効果がある ($\mu<0$)」ことを意味します。しかし，H_0 は区間で設定されており，H_0 が正しいもとでの推論の展開が容易ではありません。換言すると，H_0 が正しいもとで，平均がどのような分布になるかは分からず，平均を標準化するとき，どの μ の値を用いればよいか分かりません。このため，$\mu \geq 0$ の中で最も H_0 を棄却しにくい状況，つまり $\mu=0$ と設定して，それでも $\mu=0$ が棄却されるなら「新薬の効果がある ($\mu<0$)」とみなします。これが，$H_0 : \mu \geq 0$ ではなく $H_0 : \mu=0$ とした理由です。

以上をまとめると，仮説の設定では次の2点が重要となります。第1は，帰無仮説 H_0 は「棄却することを目的に設定すること」です。したがって，対立仮説 H_1 が「あなたが本当に主張したいこと」となります。第2は，帰無仮説 H_0 は区間ではなく点で設定することです。これらを注意すれば，帰無仮説

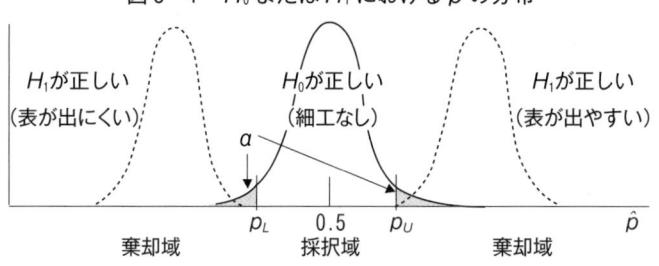

図8-4　H_0またはH_1における$\hat{p}$の分布

H_0と対立仮説H_1の設定を正しく行うことができるはずです．以下では，さまざまな仮説検定を紹介しますが，上記2点に留意して読みすすめてください．

8.2.5 両側検定

　細工の疑いのあるコインがあるとします．細工の有無を調べるため，このコインの表が出る確率が0.5かどうかをチェックします．仮説は

$$H_0: p=0.5, \quad H_1: p \neq 0.5$$

です．帰無仮説H_0は表の確率pが0.5で，対立仮説H_1は表の確率pが0.5ではないとします．コインは細工された疑いがあるので，H_1を$p\neq 0.5$としています（表と裏のどちらが出やすいか分からないので両側検定とします）[8]．仮説の真偽を確かめるため，コインを100回投げたところ，60回も表が出ました．この結果からコインに細工がなされていると判断することは可能でしょうか．

　nが十分に大きければ，割合の推定量$\hat{p}$は正規分布$N(p, p(1-p)/n)$に従います．$H_0: p=0.5$が正しければ，分布の中心は0.5で（図8-4参照），$H_1: p\neq 0.5$が正しければ，分布の中心は0.5の外側にあります（左側か右側かは分かりません）．換言すれば，H_0が正しければ$\hat{p}$は0.5に近い値をとることが多く，H_1が正しいなら$\hat{p}$は0.5より小さい（もしくは大きい）値をとることが多くなります．よって，$\hat{p}$が0.5に近い値であればH_0が正しいと考え，

---

[8] もし表が出やすいと考えれば$H_1: p>0.5$とし，表が出にくいと考えれば$H_1: p<0.5$とします．対立仮説の設定は，分析者がどの対立仮説をもっともらしいと考えるかによって変わります．

逆に，$\hat{p}$ が0.5から大きく乖離したら（下限 p_L 以下，または上限 p_U 以上），H_1 が正しいと考えられます．

仮説検定では，$\hat{p}$ が区間 (p_L, p_U) 内で観察されたら H_0 を採択し，区間外であれば H_0 を棄却します．以上をまとめると，次のとおりです．

$$p_L < \hat{p} < p_U \text{ ならば，帰無仮説 } H_0 \text{ を採択する}$$
$$\hat{p} \leq p_L \text{ または } p_U \leq \hat{p} \text{ ならば，帰無仮説 } H_0 \text{ を棄却する}$$

ここで H_0 が正しいとき，$\hat{p}$ が区間 (p_L, p_U) の外にある確率が α となるよう，p_L と p_U を決定します（図8-4で，α は薄く塗りつぶした領域）．換言すると，H_0 が正しければ，$\hat{p}$ が区間 (p_L, p_U) 内にある確率が $1-\alpha$ となるよう，p_L と p_U を決定します．すなわち，

$$P\{p_L < \hat{p} < p_U\} = 1-\alpha$$

とします．たとえば，有意水準5％なら（$\alpha=0.05$），$P\{p_L < \hat{p} < p_U\} = 0.95$ を満たすような p_L と p_U です．

n は100と十分に大きいので，H_0 のもとで（$p=0.5$），

$$\hat{p} \sim N\left(0.5, \frac{0.5^2}{100}\right)$$

となります．$\hat{p}$ を標準化すると標準正規分布に従うことから（標準誤差は $\sqrt{0.5^2/100} = 0.05$），

$$0.95 = P\left\{-1.96 < \frac{\hat{p}-0.5}{0.05} < 1.96\right\}$$
$$= P\{0.5 - 1.96 \times 0.05 < \hat{p} < 0.5 + 1.96 \times 0.05\}$$

が成立します．

以上から，下限は $p_L = 0.5 - 1.96 \times 0.05 = 0.402$，上限は $p_U = 0.5 + 1.96 \times 0.05 = 0.598$ となります．よって，$0.402 < \hat{p} < 0.598$ であれば H_0 を採択し，その範囲外であれば H_0 を棄却して H_1 を採択します．上記の実験の結果は $\hat{p} = 0.6$ でしたから，有意水準5％で H_0 は棄却されます．したがって，このコインは細工がなされているといえそうです．

例1（中国のGDP） 中国におけるGDPの成長は目覚ましく，現在では日本を抜いて世界第2位となり，近い将来には米国のGDPを抜くともいわれてい

コラム8-3 ベンフォードの法則

世の中は数字であふれていますが,どの数字も1桁目は1から9で始まります(ただし1以上の数字に限る).たとえば,2006年の日本の人口は1億2705万人ですから1から始まる数字です.ベンフォードの法則(Benford's law)は,「我々の日常にあふれている数字の約30%は1から始まる」と主張しています.この法則を,正確にまとめたものが表8-2です.たとえば,1から始まる数字は全体の30.1%,2から始まる数字は全体の17.6%を占めます.これはどんな数字にも成立する法則というわけではなく,法則が成立するための条件として数字が大きく動く必要があります.

たとえば,現在のGDPを1兆円とし,年率5%で成長するとします(図8-5は50年分を図示).GDPは1年後に$1\times1.05=1.05$,2年後に$1\times1.05^2=1.10$となります.計算を続けると,1桁目が2となるのは15年後,1桁目が3となるのは23年後です.そして,43年後に8,46年後に9,48年後に10となります.1桁目が小さい数字なら,次の数字に変わるのに長い時間が必要となります.この計算を1000年分行うと,1桁目が1なのは全体の30.7%,2は全体の

表8-2 ベンフォードの法則

	1	2	3	4	5	6	7	8	9
Benford	30.1%	17.6%	12.5%	9.7%	7.9%	6.7%	5.8%	5.1%	4.6%

図8-5 成長率5%

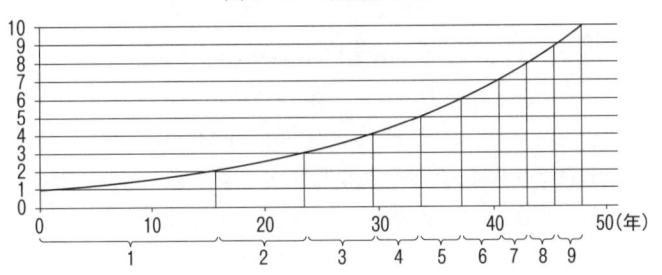

17.6％です．まさに，ベンフォードの法則が成立します．

　この法則は，データの信頼性を調べるうえで有用です．たとえば，財務データを捏造していれば，そのデータは法則を満たしていない可能性があります．ムロディナウ『たまたま』（参考文献[3]）の中で，この法則はビル・クリントンの所得税申告書を調べるために用いられたことが紹介されています．

ます．その反面，中国データの信頼性を疑問視する声もあります．野口悠紀雄氏は，「中国では，きわめてプリミティブな方法で推計が行なわれている．中国のGDP統計のシステムは，社会主義経済時代のものから大きく変わっているとは言えない」（「未曾有の経済危機を読む」『週刊ダイヤモンド』2009年7月11日号）と述べています．

　中国のGDPについて，データに誤りがないかを調べてみましょう．ここではデータが1から始まる確率pに注目して仮説検定を行います．仮説は

$$H_0 : p=0.301, \quad H_1 : p \neq 0.301$$

です．帰無仮説H_0は「ベンフォードの法則が成立している（$p=0.301$）」，対立仮説H_1は「同法則が成立していない（$p \neq 0.301$）」です．pの0.301との大小関係は分からないので両側検定としています．1978～2008年の30年分のGDPデータを調べると，10年分のデータが1から始まっていました（$\hat{p}=10/30=1/3$）．この結果は，中国のGDPデータに誤りがないことを意味するのでしょうか．

　中心極限定理より，H_0のもとで，

$$\hat{p} \sim N\left(0.301, \frac{0.301 \times 0.699}{30}\right)$$

となります．標準誤差は$\sqrt{0.301 \times 0.699/30}=0.084$ですから，$0.95=P\{0.301-1.96 \times 0.084 < \hat{p} < 0.301+1.96 \times 0.084\}$が成立します．以上から，有意水準5％のとき下限は$p_L=0.301-1.96 \times 0.084=0.136$，上限は$p_U=0.301+1.96 \times 0.084=0.465$となります．よって，$\hat{p}$が$0.136<\hat{p}<0.465$なら$H_0$を採択し，$\hat{p}$がその範囲外なら$H_0$を棄却します．$\hat{p}=1/3$でしたから，有意水準5％で$H_0$は採択されます．この結果からは，中国のGDPデータに

は誤りがないといえそうです.

　もっとも,この結果には注意が必要です.データの信頼性を確認するには,多くのデータが必要ですが,今回の検定では,残念ながら30年分のデータしか入手できませんでした.加えて,そもそも H_0（法則が成立している）が採択されても,H_0は正しいことが証明されたわけではありません（H_0採択の意味は8.2.3節を参照).

8.3 差の検定

　仮説検定では,2つの母集団の間の「母数の差の有無」を検定することもできます.男女間で内閣支持率に違いがあるかを考えてみましょう.母集団1を男性,母集団2を女性とし,それぞれ真の内閣支持率を p_1 と p_2 とし,サンプルサイズを n_1 と n_2 とします.男女間での内閣支持率の違いを調べるため,各母集団から200人ずつ聞取り調査をして ($n_1=n_2=200$),内閣支持率を調べた結果,男性のグループでは152人,女性のグループでは132人が内閣を支持していたとします.各支持率は $\hat{p}_1=152/200=0.76$,$\hat{p}_2=132/200=0.66$ となります.以上の結果を前提に,「男女間で内閣支持率に差はない」といえるかを考えてみましょう.

　ここで仮説は,
$$H_0 : p_1 - p_2 = 0, \quad H_1 : p_1 - p_2 \neq 0$$
となります.これは,帰無仮説 H_0 は「男女間で内閣支持率に差がない」,対立仮説 H_1 は「男女間で内閣支持率に差がある」ということです.

　中心極限定理より,$\hat{p}_1$ と $\hat{p}_2$ はそれぞれ正規分布に従いますから
$$\hat{p}_1 \sim N\left(p_1, \frac{p_1(1-p_1)}{n_1}\right), \quad \hat{p}_2 \sim N\left(p_2, \frac{p_2(1-p_2)}{n_2}\right)$$
が成立します.$\hat{p}_1$ と $\hat{p}_2$ は正規分布に従うので,その線形結合 $\hat{p}_1 - \hat{p}_2$ も正規分布に従います（6.2.4節参照).
$$\hat{p}_1 - \hat{p}_2 \sim N\left(p_1 - p_2, \frac{p_1(1-p_1)}{n_1} + \frac{p_2(1-p_2)}{n_2}\right)$$
上記において,差の期待値は両者の期待値の差としています（5.4.2節参照).

また，各グループから別々に抽出されているので，$\hat{p}_1$ と $\hat{p}_2$ は互いに独立であり，差の分散は両者の分散の和となります（5.4.3節参照）。

ここで $H_0: p_1-p_2=0$ が正しければ，$\hat{p}_1-\hat{p}_2$ の分布の中心は 0 となります。これに対して，$H_1: p_1-p_2 \neq 0$ が正しければ，分布の中心は 0 の外側になります（左側か右側かは分かりません）。換言すれば，H_0 が正しければ，$\hat{p}_1-\hat{p}_2$ は 0 に近い値をとることが多く，H_1 が正しいなら $\hat{p}_1-\hat{p}_2$ は 0 より小さい（もしくは大きい）値をとることが多くなります。よって，$\hat{p}_1-\hat{p}_2$ が 0 に近い値であれば H_0 が正しく，逆に，$\hat{p}_1-\hat{p}_2$ が 0 から大きく乖離したら H_1 が正しいと考えられます。

なお，$H_0: p_1-p_2=0$ より，$p=p_1=p_2$ とすれば

$$\hat{p}_1-\hat{p}_2 \sim N\left(0, p(1-p)\left(\frac{1}{n_1}+\frac{1}{n_2}\right)\right)$$

が成立します[9]。ここでは有意水準を 5％として棄却域を求めます。$\hat{p}_1-\hat{p}_2$ を標準化すると標準正規分布に従うことから，H_0 が正しいもとで

$$0.95=P\left\{-1.96<(\hat{p}_1-\hat{p}_2)/\sqrt{p(1-p)\left(\frac{1}{n_1}+\frac{1}{n_2}\right)}<1.96\right\}$$

$$=P\left\{-1.96\sqrt{p(1-p)\left(\frac{1}{n_1}+\frac{1}{n_2}\right)}<\hat{p}_1-\hat{p}_2<1.96\sqrt{p(1-p)\left(\frac{1}{n_1}+\frac{1}{n_2}\right)}\right\}$$

となります。H_0 が正しいとき，男女間で支持率の差はないので男女全体の情報を用いて p を推定します。男女全体の支持率は $\hat{p}=(152+132)/(200+200)=0.71$ と計算できます。$\hat{p}$ は p を正確に推定しており，標準誤差の計算において p を $\hat{p}=0.71$ で置き換えてもかまいません。したがって，$\hat{p}_1-\hat{p}_2$ の標準誤差は，

$$\sqrt{0.71\times 0.29 \times\left(\frac{1}{200}+\frac{1}{200}\right)}=0.0454$$

となります。したがって，H_0 が正しいもとで

---

[9] $p=p_1=p_2$ とすると，$\hat{p}_1-\hat{p}_2$ の分散は以下のようになります。

$$\frac{p(1-p)}{n_1}+\frac{p(1-p)}{n_2}=p(1-p)\left(\frac{1}{n_1}+\frac{1}{n_2}\right)$$

$$P\{-1.96\times 0.0454 < \hat{p}_1 - \hat{p}_2 < 1.96\times 0.0454\} = 0.95$$

が成立します.これは H_0 が正しいもとで,$|\hat{p}_1 - \hat{p}_2| > 1.96\times 0.0454 = 0.0889$ となる確率は5%であることを意味します.

以上から,$|\hat{p}_1 - \hat{p}_2| > 0.0889$ のとき,H_0 が棄却され,H_1 が採択されます.実際には,$\hat{p}_1 - \hat{p}_2 = 0.76 - 0.66 = 0.10$ ですから,「男女間で内閣支持率に差はない」という帰無仮説 H_0 は棄却されます.その結果,男女間で内閣支持率に差はあるといえそうです.

例1(偽薬を使った新薬の検証) ある医薬品会社がガンに効くと思われる新薬を開発しました.この会社は新薬の効果を検証したいと考えています.新薬の有効性は,偽薬を上回る効果が新薬にあるかどうかで測られます(コラム8−1参照).ここで新薬により変化する腫瘍の平均的な大きさを μ_1,その分散を σ_1^2 とします.また,偽薬により変化する腫瘍の平均的な大きさを μ_2,その分散を σ_2^2 とします.検証したい仮説は,両方の母平均が等しいかどうかです.

$$H_0: \mu_1 - \mu_2 = 0, \quad H_1: \mu_1 - \mu_2 < 0$$

つまり,帰無仮説 H_0 は「新薬も偽薬も同じ効果を持つ」,対立仮説 H_1 は「新薬が偽薬よりも効果を持つ」となります.新薬は偽薬より腫瘍を縮小させる効果があるという考えから,H_1 を $\mu_1 - \mu_2 < 0$ としています(片側検定)[10].帰無仮説 H_0 が採択されれば「新薬の効果はない」といえ,帰無仮説 H_0 が棄却されれば「新薬の効果はある」といえます.

患者300人を無作為に2グループに分けて,それぞれに新薬と偽薬を投与したとします.新薬のグループは200人,偽薬のグループは100人です($n_1 = 200$, $n_2 = 100$).投薬から1カ月後に腫瘍を測定したところ,新薬のグループは腫瘍が平均5mm減少し($\bar{X}_1 = -5$),標本標準偏差は10mmでした($s_1 = 10$).また,偽薬のグループは腫瘍が平均2mm減少し($\bar{X}_2 = -2$),標本標準偏差は12mmでした($s_2 = 12$).両グループの差は,$-5 - (-2) = -3$ mm です($\bar{X}_1 - \bar{X}_2 = -3$).新薬のグループでは5mmも腫瘍を減少させましたが,偽薬のグループも2mm減少しており,純粋な薬の効果は3mmと推定されます.

---

[10] 効果のある薬ほど腫瘍は小さくなるはずです.したがって,新薬の方が偽薬よりも効果があれば $\mu_1 < \mu_2$ となります($\mu_1 - \mu_2 < 0$).

コラム 8-4　出口調査について

　出口調査とは，選挙当日，投票を終えた有権者に投票先などを質問する調査です．福田昌史「出口調査の方法と課題」（『行動計量学』35(1)，2008年）に，出口調査の詳細な解説があります．ここで，その内容を簡単に紹介します．

　出口調査の目的は，(1)当落判定や議席予測，(2)投票行動の分析にあります．当落判定が早期に分かれば他番組に先行して正確な報道ができるうえ，政党や候補者の勝因・敗因など，選挙を事後的に分析するための有用な情報を得ることができます．出口調査で用いられる調査票には，「性別」，「年齢」，「投票先」，「支持政党」，「前回選挙の投票先」，「重視する政策」，「取り組んでほしい課題」，「現職の評価」などに関する質問が掲載されています．実際には，無作為に選ばれた投票所で，1人の調査員が1つの投票所を担当して，投票日の午前8時から午後6時まで調査を行っています．調査員は投票所から出てくる有権者の人数を数え，一定の間隔で協力を依頼します．この際，投票所の出口から離れるほど回答率が低くなるので，できるだけ出口の近くで調査が行われます．

　出口調査は有用な情報を提供しますが，その情報にはバイアスが含まれている可能性があります．回答者は必ずしも協力的ではなく，回答者が女性や老人であるほど回答率は低くなります．また，意図的にウソをついて，報道機関を混乱させようという人もいるかもしれません．それ以外に期日前投票の影響もあります．2007年の参議院選挙では，期日前投票は1000万人を超えていました．もちろん，期日前と当日で投票行動が同じなら，期日前投票をとくに考慮する必要はありません．しかし，期日前投票は組織票の占める割合が高いといわれます．たとえば，2002年の岡山県新見市議選では，全体では5位であった公明党候補者が不在者投票分だけでは1位でした．このような経験からすると，期日前投票を考慮しないと，組織票のある候補者への投票率を低めに見積もってしまう可能性があるといえます．

　出口調査は，当落判定や投票行動を知ることができる有用な調査です．しかし，出口調査も上述したようなクセがあり，情報を鵜呑みにするのではなく，クセを理解したうえで情報に接することが必要であるといえるでしょう．

この差が単なる標本変動なのか，新薬の効果なのかを検証する必要があります．中心極限定理より，

$$\bar{X}_1 \sim N\left(\mu_1, \frac{\sigma_1^2}{n_1}\right), \quad \bar{X}_2 \sim N\left(\mu_2, \frac{\sigma_2^2}{n_2}\right)$$

が成立するので，その線形結合 $\bar{X}_1 - \bar{X}_2$ も正規分布に従います．

$$\bar{X}_1 - \bar{X}_2 \sim N\left(\mu_1 - \mu_2, \frac{\sigma_1^2}{n_1} + \frac{\sigma_2^2}{n_2}\right)$$

上記において，差の期待値は両者の期待値の差としています（5.4.2節参照）．また，別々に抽出されているので，$\bar{X}_1$ と $\bar{X}_2$ は互いに独立であり，差の分散は両者の分散の和となります（5.4.3節参照）．

$H_0: \mu_1 - \mu_2 = 0$ が正しければ $\bar{X}_1 - \bar{X}_2$ の分布の中心は0となり，$H_1: \mu_1 - \mu_2 < 0$ が正しければ分布の中心は0の左側となります．換言すれば，H_0 が正しければ $\bar{X}_1 - \bar{X}_2$ は0に近い値をとることが多く，H_1 が正しければ $\bar{X}_1 - \bar{X}_2$ は0より小さい値をとることが多くなります．したがって，$\bar{X}_1 - \bar{X}_2$ が0よりかなり小さな値をとった場合には H_0 を棄却するのが自然です．

有意水準5％として仮説検定を行います．$H_0: \mu_1 - \mu_2 = 0$ が正しいもとで

$$\bar{X}_1 - \bar{X}_2 \sim N\left(0, \frac{\sigma_1^2}{n_1} + \frac{\sigma_2^2}{n_2}\right)$$

となります．n_1 と n_2 は十分に大きいので，σ_1^2 と σ_2^2 は標本分散 s_1^2 と s_2^2 で置き換えることができます．平均の差を標準化すると標準正規分布に従うため，

$$0.95 = P\left\{-1.645 < (\bar{X}_1 - \bar{X}_2) / \sqrt{\frac{10^2}{200} + \frac{12^2}{100}}\right\}$$

$$= P\left\{-1.645 \times \sqrt{\frac{10^2}{200} + \frac{12^2}{100}} < \bar{X}_1 - \bar{X}_2\right\}$$

が成立します．ここで標準誤差は $\sqrt{10^2/200 + 12^2/100} = 1.393$ ですから，$-1.645 \times 1.393 = -2.291 < \bar{X}_1 - \bar{X}_2$ なら H_0 を採択し，$\bar{X}_1 - \bar{X}_2 \leq -2.291$ なら H_0 を棄却します．実際には，$\bar{X}_1 - \bar{X}_2 = -3$ ですから，有意水準5％で H_0 が棄却されます．以上より，新薬は偽薬に比べて効果を持っているといえそうです[11]．

例2（少人数教育の効果） 少人数教育は生徒のパフォーマンス（成績など）によい影響を与えるのでしょうか．実は，少人数教育の効果を調べるのは容易ではありません．たとえば，少人数教育を採用している私立小学校の生徒のパフォーマンスが高かったとしましょう．しかし，そもそも私立小学校に入る生徒は優秀であれば，それが生徒のパフォーマンスが高い原因となる可能性もあります．少人数教育の効果を調べるためには，生徒を少人数クラスと通常クラスにランダムに割り振って，彼らのパフォーマンスを比較する社会実験を行う必要があります[12]．

生徒たちをランダムに割り振った後，1年後の数学共通試験の結果で，生徒の成績を測るとします．少人数クラスの試験結果の母平均を μ_1，母分散を σ_1^2 とします．また，通常クラスは，母平均を μ_2，母分散を σ_2^2 とします．検証したい仮説は，両方の母平均が等しいかどうかです．

$$H_0: \mu_1-\mu_2=0, \quad H_1: \mu_1-\mu_2>0$$

帰無仮説 H_0 は「少人数教育も通常教育も同じ効果を持つ」，対立仮説 H_1 は

---

11) 新薬と偽薬の効果の分散は同じ（$\sigma^2=\sigma_1^2=\sigma_2^2$）と仮定すると，差の分散は

$$\frac{\sigma^2}{n_1}+\frac{\sigma^2}{n_2}=\left(\frac{1}{n_1}+\frac{1}{n_2}\right)\sigma^2$$

となります．分散 σ^2 は，全てのデータを用いて次のように推定できます．

$$s^2=\frac{1}{n_1+n_2-2}\left(\sum_{i=1}^{n_1}(X_{1i}-\bar{X}_1)^2+\sum_{i=1}^{n_2}(X_{2i}-\bar{X}_2)^2\right)=\frac{1}{n_1+n_2-2}((n_1-1)s_1^2+(n_2-1)s_2^2)$$

平均を別々に計算しているため，偏差2乗和は n_1+n_2-2 で割られています．以上から，差の分散は以下として推定できます．

$$\left(\frac{1}{n_1}+\frac{1}{n_2}\right)\frac{1}{n_1+n_2-2}((n_1-1)s_1^2+(n_2-1)s_2^2)=\left(\frac{n_1+n_2}{n_1n_2}\right)\frac{1}{n_1+n_2-2}((n_1-1)s_1^2+(n_2-1)s_2^2)$$

$$=\frac{n_1+n_2}{n_1n_2(n_1+n_2-2)}((n_1-1)s_1^2+(n_2-1)s_2^2)$$

12) 米国では，少人数教育の効果を測る社会実験が行われました（Tennessee STAR experiment）．1985～86年に幼稚園入学直前の1万1600人を，ランダムに3グループに割り振って，4年間にわたり追跡調査しました（費用は4年間で12億ドル）．各グループは，①少人数クラス：13～17人のクラス，②通常クラス：22～25人のクラス（パートタイムの補助付き），③補助付き通常クラス：22～25人のクラス（正規教員の補助付き）でした．このデータを分析した結果，少人数教育は生徒のパフォーマンスを向上させる効果が確認されました．

「少人数教育が通常教育よりも高い教育効果を持つ」とします．少人数教育は高い教育効果があると考えられていますから $\mu_1-\mu_2>0$ とします[13]．帰無仮説 H_0 が採択されれば「少人数教育の効果はない」といえますし，帰無仮説 H_0 が棄却されれば「少人数教育は教育効果がある」といえます．

政府は少人数教育の効果を測るため，無作為に生徒200人を選び，かつ2つのグループにランダムに分け，一方に少人数教育を実施し，もう一方に通常教育を行うこととします．各グループは100人ずつとします（$n_1=100$, $n_2=100$）．そして，1年後に数学共通試験を実施したところ，少人数教育のグループは平均80点，標本標準偏差10点であり，通常教育のグループは平均70点，標本標準偏差20点という結果になったとします．平均の差は10点もあり，少人数教育の効果がありそうですが，10点という差は単なる標本変動である可能性もあります．

この結果について，有意水準5％とする仮説検定を行います．平均の差を標準化すると標準正規分布に従うので，H_0 が正しいとき，

$$0.95 = P\left\{(\bar{X}_1-\bar{X}_2)/\sqrt{\frac{10^2}{100}+\frac{20^2}{100}} < 1.645\right\}$$

$$= P\left\{\bar{X}_1-\bar{X}_2 < 1.645 \times \sqrt{\frac{10^2}{100}+\frac{20^2}{100}}\right\}$$

となります．ここで標準誤差は $\sqrt{10^2/100+20^2/100}=2.236$ ですから，$\bar{X}_1-\bar{X}_2<1.645\times 2.236=3.678$ なら H_0 が採択され，$\bar{X}_1-\bar{X}_2\geq 3.678$ なら H_0 が棄却されます．実際，$\bar{X}_1-\bar{X}_2=10$ですから，有意水準5％で H_0 が棄却されます．以上から，少人数教育は生徒のパフォーマンスによい影響を与えるといえそうです．

---

[13] かりに通常クラスの方が少人数クラスよりパフォーマンスを上げる効果があると考えているなら，$H_1:\mu_1-\mu_2<0$ とします．どちらの方が高くなるか分からなければ，$H_1:\mu_1-\mu_2\neq 0$ とします．

コラム8-5　死の天使

　デブリン／ローデン『数学で犯罪を解決する』（ダイヤモンド社，2008年）の中で，マサチューセッツ州で行われた連続殺人事件が取り上げられています．クリステン・ギルバートは33歳の離婚経験のある女性で，退役軍人医療センターで看護師として勤務していました．彼女は，たびたび患者の心臓発作に真っ先に気付き患者の命を救うこともある優秀な看護師でしたが，一方で同僚から「死の天使」とも呼ばれていました．

　同僚の3人の看護師は，「この病院は心臓発作の死者数が多すぎるのではないか」と感じていました．彼らは「ギルバートが患者に心臓刺激剤を大量に注射して，わざと心臓発作を引き起こした」との疑念をもち，当局に訴えました．調査を依頼されたマサチューセッツ大学のスティーブン・ゲルバック氏は，病棟の死亡者数について詳細な分析を行いました．

　この病院では，看護師の当直は1日3交替（0～8時，8～16時，16～24時）でした．ゲルバックは，「ギルバートの当直期間で患者の死亡率が有意に高いか」を知りたいと考えました．分析期間の当直の総数は1641回あり，そのうちギルバートの当直は計257回でした（つまり，彼女が当直しなかったのは$1641-257=1384$回です）．彼女が当直しなかった期間で患者が死亡した割合は$34/1384=0.0246$であり，当直した期間において患者が死亡した割合は$40/257=0.1556$でした．つまり，彼女が当直すると，患者の死亡割合が6倍以上に跳ね上がるのです．割合の差が有意に異なることは，差の検定をすれば容易に確認できます．ゲルバックの分析を根拠の1つとして，検察局は彼女を連続殺人で起訴しました．

　この事例は犯罪捜査においても，統計学を用いた科学的検証がきわめて有効であることを示す1例といえるでしょう．

練習問題

1. 帰無仮説の採択は何を意味しているでしょうか．
2. 有意水準を小さくする場合，それほど小さくしなくてもよい場合，それぞれ理由とともにあげてください．
3. サイコロを300回投げたところ，そのうち60回で1が出ました．このサイコロに歪みがないかを有意水準5％で検定してください．
4. メンデルの法則によれば，ある種のエンドウを交配させると，3：1の割合で黄色と緑色のエンドウが生じます．ある実験で，200個の黄色と70個の緑色のエンドウが得られました．メンデルの法則が正しいかを有意水準5％で検定してください．
5. ある大学で過去数年間の新入生に行ってきたテストの平均は110，標本標準偏差は15でした．この大学では，今年度の新入生が受けたテスト結果が標準的かどうか知りたいと思っています．今年度の新入生100人のテスト結果は平均120でした．今年度の新入生は例年と同じといえますか．標準偏差は例年と同じだとして，有意水準5％で検定してください．
6. ある時計メーカーは，2種の腕時計の平均寿命（日数）を50個ずつ調べました．その結果，以下のことが分かりました．

$$\bar{X}_1=1200, \ s_1=200, \ \bar{X}_2=1500, \ s_2=150$$

両方の平均寿命は同じといえるかを有意水準5％で検定してください．

応用編

9章　正規分布の派生分布

本章では，正規分布からの派生分布である χ^2 分布，t 分布，F 分布を紹介します．以下には，それぞれの分布の定義を確認したうえで，正規分布との関係，分布表の見方，信頼区間の求め方，検定方法を紹介します．

9.1　χ^2 分布

χ^2 分布（カイ 2 乗分布と読む）を用いれば，標本分散 s^2 の確率分布が明らかになり，母分散 σ^2 と母標準偏差 σ の信頼区間を求められるようになります．

9.1.1　χ^2 分布とは

> **χ^2 分布**（chi-squared distribution）
> 　n 個の相互に独立な標準正規確率変数 $Z_1, Z_2, \cdots, Z_n$ の 2 乗和 $W = Z_1^2 + Z_2^2 + \cdots + Z_n^2$ は自由度 n の χ^2 分布に従う．

W は自由度 n の χ^2 確率変数といいます．また，W が自由度 n の χ^2 分布に従うことを，$W \sim \chi^2(n)$ と表します．

　自由度（degrees of freedom）とは，「2 乗和を構成する確率変数のうち，自由に動ける確率変数の数」のことです．W は n 個の確率変数（$Z_1, Z_2, \cdots, Z_n$）の 2 乗和から構成され，n 個の自由に動ける確率変数が含まれているので「W の自由度は n である」といいます．

　自由度 n の χ^2 確率変数 W の期待値 $E[W]$ と分散 $V(W)$ は
$$E[W] = n, \quad V(W) = 2n$$
となります．つまり，期待値は自由度，分散は 2 × 自由度で与えられます（証明は補足参照）．

図 9-1　χ^2 分布

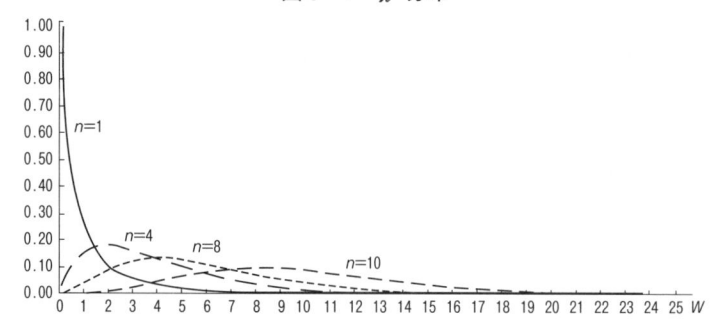

[図: 自由度 $n=1, 4, 8, 10$ の χ^2 分布の密度関数のグラフ。横軸 W は 0 から 25 まで、縦軸は 0.00 から 1.00 まで。]

　正規分布との関連性や違いを理解するため，χ^2 分布の形をみましょう．図 9-1 は，さまざまな自由度 n の χ^2 分布を描いたものです．W は 2 乗和ですから非負（0 以上）となります．また，$E[W]=n$，$V(W)=2n$ ですから，n が大きくなるにつれて，W の分布の中心は右に動き，分散も大きくなります．

　$n=1$ の場合は $W=Z_1^2$ です．Z_1 は 0 を中心とした標準正規分布に従うので，2 乗した $W=Z_1^2$ の値は 0 の近傍で最大の確率となり，$W=Z_1^2$ の値が 0 から乖離するほど確率は小さくなります．

　図から，n が大きくなるにつれて，χ^2 分布が正規分布に近づいていく様子がみてとれます．たとえば，W の分布は，$n=4$ では正規分布とはほど遠い形ですが，$n=10$ では正規分布に近い形状の分布となっています．その理由は $Z_1, Z_2, \cdots, Z_n$ が相互に独立なら，それらの 2 乗である $Z_1^2, Z_2^2, \cdots, Z_n^2$ も相互に独立となり，中心極限定理によって，n が十分に大きければこれらの和 $W=Z_1^2+Z_2^2+\cdots+Z_n^2$ は正規分布に従うからです．

9.1.2　χ^2 分布表

　χ^2 分布表（巻末の付表 2）には，$W \sim \chi^2(n)$ として $P\{\chi_{n,\alpha}^2 < W\}=\alpha$ となる $\chi_{n,\alpha}^2$ の値が表されています（図 9-2 参照）．χ^2 分布表の 1 列目が自由度 n を，1 行目は確率 α を示しています．たとえば，$n=5$，$\alpha=0.025$ の場合，χ^2 分布表より $\chi_{5,0.025}^2=12.83$ ですから，自由度 5 のときは 12.83 より大きい値をとる確率は 0.025 となります（$W \sim \chi^2(5)$ なら $P\{12.83<W\}=0.025$）．同様に，

図 9-2　$W \sim \chi^2(n)$

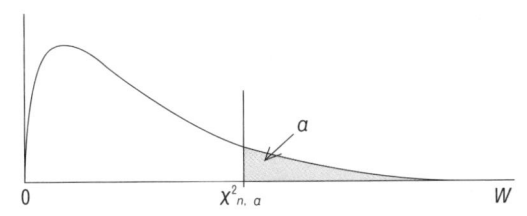

図 9-3　95%の区間

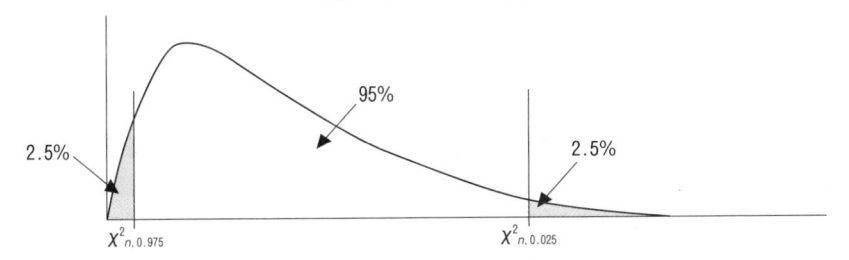

$n=28$，$\alpha=0.95$ の場合は，$\chi^2_{28, 0.95}=16.93$ なので，自由度28のときは16.93より大きい値をとる確率は0.95となります（$W \sim \chi^2(28)$ なら $P\{16.93 < W\} = 0.95$）．

次に，$n=30$ のとき $P\{a < W < b\} = 0.95$ となる a と b を求めましょう．χ^2 分布表より，$\chi^2_{30, 0.975} = 16.79$，$\chi^2_{30, 0.025} = 46.98$ から，$P\{16.79 < W\} = 0.975$，$P\{46.98 < W\} = 0.025$ となります．確率の和は1であることから，$P\{W < 16.79\} = 1 - P\{16.79 < W\} = 1 - 0.975 = 0.025$ です（図 9-3 参照）．W が16.79より小さい確率は2.5%，W が46.98より大きい確率も2.5%ですから，確率の和は1であることから，$P\{16.79 < W < 46.98\} = 0.95$ となります．上記の説明は $n=30$ の場合でしたが，一般的に，$W \sim \chi^2(n)$ のときは

$$P\{\chi^2_{n, 0.975} < W < \chi^2_{n, 0.025}\} = 0.95$$

となります．同様に，90%と99%の区間は，それぞれ次で与えられます．

$$P\{\chi^2_{n, 0.95} < W < \chi^2_{n, 0.05}\} = 0.90, \qquad P\{\chi^2_{n, 0.995} < W < \chi^2_{n, 0.005}\} = 0.99$$

9.1.3 χ^2 分布を用いた定理

ここで紹介する定理は，n が小さい場合であっても成立するので，小標本の場合の推定や検定などにも用いることができます．相互に独立な n 個の正規確率変数 $X_1, X_2, \cdots, X_n$ を考えます（$X_i \sim N(\mu, \sigma^2)$）．このとき，以下の定理が成立します．

$$(1)\ \sum_{i=1}^{n}\left(\frac{X_i-\mu}{\sigma}\right)^2 \sim \chi^2(n)$$

$$(2)\ \sum_{i=1}^{n}\left(\frac{X_i-\bar{X}}{\sigma}\right)^2 \sim \chi^2(n-1)$$

定理(1)の証明は簡単です．X_i から期待値 μ を引き，標準偏差 σ で割って標準化した $Z_i = (X_i - \mu)/\sigma$ は標準正規分布に従います．そして，Z_i の 2 乗を n 個足し合わせたものは，χ^2 分布の定義により，自由度 n の χ^2 分布に従います．

定理(2)については，直観的な意味を説明します（証明は補足を参照）．自由度とは「2 乗和を構成する確率変数のうち，自由に動ける確率変数の数」でした．なぜ期待値 μ を平均 $\bar{X}$ で置き換えると，自由度が n から $n-1$ に減るのでしょうか．(2)の左辺の分子は，

$$\sum_{i=1}^{n}(X_i-\bar{X})^2 = (X_1-\bar{X})^2 + (X_2-\bar{X})^2 + \cdots + (X_{n-1}-\bar{X})^2 + (X_n-\bar{X})^2$$

です．これは一見，n 個の確率変数（偏差 $X_i - \bar{X}$）の 2 乗和であるようにみえます．しかし，偏差の和は 0（2 章の補足参照），つまり，

$$(X_1-\bar{X}) + (X_2-\bar{X}) + \cdots + (X_{n-1}-\bar{X}) + (X_n-\bar{X}) = 0$$

が成立しますから，$n-1$ 個の偏差 $(X_1-\bar{X}), (X_2-\bar{X}), \cdots, (X_{n-1}-\bar{X})$ が決まると残りの偏差 $(X_n-\bar{X})$ は次式により，自動的に決定されます．

$$(X_n-\bar{X}) = -(X_1-\bar{X}) - (X_2-\bar{X}) - \cdots - (X_{n-1}-\bar{X})$$

したがって，$n-1$ 個の確率変数（偏差 $X_i - \bar{X}$）だけが自由に変動し，自由度は $n-1$ になります．

9.1.4 標本分散の分布

母集団分布として正規分布 $N(\mu, \sigma^2)$ を想定します．この正規母集団から，無作為抽出により $X_1, X_2, \cdots, X_n$ が得られるとします．$X_1, X_2, \cdots, X_n$ は互いに独立で，正規母集団からの無作為抽出ですから $X_i \sim N(\mu, \sigma^2)$ となります．このとき，母分散 σ^2 の推定量である標本分散 s^2 は，以下のようになります（式展開で，分母と分子に σ^2 を加えました）．

$$s^2 = \frac{\sum_{i=1}^{n}(X_i - \bar{X})^2}{n-1} = \frac{\sigma^2}{n-1}\sum_{i=1}^{n}\left(\frac{X_i - \bar{X}}{\sigma}\right)^2$$

X_i は確率変数ですから，s^2 も確率変数となります．定理(2)より，右辺の Σ 項は $\chi^2(n-1)$ に従います．よって，s^2 は $\chi^2(n-1)$ に定数 $\sigma^2/(n-1)$ を掛けた分布に従います．上式両辺に $(n-1)/\sigma^2$ を掛けると以下が成立します．

$$\boxed{\frac{n-1}{\sigma^2}s^2 = \sum_{i=1}^{n}\left(\frac{X_i - \bar{X}}{\sigma}\right)^2 \sim \chi^2(n-1)}$$

母分散 σ^2 を推定する推定量は，標本分散 s^2 だけではなく，ほかにも多数存在します．推定量の優劣を判断する基準として不偏性と一致性がありますが，上記の結果を用いれば，標本分散 s^2 は不偏性と一致性を満たす良い推定量であることを示すことができます（練習問題7参照）．

9.1.5 母分散と母標準偏差の信頼区間

標本分散 s^2 の確率分布が明らかになると，母分散 σ^2 や母標準偏差 σ の信頼区間を求めることができます．

前節より，$(n-1)s^2/\sigma^2 \sim \chi^2(n-1)$ であるため，

$$0.95 = P\left\{\chi^2_{n-1,\,0.975} < \frac{(n-1)s^2}{\sigma^2} < \chi^2_{n-1,\,0.025}\right\} = P\left\{\frac{\chi^2_{n-1,\,0.975}}{(n-1)s^2} < \frac{1}{\sigma^2} < \frac{\chi^2_{n-1,\,0.025}}{(n-1)s^2}\right\}$$

が成立します（図9-3参照）．σ^2 の信頼区間を求めるため，カッコ内の分母と分子をひっくり返します．大きな（小さな）値の逆数をとると小さな（大きな）値になることから

$$0.95 = P\left\{\frac{(n-1)s^2}{\chi^2_{n-1,\,0.025}} < \sigma^2 < \frac{(n-1)s^2}{\chi^2_{n-1,\,0.975}}\right\}$$

が得られます ($\chi^2_{n-1,\,0.025}$ と $\chi^2_{n-1,\,0.975}$ の位置が入れ替わることに注意)[1]。

以上から,母分散 σ^2 に関する95%の信頼区間は

$$\frac{(n-1)s^2}{\chi^2_{n-1,\,0.025}} < \sigma^2 < \frac{(n-1)s^2}{\chi^2_{n-1,\,0.975}}$$

となります.つまり,母分散 σ^2 が上記の区間内に存在している確率は95%です.さらに母標準偏差 σ の95%の信頼区間は(上式の平方根をとって),

$$\sqrt{\frac{(n-1)s^2}{\chi^2_{n-1,\,0.025}}} < \sigma < \sqrt{\frac{(n-1)s^2}{\chi^2_{n-1,\,0.975}}}$$

となります[2].つまり,母標準偏差 σ が上記の区間内に存在している確率は95%です.

たとえば,正規母集団から無作為に10個のデータを取り出したとき,その標本標準偏差 s は6だったとします ($n=10$).χ^2 分布表から $\chi^2_{9,\,0.025}=19.02$,$\chi^2_{9,\,0.975}=2.70$ ですから,母分散の95%の信頼区間は,

$$\frac{(10-1)\times 6^2}{19.02} < \sigma^2 < \frac{(10-1)\times 6^2}{2.70} \quad \therefore \quad 17.03 < \sigma^2 < 120$$

となります[3].母標準偏差の95%信頼区間は,次のようになります.

$$\sqrt{\frac{(10-1)\times 6^2}{19.02}} < \sigma < \sqrt{\frac{(10-1)\times 6^2}{2.70}} \quad \therefore \quad 4.13 < \sigma < 10.95$$

以下で2つの例を通じて,母分散 σ^2 と母標準偏差 σ に関する信頼区間の求め方について理解を深めましょう.

例1 (燃料効率のチェック①)　ある低燃費車の燃料効率(ガソリン1ℓ当た

---

1) たとえば,$2 \leq X \leq 4$ であれば,X の逆数 $1/X$ の最大は $1/2$ ($X=2$ のとき),最小で $1/4$ となります ($X=4$ のとき).よって,$P\{2 \leq X \leq 4\} = P\{1/4 \leq 1/X \leq 1/2\}$ が成立します.
2) 90% (99%) の信頼区間を求めたい場合には,$\chi^2_{n-1,\,0.025}$ を $\chi^2_{n-1,\,0.05}$ ($\chi^2_{n-1,\,0.005}$) に,$\chi^2_{n-1,\,0.975}$ を $\chi^2_{n-1,\,0.95}$ ($\chi^2_{n-1,\,0.995}$) に置き換えます.
3) $\therefore$ は「ゆえに」を意味する記号.この場合,$(10-1)\times 6^2/19.02 < \sigma^2 < (10-1)\times 6^2/2.70$ を計算すると,$17.03 < \sigma^2 < 120$ となります.

りの走行可能距離km）を調べたいとします．燃料効率は測るたびに，様々な要因で変動します．燃料効率は正規分布に従うものとし，母平均をμ，母分散をσ^2とします．なお，消費者としては，真の平均燃料効率μだけでなく，そのばらつきσ^2も重要な情報となります（ばらつきσ^2の大きい車であれば，走行可能距離の予想が難しく，それ自体が問題となるでしょう）．低燃費車5台を走らせて燃料効率を調べたところ，平均15km/ℓ，標本標準偏差0.8km/ℓでした．つまり，平均的には1ℓ当たり15km走れますが，毎回同じ結果ではなくばらつきがあり，その標本標準偏差は0.8kmということです．

　母分散σ^2と母標準偏差σに関する95％の信頼区間を求めます．χ^2分布表より，$\chi^2_{4, 0.975}=0.484$，$\chi^2_{4, 0.025}=11.14$ ですから，σ^2 の95％の信頼区間は

$$\frac{(5-1)\times 0.8^2}{11.14} < \sigma^2 < \frac{(5-1)\times 0.8^2}{0.484} \quad \therefore \quad 0.229 < \sigma^2 < 5.289$$

となります．また，σの95％の信頼区間は上式の平方根をとって，$0.479 < \sigma < 2.299$ となります．

例2（管理図） 7.4.2節で紹介した管理図は，工場長である太郎君が毎時間5個のネジから平均を測定し，各時間の平均と3標準偏差区間を描いたものでした．しかし，そこでは平均だけに着目し，ばらつきは考慮外でした．そのため，かりに平均は安定していても，サイズが小さすぎたり，大きすぎたりするという問題をうまくとらえきれていません．そこで太郎君は，次のような標本標準偏差の管理図を新たに考えました．ネジのサイズは過去の経験から正規分布（$\mu=15$mm, $\sigma=3$mm）に従うとします．そして毎時間，5個ずつネジを取り出し，サイズを測って標本標準偏差sを計算します．母標準偏差σはいくら小さくても問題とはならないので，σの99％の信頼区間を考えるとき下限を考える必要はありません[4]．$(n-1)s^2/\sigma^2 \sim \chi^2(n-1)$ ですから，

$$0.99 = P\left\{\frac{(n-1)s^2}{\sigma^2} < \chi^2_{n-1, 0.01}\right\}$$

となり，｛ ｝内を書き換えると，

---

[4] 標準偏差が0なら同じサイズのネジが生産されており，望ましい結果となります．

図9-4 管理図

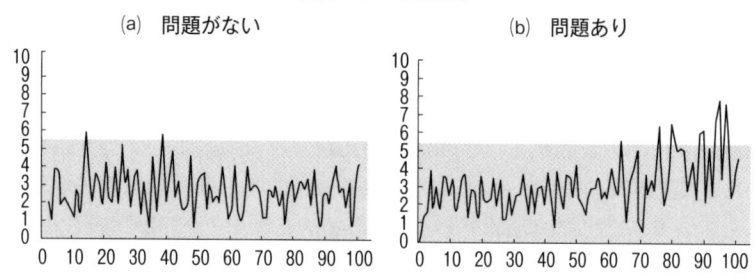

(a) 問題がない

(b) 問題あり

$$0.99 = P\left\{s^2 < \frac{\sigma^2 \chi_{n-1,\,0.01}^2}{(n-1)}\right\} = P\left\{s < \sqrt{\frac{\sigma^2 \chi_{n-1,\,0.01}^2}{(n-1)}}\right\}$$

となります。ここで $n=5$, $\sigma=3$, $\chi_{4,\,0.01}^2=13.28$ を代入すると，$P\{s<5.466\}$ $=0.99$ となります。標本標準偏差 s が5.466を下回る確率は99％ですから，5.466を上回る確率は1％しかありません。したがって，かりに生産ラインで s が5.466を上回れば，何らかの問題がある可能性があります。

図9-4は，各時間の標本標準偏差 s を描いています（5.466以下の領域を網掛けしています）。図は横軸を時間，縦軸を各時間の標本標準偏差 s として，計100時間分を記録したものです。(a)は問題のない場合です。s はばらついていますが，ほぼ5.466以下の領域に収まっています。(b)の結果は，時間の経過とともにサイズが次第に大きくなり，60時間を超えたあたりから傾向的に5.466以下の領域から外れています。一度だけ領域外に出るのは単なる偶然かもしれませんが，頻発するのは問題です。このような結果が明らかになった場合，太郎君は問題を特定化し，原因を取り除く必要があるでしょう。

9.2　t 分布

大標本のとき，平均 $\overline{X}$ を標準化したものは正規分布に従いました。本節では，小標本のとき，平均 $\overline{X}$ を標準化したものは t 分布に従うことを示します。この結果を用いて，小標本における母平均 μ の信頼区間を求める方法を紹介します。

9.2.1 t分布とは

> **t分布**(t distribution)
> Zを標準正規確率変数,Zと独立な自由度nのχ^2確率変数をWとすると,確率変数Uは自由度nのt分布に従う.
> $$U = \frac{Z}{\sqrt{W/n}}$$

Uは自由度nの**t確率変数**といいます.また,Uが自由度nのt分布に従うことを$W \sim t(n)$と表します.

標準正規分布との関連や違いを理解するため,t分布の形状を考えます.図9-5は,標準正規分布とともに,自由度1,2,4のときのt分布を表したものです.図から,t分布は0を中心とした左右対称の分布であり,標準正規分布よりも頂点が低く裾の厚い分布であることが確認できます.また,nが大きくなるにつれて,標準正規分布に近づいていくことも分かります.

t分布の理論的特徴をみていきましょう.まず,Uの分母と分子は独立ですから,その期待値は0となります(つまり,t分布の中心は0)[5].

$$E\left[Z/\sqrt{\frac{W}{n}}\right] = E\left[1/\sqrt{\frac{W}{n}}\right]E[Z] = E\left[1/\sqrt{\frac{W}{n}}\right] \times 0 = 0$$

次に,nが大きくなるとt分布が標準正規分布に近づく理由を考えましょう.Uの分母を構成するW/nの期待値と分散は,それぞれ

$$E\left[\frac{W}{n}\right] = 1, \quad V\left(\frac{W}{n}\right) = \frac{2}{n}$$

となります(証明は補足参照).W/nの期待値は1で,nが大きくなるにつれてW/nの分散は0に近づいていきますから,W/nは1に収束していきます.したがって,nが大きいとき,UはZを1で割ったものと考えられます.1で割ってもZの分布は変わりませんから,nが大きいときUは標準正規分布に

---

[5] これは$n \geq 2$のとき正しい式展開です.

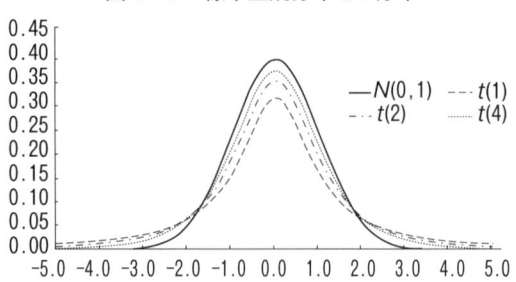

図 9-5　標準正規分布と t 分布

従います。しかし，n が小さいときは W/n は確率的に変動しますから，Z を $\sqrt{W/n}$ で割れば新たな変動が加わり，U は標準正規分布よりもばらつきの大きい分布となります。

　t 分布は標準正規分布より裾の厚い分布です。これは異常な事態が正規分布の予想より高い確率で発生することを意味します。突然急騰したり急落したりすることがある為替や株価の変化率は，正規分布よりも t 分布の方が当てはまりは良いと考えられています。

9.2.2　t 分布表

　t 分布表（巻末の付表 3 ）には，$P\{t_{n,\alpha}<|U|\}=\alpha$ が成立する $t_{n,\alpha}$ の値が表記されています。分布は 0 を中心に左右対称であるため，$P\{t_{n,\alpha}<U\}=P\{U<-t_{n,\alpha}\}=\alpha/2$ です（図 9-6 参照）。この表の 1 列目に自由度 n が，1 行目に α が表示されています。

　たとえば，$n=6$，$\alpha=0.05$ の場合は，表より $t_{6,0.05}=2.447$ であるため，自由度 6 の t 分布において $|U|$ が 2.447 より大きい値をとる確率は 0.05 となります（$U \sim t(6)$ なら $P\{2.447<|U|\}=0.05$）。確率の和は 1 であることから，これは $P\{-2.447<U<2.447\}=0.95$ を意味します。また t 分布は左右対称であるため，$P\{2.447<U\}=P\{U<-2.447\}=0.025$ です。

　同様に，$n=30$，$\alpha=0.05$ の場合は，付表 3 より，$t_{30,0.05}=2.042$ です。つまり，自由度 30 のとき $|U|>2.042$ となる確率は 0.05 です（$U \sim t(30)$ なら $P\{2.042<|U|\}=0.05$）。これはまた，$P\{-2.042<U<2.042\}=0.95$，$P\{2.042$

コラム 9-1　t 分布の歴史

　t 分布は Student 分布あるいは Student の t 分布とも呼ばれます．その理由は100年ほど前まで遡ります．W・ゴセット（William Gosset）は，ギネスビール社の技術者でした．酵母が多いと味が苦くなり少ないと発酵しないため，当時のビール製造過程では，どれぐらい酵母を入れるかが重要でした．酵母は培養液の瓶の中で貯蔵されていましたが，酵母は生きており瓶の中でも常に増殖しています．このため，瓶から数滴（データ）を取りだして顕微鏡で酵母の数を数え，瓶の中の酵母（母集団）の濃度を推定していました．このようにギネスビール社では，統計学を使って母数を推定する必要がありました．

　ゴセットは，小標本での平均の性質を分析し，研究成果を論文にまとめました．ギネスビール社では社内情報を保護する考えから，社員が論文を書いて対外公表することを禁止していましたが，1908年，彼は Student というペンネームでこの論文を発表しました．これが，t 分布を Student 分布とか Student の t 分布とも呼ぶ理由です．

　ゴセットにより発見された t 分布は，当初，ほとんど注目されなかったようです．しかし，R・フィッシャーは t 分布の重要性を認識し，彼に t 分布表を送るよう依頼しました．ゴセットはフィッシャーに「この表を使いたいと考える人はあなただけです」と手紙に書いています．フィッシャーは誤差項が正規分布に従うとき，回帰係数の推定量を標準化したものが t 分布に従うことを初めて示しています（11章参照）．

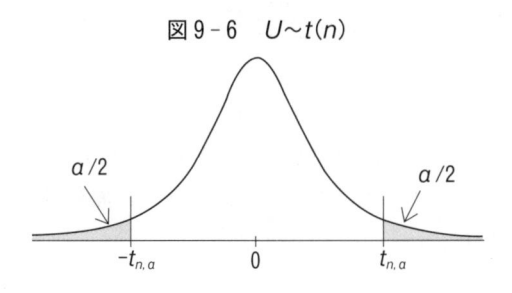

図 9-6　$U \sim t(n)$

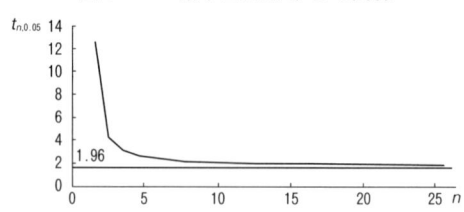

図9-7 標準正規分布との関係

$<U\}=P\{U<-2.042\}=0.025$ を意味します.

　t分布表からも，nの増加とともにt分布が標準正規分布に収束していくことを確認できます．$Z \sim N(0,1)$なら$P\{1.96<|Z|\}=0.05$でした．図9-7は，t分布表の$\alpha=0.05$の列（nは$1 \sim 30$）を取り出して図示したものです．nが大きくなるにつれて，$t_{n, 0.05}$が1.96に収束していくことが分かります．たとえば，$n=1$では$t_{1, 0.05}=12.706$ですが，$n=30$では2.042であり1.96にかなり近い値となります．nが30もあれば，t分布は標準正規分布とほとんど違いがないことを確認できます．

9.2.3　母平均の推定と検定

　大標本の場合，中心極限定理より平均$\bar{X}$は正規分布$N(\mu, \sigma^2/n)$に従い，平均$\bar{X}$を標準化した$(\bar{X}-\mu)/\sqrt{\sigma^2/n}$は標準正規分布$N(0,1)$に従いました．また，標本分散$s^2$は母分散$\sigma^2$を高い精度で推定できており，$\sigma^2$を$s^2$で置き換えても結果は変わりません（7.4.2節参照）．したがって，

$$\frac{\bar{X}-\mu}{\sqrt{\dfrac{s^2}{n}}} \sim N(0,1)$$

です．大標本の場合，この結果を用いて母平均μの推定や検定をします．

　小標本の場合，中心極限定理が使えないうえ，s^2はσ^2を高い精度で推定できていません．このため，小標本の場合，以下の定理を用いて母平均μの推定や検定をします．

正規母集団 $N(\mu, \sigma^2)$ から，$X_1, X_2, \cdots, X_n$ を無作為抽出するとき，任意の n に対して，平均を標準化したものは，自由度 $n-1$ の t 分布に従う（証明は補足参照）．

$$\frac{\bar{X}-\mu}{\sqrt{\dfrac{s^2}{n}}} \sim t(n-1)$$

n が小さいと，s^2 は σ^2 を正確に推定できず，$\sqrt{s^2/n}$ は確率的に変動することになります．よって，$(\bar{X}-\mu)/\sqrt{s^2/n}$ は標準正規分布よりばらつきの大きい t 分布に従います．しかし，n が大きくなると，s^2 は σ^2 をより正確に推定できるようになるため，t 分布は標準正規分布に近づいていきます．

小標本の場合の母平均 μ の95%信頼区間を考えます．平均を標準化したものは t 分布に従うことから，

$$\begin{aligned} 0.95 &= P\left\{-t_{n-1,0.05} < \frac{\bar{X}-\mu}{\sqrt{s^2/n}} < t_{n-1,0.05}\right\} \\ &= P\left\{\bar{X}-t_{n-1,0.05}\sqrt{\frac{s^2}{n}} < \mu < \bar{X}+t_{n-1,0.05}\sqrt{\frac{s^2}{n}}\right\} \end{aligned}$$

となります．以上から，μ の95%の信頼区間は，

$$\bar{X}-t_{n-1,0.05}\sqrt{\frac{s^2}{n}} < \mu < \bar{X}+t_{n-1,0.05}\sqrt{\frac{s^2}{n}}$$

となります．上記の結果を用いれば，母平均 μ に関する仮説検定も容易に行うことができます．

たとえば，正規母集団から無作為に10個のデータを取り出したところ（$n=10$），平均 $\bar{X}$ は 5，標本標準偏差 s は 2 であったとします．t 分布表より $t_{9,0.05}=2.262$ ですから，母平均 μ の95%の信頼区間は，

$$5-2.262\sqrt{\frac{2^2}{10}} < \mu < 5+2.262\sqrt{\frac{2^2}{10}} \quad \therefore\ 3.569 < \mu < 6.431$$

です．ここで $H_0: \mu=3$，$H_1: \mu \neq 3$ として，有意水準 5% の仮説検定を行います．H_0 が正しいもとで，$(\bar{X}-3)/\sqrt{s^2/10}$ は自由度 9 の t 分布に従うので

$$0.95 = P\left\{-t_{9,\,0.05} < \frac{\overline{X}-3}{\sqrt{s^2/10}} < t_{9,\,0.05}\right\} = P\left\{3 - t_{9,\,0.05}\sqrt{\frac{s^2}{10}} < \overline{X} < 3 + t_{9,\,0.05}\sqrt{\frac{s^2}{10}}\right\}$$

となります．$t_{9,\,0.05} = 2.262$，$s=2$ ですから，H_0 が正しいもとで，平均 $\overline{X}$ は $1.569\,(=3-2.262\times\sqrt{2^2/10})$ から $4.431\,(=3+2.262\times\sqrt{2^2/10})$ の区間に95％の確率で収まります．また，$\overline{X}<1.569$ もしくは $\overline{X}>4.431$ となる確率は5％です（有意水準5％）．以上から，$1.569<\overline{X}<4.431$ であれば H_0 を採択し，そうでなければ H_0 を棄却します．この場合，$\overline{X}=5$ ですから H_0 が棄却されることになります．

以下の例を通じて，小標本の場合の母平均 μ の推定と検定について理解を深めていきましょう．

例1（燃料効率のチェック②） 9.1.5節の例では，ある低燃費車の燃料効率を測るため，車を5台走らせて燃料効率を調べた結果，平均 $\overline{X}$ は15km/ℓ，標本標準偏差 s は0.8km/ℓ でした．

ここで母平均 μ（本当の燃料効率）の95％の信頼区間を求めましょう．t 分布表より，$t_{4,\,0.05}=2.776$ ですから，μ の95％の信頼区間は，

$$15 - 2.776 \times \sqrt{0.8^2/5} < \mu < 15 + 2.776 \times \sqrt{0.8^2/5} \quad \therefore \quad 14.01 < \mu < 15.99$$

となります．換言すれば，この低燃費車の燃料効率 μ は，14.01から15.99までの区間に95％の確率で収まるといえます．

ライバル車の燃料効率は14km/ℓ であったとします．自社の車がライバル社の車より低燃費であるかどうかを知りたいと考えています（1ℓ 当たりの走行距離が長いほど低燃費です）．したがって，仮説を $H_0: \mu=14$，$H_1: \mu>14$ として，有意水準5％で検定を行います（自社の車はライバル車より低燃費と考え，片側検定とします）．$H_0: \mu=14$ が正しいもとで平均 $\overline{X}$ は14に近い値をとりやすく，逆に $H_1: \mu>14$ が正しいもとで $\overline{X}$ は14より大きい値をとりやすくなります．よって，$\overline{X}$ が上限値を上回ったとき H_0 を棄却するのが自然です．

$H_0: \mu=14$ が正しいもとで，

$$0.95 = P\left\{\frac{\overline{X}-14}{\sqrt{s^2/5}} < t_{4,\,0.1}\right\} = P\left\{\overline{X} < 14 + t_{4,\,0.1}\sqrt{\frac{s^2}{5}}\right\}$$

となります[6]. $t_{4, 0.1}=2.132$, $s=0.8$ ですから，H_0 が正しいもとで，平均 $\bar{X}<14.76(=14+2.132\times\sqrt{0.8^2/5})$ となる確率は95％です．確率の和は1ですから，$\bar{X}\geq 14.76$ となる確率は5％です．以上から，$\bar{X}<14.76$ あれば H_0 を採択し，$\bar{X}\geq 14.76$ であれば H_0 を棄却します．この場合，$\bar{X}=15$ ですから H_0 が棄却されます．以上から，この車はライバル社よりも低燃費であるといえそうです．

F分布

ここでは χ^2 分布の派生分布である F 分布を紹介します．F 分布を用いることで，2つの母集団間の「分散の差の有無」の検定が可能となります．F 分布は上級統計学の内容に進むうえで必要な知識です．ぜひ挑戦してみてください．

F分布とは

> **F分布**（F distribution）
> $W_1 \sim \chi^2(m)$，$W_2 \sim \chi^2(n)$ であり，W_1 と W_2 は互いに独立とする．
> $$V = \frac{W_1/m}{W_2/n}$$
> は，自由度 m および n の F 分布に従う．分子の自由度 m を第1自由度，分母の自由度 n を第2自由度という．

V は自由度 m および n の **F確率変数** といいます．このとき，$V \sim F(m, n)$ と表します．正規分布との関連や違いを理解するため，F 分布の形状を確認してみましょう．図9-8に，自由度の異なる F 分布をいくつか図示しました．F 確率変数は自由度で標準化されているので，自由度が増えても中心はあまり動かず，中心はほぼ1のあたりに落ち着きます[7]．また，分布の形状は自由度

---

6) $U \sim t(4)$ であれば，$P\{t_{4,0.1}<|U|\}=0.1$ です．片側だけに注目して U の絶対値を外すと，t 分布は左右対称ですから $P\{t_{4,0.1}<U\}=0.05$ です．確率の和は1から，$P\{U<t_{4,0.1}\}=0.95$ となります．

図 9-8　F分布

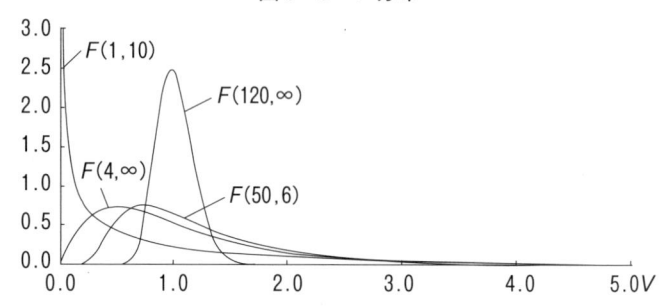

に依存してさまざまです．以下では，分布の形状が，自由度に依存してどのように変わるかを理論的に説明します．

第1自由度 m が1の場合を考えます．図9-8には $F(1,10)$ が図示されています（$m=1$, $n=10$）．Z を標準正規確率変数，W_2 を自由度 n の χ^2 確率変数とすると，

$$U = \frac{Z}{\sqrt{W_2/n}}$$

は，自由度 n の t 分布に従います（t 分布の定義参照）．また，U の2乗は，

$$U^2 = \left(\frac{Z}{\sqrt{W_2/n}}\right)^2 = \frac{Z^2/1}{W_2/n}$$

となります．Z は標準正規確率変数ですから，Z^2 は自由度1の χ^2 分布に従います（$Z^2 \sim \chi^2(1)$）．したがって，U の2乗は自由度1および n の F 分布に従います．すなわち $U^2 \sim F(1,n)$．U は0を中心に分布するので，2乗した U^2 の値は常に非負となり，0の近傍で最大の確率となり，0から乖離するほど確率は低くなります．

第2自由度 n が大きい場合を考えましょう．図9-8の $F(4,\infty)$ と $F(120,\infty)$ の分布を見てください．n が十分に大きいとき W_2/n は1とみなせ

---

7)　証明は省きますが，$n>2$ であれば，F 確率変数の期待値は $n/(n-2)$ です．n が小さいと期待値は1より大ですが，n が大きくなるにつれて期待値は1に収束します．

9章 正規分布の派生分布 237

図9-9　$V \sim F(m, n)$

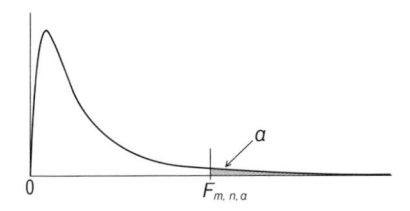

るので (9.2.1節参照), V は χ^2 確率変数 (W_1) をその自由度 m で割ったものとなります. W_1/m は 1 を中心に分布し, m が大きくなると分散が小さくなります. 図から, $F(4, \infty)$ では 1 を中心に右裾の長い分布になっていますが[8], $F(120, \infty)$ では 1 を中心にばらつきの小さい分布になっています.

　第 1 自由度 m と第 2 自由度 n がともに大きい場合を考えます. 分母も分子も χ^2 確率変数をその自由度で割っていますから, 分母と分子はともに 1 へと収束していきます. したがって, m と n がともに大きい場合, F 確率変数である V は 1 へと収束していきます.

F 分布表

　F 分布表 (巻末の付表 4, 付表 5) には, $V \sim F(m, n)$ として $P\{F_{m,n,\alpha} < V\} = \alpha$ となる $F_{m,n,\alpha}$ の値が掲載されています (図 9-9 参照). 付表 4 は $\alpha = 0.05$, 付表 5 は $\alpha = 0.01$ の場合です. F 分布表の 1 行目は第 1 自由度 m, 1 列目は第 2 自由度 n を表します. たとえば, $V \sim F(5, 2)$ なら, 付表 4 より $F_{5,2,0.05} = 19.3$ となり ($P\{19.3 < V\} = 0.05$), 付表 5 より $F_{5,2,0.01} = 99.3$ となります ($P\{99.3 < V\} = 0.01$).

分散比の検定

　F 分布は分散比の検定に用いられます. 以下では, 具体例に即してその検定方法を見ていきましょう.

　地域 A, B の中学生5000人を対象に, 数学試験の成績を調べたとします. 地

---

[8]　分布の頂点は 1 より小さいですが, 外れ値の確率が高いので期待値は 1 です.

域 A には2500人の学生がおり，それぞれの点数を $Y_1, Y_2, \cdots, Y_{2500}$ とします．同様に，地域 B にも2500人の学生がおり，それぞれの点数を $X_1, X_2, \cdots, X_{2500}$ とします．全体（地域 A と B）の平均は50点，標本標準偏差は11点であったとします．地域別では，地域 A の平均は50点，標本標準偏差は12点，地域 B の平均は50点，標本標準偏差は10点であったとします．2つの地域の平均点に差はありませんが，標本標準偏差は地域 A の方が20％も高くなっています．

地域間の標本標準偏差の差異が偶然か否かを検証します．地域 A の母分散を σ_Y^2，地域 B の母分散を σ_X^2 とします．また，地域別のサンプルサイズを，それぞれ n_Y と n_X と表記します（この場合，$n_Y=n_X=2500$）．このとき，分散比に関する仮説は次のようになります．

$$H_0 : \sigma_Y^2/\sigma_X^2=1, \quad H_1 : \sigma_Y^2/\sigma_X^2>1$$

つまり，帰無仮説 H_0 は「地域 A と B の母分散は等しい」，対立仮説 H_1 は「地域 A の母分散の方が大きい」ということです．

それぞれの標本分散は，以下で表すことができます．

$$s_Y^2 = \frac{\sigma_Y^2}{n_Y-1}\sum_{i=1}^{n_Y}\left(\frac{Y_i-\overline{Y}}{\sigma_Y}\right)^2, \quad s_X^2 = \frac{\sigma_X^2}{n_X-1}\sum_{i=1}^{n_X}\left(\frac{X_i-\overline{X}}{\sigma_X}\right)^2$$

したがって，H_0 が正しければ（$\sigma_Y^2/\sigma_X^2=1$），標本分散比 s_Y^2/s_X^2 は

$$\frac{s_Y^2}{s_X^2} = \frac{\dfrac{\sum_{i=1}^{n_Y}\left(\dfrac{Y_i-\overline{Y}}{\sigma_Y}\right)^2}{n_Y-1}}{\dfrac{\sum_{i=1}^{n_X}\left(\dfrac{X_i-\overline{X}}{\sigma_X}\right)^2}{n_X-1}}$$

となります．分子の Σ 項は $\chi^2(n_Y-1)$，分母の Σ 項は $\chi^2(n_X-1)$ の分布となります．したがって，H_0 が正しければ，F 分布の定義から標本分散比 s_Y^2/s_X^2 は自由度 n_Y-1 および n_X-1 の F 分布に従います（$s_Y^2/s_X^2 \sim F(n_Y-1, n_X-1)$）．これに対して，$H_1$ が正しければ（$\sigma_Y^2/\sigma_X^2>1$），s_Y^2 は s_X^2 より大きな値をとりやすくなりますから，標本分散比 s_Y^2/s_X^2 は1より大きな値をとりやすくなります．

以上から，標本分散比 s_Y^2/s_X^2 が十分に大きな値をとったとき，H_0 を棄却す

コラム9-2　サマーズの辞任

　ローレンス・サマーズほど，輝かしい経歴を持った経済学者はいないでしょう．ノーベル経済学賞を受賞したP・サミュエルソン（Paul Samuelson）とK・アロー（Kenneth Arrow）は彼の叔父にあたります．サマーズはハーバード大学で博士号を取得し，同大学で教授職を得て，若手経済学者に贈られる最高の賞であるジョン・ベイツ・クラーク賞を受賞しました．彼は財務次官，財務副長官，財務長官，ハーバード大学学長を歴任し，学者としてだけでなく，実務家としても高い評価を得ています．

　華々しい経歴を持つサマーズですが，2005年のある会議での発言で，大きな批難を受けました．エアーズ『その数学が戦略を決める』（参考文献[2]）は，会議での発言を次のように引用しています．「私が見たのは……中学生の［科学や数学における］トップ5％の男女比率のデータです．これを見ると……男子2人につき女子1人という割合になっています．ここから……標準偏差の差を逆算しますと，20％ほどになりました[9]．……トップ25位以内の研究大学における物理学者という話なら，それは平均より2標準偏差高い人々という話ではなくなります．……むしろ，3.5，あるいは4標準偏差分も平均より高い人，つまり5000人に1人，1万人に1人といった水準の人たちの話になります．……これほど外れにいる存在プールを考えれば，標準偏差のわずかな差でもきわめて大きく効いてきます．…標準偏差数個分でのちがいは推定可能です．計算してみると……トップのあたりでは5対1くらいの（男女）比率になります」．つまり，この発言は，男性は標準偏差が大きく天才的な頭脳の持ち主が現れやすい

---

[9]　先の例で，地域Aを男性，地域Bを女性と置き換えます（男性の方が標本標準偏差は20％高い）．試験結果は正規分布に従うため，平均 + 1.645 × 標本標準偏差（50 + 1.645×11=68点）より高い点をとるのは全体の5％だけです（男女合計で平均50点，標本標準偏差11点）．この上位5％の男女比を調べてみましょう．男性の点数を Y，女性の点数を X と表します．男性の点数が68点より高い割合は $P\{68<Y\}=P\{(68-50)/12<(Y-50)/12\}=P\{1.5<Z\}=0.0668$ で，女性の点数が68点より高い割合は $P\{68<X\}=P\{(68-50)/10<(X-50)/10\}=P\{1.8<Z\}=0.0359$ です．よって，上位5％には男性は $0.068×2500=170$ 人，女性は $0.0359×2500=90$ 人となり，男女比はほぼ2対1です．

> が，女性は標準偏差が小さいため天才的な頭脳の持ち主は少なくなることを意味していました．サマーズ発言はメディアで大きくとりあげられたうえ，女性差別であるとして大抗議を受けた結果，彼は2006年にハーバード大学の学長を辞任することになりました．
>
> 　同書は，こうしたメディアの対応について，「ニュース報道は，サマーズが分布の違いについて語っていただけだという論点をほぼ完全に無視した．多くの記者は話の内容を全く理解できなかったか，それを一般市民にきちんと伝えられなかったのだ．知らない人には理解しづらい話ではある．少なくとも部分的には，サマーズが辞職させられたのは，人々が標準偏差を分かっていなかったせいなのだ」としています．
>
> 　サマーズの発言は，標準偏差から上位の男女比を鋭く推察したもので，その論理展開は天才的といえます．もちろん，彼が導いた結論には同意できません．女性の成功を妨げている要因は多く，それらを考慮した結論であるとはとてもいえないからです．また，公職についている人は，その発言の影響力も考えたうえで，慎重に発言する必要性があるということを示すエピソードといえます．

るのが自然です．厳密には，有意水準が α のとき，

$$s_Y^2/s_X^2 < F_{n_Y-1, n_X-1, \alpha} \text{ ならば，} H_0 \text{ を採択する}$$
$$s_Y^2/s_X^2 \geq F_{n_Y-1, n_X-1, \alpha} \text{ ならば，} H_0 \text{ を棄却する}$$

として仮説検定を行います．$F_{2499, 2499, 0.05} = 1.068$ ですから（$n_Y = n_X = 2500$ に注意）[10]，H_0 が正しければ $s_Y^2/s_X^2 \geq 1.068$ となる確率は5％だけです．s_Y^2/s_X^2 は $12^2/10^2 = 1.44$ と，1.068を超えていますから H_0 は棄却されます．したがって地域Aの方が母分散（または母標準偏差）は大きいといえそうです．

---

[10] 付表4には，$m=n=2499$ のケースは載っていません．この場合，エクセルで =FINV(0.05, 2499, 2499) として，1.068を求めました（付録B参照）．

補足：証明

W の期待値と分散の証明

$W = Z_1^2 + Z_2^2 + \cdots + Z_n^2$ の期待値と分散を求めます．$Z_i \sim N(0, 1)$ ですから，Z_i の期待値は 0 で，分散は 1 です（$V(Z_i) = E[(Z_i-0)^2] = E[Z_i^2] = 1$）．$W$ は Z_i^2 の和ですから，W の期待値は Z_i^2 の期待値の和となり

$$E[W] = E[Z_1^2 + Z_2^2 + \cdots + Z_n^2] = E[Z_1^2] + E[Z_2^2] + \cdots + E[Z_n^2] = 1 + 1 + \cdots + 1 = n$$

また，W の分散は Z_i^2 の分散の和となります．ここで $V(Z_i^2) = 2$ という結果を用いると以下となります[11]．

$$V(W) = V(Z_1^2 + Z_2^2 + \cdots + Z_n^2) = V(Z_1^2) + V(Z_2^2) + \cdots + V(Z_n^2) = 2 + 2 + \cdots + 2 = 2n$$

定理(2)の厳密な証明（$n=2$ の場合）

$n = 2$ の場合で証明します．

$$\left(\frac{X_1 - \bar{X}}{\sigma}\right)^2 + \left(\frac{X_2 - \bar{X}}{\sigma}\right)^2 = \frac{1}{\sigma^2}\left[\left(X_1 - \frac{X_1 + X_2}{2}\right)^2 + \left(X_2 - \frac{X_1 + X_2}{2}\right)^2\right]$$

$$= \frac{2}{\sigma^2}\left(\frac{X_1 - X_2}{2}\right)^2 = \left(\frac{X_1 - X_2}{\sqrt{2\sigma^2}}\right)^2$$

$X_1 - X_2 \sim N(0, 2\sigma^2)$ ですから，これを標準化すれば $(X_1 - X_2)/\sqrt{2\sigma^2} \sim N(0, 1)$ となります．これを 2 乗したものは自由度 1 の χ^2 分布に従います．

W/n の期待値と分散

W/n の期待値と分散を求めましょう．期待値は，$E[W] = n$ に注意して

$$E\left[\frac{W}{n}\right] = \frac{1}{n}E[W] = \frac{1}{n}n = 1$$

であり，分散は，$V(W) = E[(W-n)^2] = 2n$ に注意して，

$$V\left(\frac{W}{n}\right) = E\left[\left(\frac{W}{n} - 1\right)^2\right] = \frac{1}{n^2}E[(W-n)^2] = \frac{1}{n^2}2n = \frac{2}{n}$$

です．W/n の分散は，n が大きくなるにつれて 0 に近づいていきます．

---

[11] $V(Z_i^2) = E[(Z_i^2 - 1)^2] = E[Z_i^4] + 1 - 2E[Z_i^2] = 3 + 1 - 2 = 2$ （証明は省くが $E[Z_i^4] = 3$）．

平均を標準化したものが t 分布に従う

正規母集団を仮定していますから，X_i はそれぞれ正規分布 $N(\mu, \sigma^2)$ に従います．平均は n 個の正規確率変数の線形結合

$$\bar{X} = \frac{\sum_{i=1}^{n} X_i}{n} = \frac{1}{n}X_1 + \frac{1}{n}X_2 + \cdots + \frac{1}{n}X_n$$

となっており，6.2.4節から，任意の n に対して平均 $\bar{X}$ は正規分布に従います $(\bar{X} \sim N(\mu, \sigma^2/n))$ [12]．ここで，$\bar{X}$ を標準化すると $(\bar{X} - \mu)/\sqrt{\sigma^2/n} \sim N(0, 1)$ となります．また，$X_i \sim N(\mu, \sigma^2)$ ですから，

$$\sum_{i=1}^{n} \left(\frac{X_i - \bar{X}}{\sigma} \right)^2 \sim \chi^2(n-1)$$

です（9.1.3節参照）．平均 $\bar{X}$ から μ を引き $\sqrt{s^2/n}$ で割ると，

$$\frac{\bar{X} - \mu}{\sqrt{\dfrac{s^2}{n}}} = \frac{\bar{X} - \mu}{\sqrt{\dfrac{1}{n}\dfrac{\sum_{i=1}^{n}(X_i - \bar{X})^2}{n-1}}} = \frac{\dfrac{\bar{X} - \mu}{\sqrt{\sigma^2/n}}}{\sqrt{\dfrac{1}{n-1}\sum_{i=1}^{n}\left(\dfrac{X_i - \bar{X}}{\sigma}\right)^2}}$$

です．分子の $(\bar{X} - \mu)/\sqrt{\sigma^2/n}$ は標準正規確率変数，分母の平方根の中は自由度 $n-1$ の χ^2 確率変数をその自由度 $n-1$ で割ったものです．したがって，t 分布の定義から，上式 $((\bar{X} - \mu)/\sqrt{s^2/n})$ は自由度 $n-1$ の t 分布に従います[13]．

---

12) 6.3.1節で，平均の期待値は μ，分散は σ^2/n であることを証明しました．
13) 分母と分子が独立であることは証明していません．詳しくは参考文献[12]を参照してください．

練習問題

1. 正規母集団から無作為に取り出した5個のデータの標本標準偏差は10でした．このとき，母標準偏差 σ の95%の信頼区間を求めてください．
2. ある会社が販売している牛乳1 ℓ に含まれる脂質量は正規分布しているとします．無作為に10パックを調べて脂質を計測したところ，標本標準偏差は5 mgでした．母標準偏差 σ の95%の信頼区間を求めてください．
3. 正規母集団から得たデータ {62, 58, 44, 42, 55, 58, 45, 64, 40, 52} を用いて，μ, σ^2, σ の95%の信頼区間を求めてください．
4. 風邪をひいた10人にビタミンCを投与し，治るまでに要した日数を調べたところ，平均と標本標準偏差は7日と3日でした．治るまでに要する日数は正規分布に従うとして，μ（風邪が治るまでの日数の期待値）の95%の信頼区間を求めてください．
5. 個人投資家が，ある株式の真の収益率 μ の95%の信頼区間を知りたいとします（収益率は確率的に変動するので，真の収益率 μ とは収益率の期待値に当たる）．株式の収益率は正規分布に従うとします．無作為に選ばれた15日について，日次の収益率を調べたところ，平均収益率は0.01，標本標準偏差は0.02でした．μ の95%の信頼区間を求めてください．
6. 6人の学生に睡眠時間を聞いたところ，平均と標本標準偏差は5時間と2時間でした．睡眠時間は正規分布に従うとして，μ の95%の信頼区間を求めてください．
7. 標本分散 s^2 は不偏性と一致性を満たすことを示してください．

10章　回帰分析の基礎

本章では，変数間の関係を推定する方法を扱います．経済理論からは，金利を下げれば企業の借入コストが低下し投資が活発化するため，GDPは増加することが分かります．しかし，経済理論から明らかになるのは方向性（増える，減るなど）です．政府や日銀などの政策立案者が知りたいのは政策効果——金利を1％下げたらGDPが何％変化するかというような数量的関係——であり，このような変数間の関係を数量的に測る方法のひとつが回帰分析です．本章では，代表的な推定法である最小2乗法，および推定モデルの精度を表す指標である決定係数を紹介します．

10.1　回帰分析とは

回帰分析の目的は，変数間の数量的関係を表す**母数**（パラメータ）α, β_1, β_2, …, β_K の推定や仮説検定を行うことです（係数 β_1, β_2, …, β_K は**回帰係数**ともいいます）．変数間に次の線形関係

$$Y = \alpha + \beta_1 X_1 + \beta_2 X_2 + \cdots + \beta_K X_K$$

があるとします．これは K 個の変数 X_1, X_2, …, X_K によって，変数 Y の動きを説明する**モデル**（関係式）であり，X を**説明変数**（explanatory variable），Y を**被説明変数**（dependent variable）と呼びます．説明変数が1つの場合（$K=1$）を**単回帰モデル**といい，説明変数が複数ある場合（$K \geq 2$）を**重回帰モデル**といいます．

回帰係数 β_i は「他の条件（他変数つまり X_i 以外の変数）を一定として，X_i が1単位増えたとき Y が何単位変化するか」を表します．たとえば，Y は体重（kg単位）で X_1 は身長（cm単位）の場合，β_1 は「身長以外の要因を一定として身長が1cm増えたとき体重が何kg変化するか」を示します（かりに $\beta_1 = 0.7$ なら身長が1cm増えると体重は0.7kg増える）．他変数を一定として，

X_1 が1単位増えると，$Y=\alpha+\beta_1 X_1+\beta_2 X_2+\cdots+\beta_K X_K$ は $Y'=\alpha+\beta_1(X_1+1)+\beta_2 X_2+\cdots+\beta_K X_K$ へと変化するので，Y から Y' への変化は，
$$Y'-Y=[\alpha+\beta_1(X_1+1)+\cdots+\beta_K X_K]-[\alpha+\beta_1 X_1+\cdots+\beta_K X_K]=\beta_1$$
となります．

定数項 α は全ての説明変数が0のとき（$X_1=X_2=\cdots=X_K=0$）の Y の値です．ただし，全ての説明変数が0という状況が概念的にありえない場合，α は単なる数学的切片と解釈されます．たとえば，説明変数が身長の場合，身長が 0 cm は概念的にありませんから，α は単なる数学的切片です．

以下では，単回帰モデル（$K=1$）によって，母数の推定方法である**最小2乗法**，推定モデルの精度を測る指標である**決定係数**を学びます．

10.2 回帰分析の起源

回帰分析が初めて応用されたのは19世紀といわれています．著名な生物学者 F・ゴールトン（Francis Galton）は，親子間の身長の関係を調査しました．彼は父親の身長（X）が息子の身長（Y）に影響を与えていると考え，$Y=\alpha+\beta X$ という関係式を推定しました（単回帰分析なので説明変数 X の添字は省略）．その結果，α は0より大きく（$\alpha>0$），また，β は0よりは大きく1よりは小さいことが明らかになりました（$0<\beta<1$）．

まず，$0<\beta$ は，父親の身長が高いほど息子の身長も高くなることを意味しています[1]．これは遺伝の重要性を示しています．

また $\beta<1$ は，身長の「**平均への回帰**（regression to the mean）」を意味しています[2]．図10-1では，横軸を X，縦軸を Y とし，45度線と $\alpha+\beta X$ を表す直線が引かれています．$\beta<1$ から，$\alpha+\beta X$ を表す直線は45度線と交差しています（$\alpha>0$ に注意）．図10-1では，背の高い父親の身長を x_1 としています．その息子の身長は $\alpha+\beta X$ という関係から y_2 となります．次に，この息子の息

---

1) $\beta=0$ であれば父親の身長は息子の身長に何の影響も与えません．$\beta<0$ であれば父親の身長が高いほど息子の身長は低くなります．
2) 回帰とは「1周して元へ戻ること」を意味し，身長の平均への回帰とは，身長が平均へ戻る動きがあることを意味します．

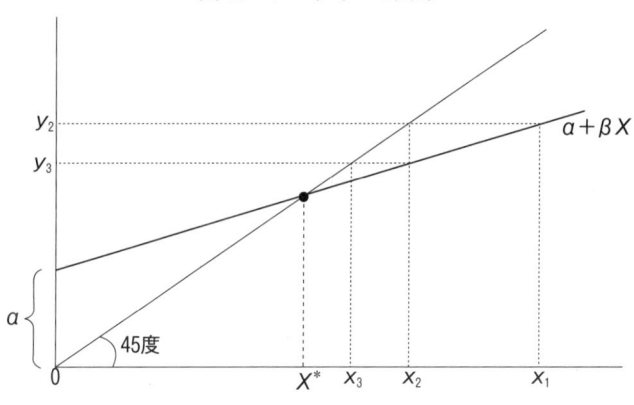

図 10-1 平均への回帰

子すなわち孫の身長を考えましょう．そのために，息子の身長を横軸に移します．具体的には，y_2 から横に伸ばした直線と45度線が交わる点から，さらに下に線を延ばせばよいわけです．これを x_2 とします．したがって，孫（息子の息子）の身長は y_3 となります（これを横軸に移すと x_3）．このような身長の低下は，$α+βX$ の線と45度線が交わる点（X^*）まで続きます．次に，背の低い父親を考えます．このとき，父親より息子の身長が高くなり，息子より孫の身長が高くなります．やはり，身長の増加は X^* まで続きます[3]．

初めて数量的関係を測ったゴールトンの分析結果が偶然にも回帰性を示していたことから，以後，変数間の関係を数量的に測ることを**回帰分析**（regression analysis）と呼ぶようになりました．

例1（ゼミ選びにみる平均への回帰） 某大学には，ゼミを履修する際，仮登録制度があります（3.1.1節参照）．まず学生は仮登録で参加希望のゼミ名を記入し，大学側が各ゼミの仮登録者数を公表します．その後，本登録が実施され，ゼミごとに面接や試験が行われ，ゼミの履修者が決定するというものです．

ある年のデータを用いて，仮登録者数 X と本登録者数 Y との関係を推定し

---

3) X^* は厳密には平均ではなく均衡点です．親の身長が X^* なら息子の身長も X^* となり（$X^*=α+βX^*$），これを X^* について解くと $X^*=α/(1-β)$ が得られます．

コラム10 - 1　平均への回帰

　ゴールトンは，進化論で有名なチャールズ・ダーウィンのいとこであり，人の才能はほとんどが遺伝で決まるものと考えていました．それを示すため，知能が高いと評判の親子を訪ねては情報収集したそうです．彼は優生学という学問分野を創始し，優秀な遺伝子を組み合わせれば，よりよい人種が作れると信じていました．こうした政治思想は問題ですが，彼の研究成果は諸分野に影響を与えています．

　サルツブルグ『統計学を拓いた異才たち』(参考文献[1])は，ゴールトンが平均への回帰を自明のものと考えていたこと，そして，彼が自明と考えた論理を次のように要約しています．「平均への回帰が起こらないと考えてみよう．…そうすると，背の高い父親の息子は平均すると父親と同程度の背の高さとなる．この場合，何人かの息子たちは(背の低い人たちの分を相殺するために)自分の父親より背が高くなければならない．また，息子世代で背の高かった人の子供たちの身長を平均すると，何人かはさらに高いことになる．これが代々続いていくであろう．……だが，こうしたことは実際には起こらない．人の身長の平均は，概して安定している傾向にある．そうなるのは，非常に背の高い父親の息子が平均をとると背がより低くなり，非常に背の低い父親の息子が平均をとると背がより高くなる場合のみである．平均への回帰は，安定性を保ち，ある特定の種が代々ほとんど同じままである現象なのである」．

　平均への回帰は身長だけでなく，持って生まれた知性，運動能力，芸術的才能などにもいえます．親が聡明でもその子供が同じくらい聡明とは平均的には期待できませんが，親が聡明でなくてもその子供は平均的には改善されると期待できます．

たところ，$Y=1.77+0.84X$ が得られました(推定方法は10.3節参照)．$\beta=0.84$ は，仮登録者が1人増えると本登録者も0.84人増えることを意味します．加えて，$\beta<1$ は，仮登録者数が多すぎると本登録者数は減少し，仮登録者数が少なすぎると本登録者数は増加するということです．つまり，平均への

回帰が存在しています[4]．たとえば，仮登録者数が61人いるゼミなら本登録者数は1.77+0.84×61=53人へと減少し，仮登録者数が3人いるゼミなら本登録者数は1.77+0.84×3=4.3人へと増加します．したがって，仮登録制度は，本登録者が倍率の高いゼミに集中することを回避するうえで，一定の効果を持っているものと評価できます．

10.3　最小2乗法

　図10-2は，筆者が某大学で調べた大学生の身長Xと体重Yのデータを散布図にしたものです．散布図の各点を(X_1, Y_1), (X_2, Y_2), …, (X_n, Y_n)とします（サンプルサイズはn）．身長Xが高くなるにつれて体重Yが増加し，両者に正の相関がみてとれます．

　ここでXとYに線形関係$Y=\alpha+\beta X$があると考えて，母数α, βを推定してみましょう．ためしに$\tilde{Y}=\tilde{\alpha}+\tilde{\beta}X$という直線を引きます（〜は「ティルダ」と読む）．$\tilde{\alpha}$と$\tilde{\beta}$は任意の値で，値を変えると直線も変化します．それではどうすれば「当てはまり」のよい直線が引けるでしょうか．この問に答えるには，「当てはまり」という概念を定義する必要があります．

　ここでY_iと，$X=X_i$で評価された直線上の値$\tilde{Y}_i=\tilde{\alpha}+\tilde{\beta}X_i$との差について考えてみましょう（図10-2参照）．これは**残差**（residual）と呼ばれ，
$$\tilde{u}_i=Y_i-\tilde{Y}_i=Y_i-(\tilde{\alpha}+\tilde{\beta}X_i)$$
と定義されます．全てのiについて残差を計算できますが，残差にはプラスとマイナスがあり，その総和はそれぞれが打ち消し合うので，残差を2乗してから総和をとることが適当です．そして，この**残差2乗和**
$$\sum_{i=1}^{n}\tilde{u}_i^2=\sum_{i=1}^{n}(Y_i-\tilde{\alpha}-\tilde{\beta}X_i)^2$$
が小さいほど「当てはまり」がよいとします[5]．

---

[4]　仮登録者数と本登録者数が一致するポイントX^*を求めましょう．この点では$X^*=1.77+0.84X^*$となるので，$X^*=1.77/(1-0.84)=11.06$人です．したがって，仮登録者数が11.06より少なければ本登録者数は増加し，仮登録者数が11.06より多ければ本登録者数は減少します．

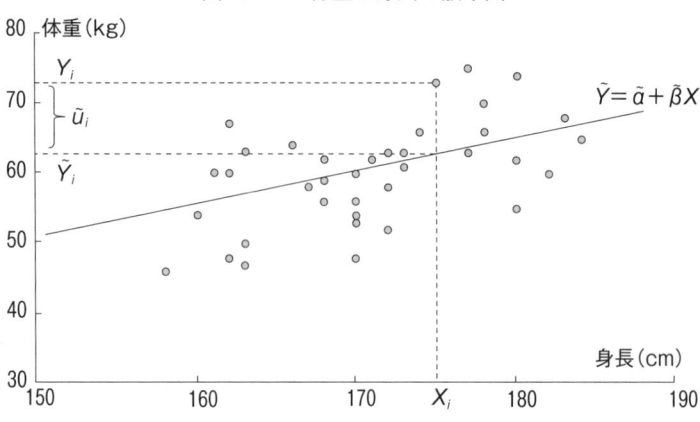

図 10-2　体重と身長の散布図

以上から「当てはまり」のよい線を引くには，残差 2 乗和を最小にする $\tilde{a}$ と $\tilde{\beta}$ を選ぶ必要があります．残差 2 乗和を最小にする $\tilde{a}$ と $\tilde{\beta}$ を選ぶ推定方法を**最小 2 乗法**（Ordinary Least Squares: OLS）といい，選ばれた $\tilde{a}$ と $\tilde{\beta}$ を**最小 2 乗推定量**と呼びます．また，最小 2 乗推定量は ^（ハット）を付けて $\hat{a}$ と $\hat{\beta}$ と表します．最小 2 乗推定量は以下で与えられます（式の導出は補足を参照してください）．

最小 2 乗推定量

$$\hat{a} = \overline{Y} - \hat{\beta}\overline{X}, \quad \hat{\beta} = \frac{\sum_{i=1}^{n}(X_i - \overline{X})(Y_i - \overline{Y})}{\sum_{i=1}^{n}(X_i - \overline{X})^2}$$

最小 2 乗推定量 $\hat{a}$ と $\hat{\beta}$ の直観的な解釈を説明します．$\hat{\beta}$ の分母と分子をそれぞれ $n-1$ で割ると，

5）　残差の絶対値をとって総和 $\sum|\tilde{u}_i|$ を求めることも可能です．しかし，この方法（絶対偏差法）は数学的な取扱いが難しいという問題があります．

$$\hat{\beta} = \frac{\dfrac{\sum_{i=1}^{n}(X_i-\bar{X})(Y_i-\bar{Y})}{n-1}}{\dfrac{\sum_{i=1}^{n}(X_i-\bar{X})^2}{n-1}}$$

となります.つまり,分母は X の標本分散

$$s_X^2 = \frac{\sum_{i=1}^{n}(X_i-\bar{X})^2}{n-1}$$

であり,分子は X と Y の標本共分散となります.

$$s_{XY} = \frac{\sum_{i=1}^{n}(X_i-\bar{X})(Y_i-\bar{Y})}{n-1}$$

　X の標本分散は常にプラスですから,X と Y の標本共分散がプラスなら $\hat{\beta}$ はプラス,標本共分散がマイナスなら $\hat{\beta}$ もマイナスとなります.図10-3は X と Y の散布図ですが,図から,標本共分散 >0 なら $\hat{\beta}>0$ となり,標本共分散 <0 なら $\hat{\beta}<0$ となることが明らかです.

　分母は X の標本分散であり,それが大きくなると傾きは緩やかとなり,小さくなると傾きは急になります.図10-4は,X と Y の標本共分散をプラスとして,X の標本分散と傾きの関係を図示したものです.図から,X の標本分散が大きくなると傾きは緩やかになり,標本分散が小さくなると傾きは急になることが明らかです.

　$\hat{\alpha}$ について,その直観的な意味を説明します.$Y_i = \alpha + \beta X_i$ から $\alpha = Y_i - \beta X_i$ となるので,α は $Y_i - \hat{\beta} X_i$ として推定できるはずです.それぞれの Y_i と X_i から α が推定できますから,α に関する n 個の推定量

$$Y_1 - \hat{\beta}X_1,\ Y_2 - \hat{\beta}X_2, \cdots, Y_n - \hat{\beta}X_n$$

が存在します.全ての情報を有効に利用するため,これらを平均すると

$$\hat{\alpha} = \frac{\sum_{i=1}^{n}(Y_i - \hat{\beta}X_i)}{n} = \frac{\sum_{i=1}^{n}Y_i - \hat{\beta}\sum_{i=1}^{n}X_i}{n} = \bar{Y} - \hat{\beta}\bar{X}$$

となり,α の最小2乗推定量が導かれます.最小2乗推定量は,一見すると意味のない式にも見えますが,よく眺めてみると直観的に理解できる推定式となっています.

　最後に,重要な概念を紹介します.残差2乗和を最小にするように選ばれた

図 10 - 3　係数の符号と標本共分散

(a)　標本共分散>0

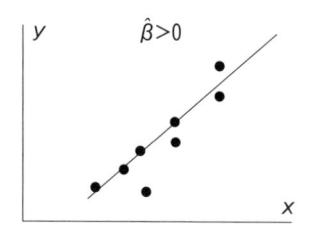

(b)　標本共分散<0

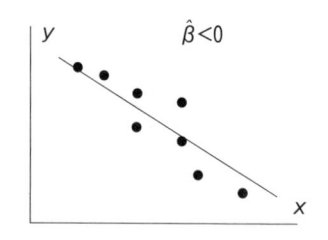

図 10 - 4　X の標本分散の役割

(a)　標本分散が大きい

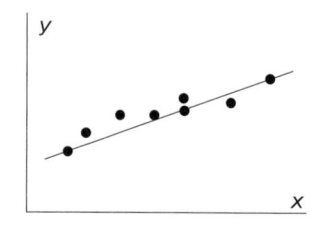

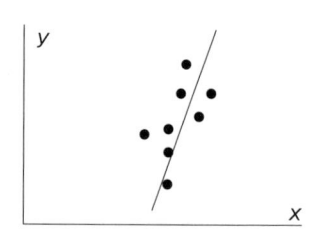

(b)　標本分散が小さい

直線 $\widehat{Y}=\hat{\alpha}+\hat{\beta}X$ を回帰直線といいます．また，X に具体的な値 X_i を代入して求めた回帰直線上の値 $\widehat{Y}_i=\hat{\alpha}+\hat{\beta}X_i$ を Y_i の理論値または予測値といいます．この場合の残差（Y_i と $X=X_i$ で評価された回帰直線上の値との差）は，とくに ^ を付けて

$$\widehat{u}_i = Y_i - \widehat{Y}_i = Y_i - (\hat{\alpha}+\hat{\beta}X_i)$$

と表します．残差の定義より，Y_i は理論値 + 残差，すなわち

$$Y_i = \widehat{Y}_i + \widehat{u}_i = \hat{\alpha}+\hat{\beta}X_i + \widehat{u}_i$$

となります．換言すれば，Y_i は，「モデルで説明された部分（$\widehat{Y}_i=\hat{\alpha}+\hat{\beta}X_i$）」と「モデルで説明されなかった部分（$\widehat{u}_i$）」に分解できます．

例 1（身長と体重の関係）　先ほどの身長 X と体重 Y のデータを使って，最小 2 乗法で推定したところ，

10章 回帰分析の基礎　253

表10-1　計算結果（家賃）

	Y_i	X_i	$(Y_i-\bar{Y})^2$	$(X_i-\bar{X})^2$	$(X_i-\bar{X})(Y_i-\bar{Y})$
1	3	10	9	100	30
2	4	15	4	25	10
3	5	20	1	0	0
4	7	25	1	25	5
5	11	30	25	100	50
総和	30	100	40	250	95
平均	6	20			

$$Y=-38.67+0.5778X$$

が得られました．$\hat{\beta}=0.5778$から，身長が1 cm高くなると体重は0.5778kg増加します．たとえば，身長170cmなら体重は$-38.67+0.5778\times170=60$kgと予測されます．$\hat{a}=-38.67$より，身長が0 cmのとき体重は$-38.67$kgとなりますが，身長0 cmはありえないので，定数項は数学的切片と解釈されます．

例2（家賃と敷地面積の関係） ある駅周辺の家賃（万円）をY，敷地面積（m²）をXとします．表10-1では，2列目に家賃Y，3列目に敷地面積Xのデータをまとめています（サンプルサイズは5）．たとえば，IDが1の場合，家賃は3万円で，敷地面積は10m²となります．

最小2乗法の理解を深めるため，手計算で$\hat{a}$と$\hat{\beta}$を求めます．表10-1は，YとXそれぞれの平均，Yの偏差2乗和，Xの偏差2乗和，XとYの積和の計算結果をまとめています．たとえば，$\bar{Y}=6, \bar{X}=20$から，$(Y_1-\bar{Y})^2=(3-6)^2=9, (X_1-\bar{X})^2=(10-20)^2=100, (X_1-\bar{X})(Y_1-\bar{Y})=(10-20)(3-6)=30$となります．

これらの値を最小2乗推定量の式に代入すると，

$$\hat{\beta}=\frac{\sum_{i=1}^{n}(X_i-\bar{X})(Y_i-\bar{Y})}{\sum_{i=1}^{n}(X_i-\bar{X})^2}=\frac{95}{250}=0.38$$

$$\hat{a}=\bar{Y}-\hat{\beta}\bar{X}=6-0.38\times20=-1.6$$

となります．$\hat{\beta}=0.38$から，敷地面積が1 m²増えると，家賃が0.38万円高く

コラム10-2　ワインの価格を回帰分析で予測する

　エアーズ『その数学が戦略を決める』の中で，経済学者オーリー・アッシェンフェルターが，回帰分析を用いてボルドーワインの価格を予測した話が紹介されています（以下，参考文献[2]を参照）．ワインの質と価格は生産年（ヴィンテージ，ブドウの収穫年）によって大きく異なります．ボルドーでは，ブドウ果汁を，樽で18〜24カ月も寝かせたあと瓶に詰め，さらに熟成させます．プロの試飲家でも，ブドウ果汁が樽に入れられてから，試飲するまでには4カ月は待たなければならないうえ，この段階のワインは発酵途上であるため，完成品の出来（将来の競売価格）を予測できません．試飲して正確に品質を評価するためには，生産年から数年は待つ必要があるのです．

　これに対して，オーリーは，生産年の時点でも，その年の気候情報だけを用いて将来の競売価格を予測できると考えました．「当たり前のことなんですけどね．ワインは農産品だから，年ごとの気候に大幅に影響されるんです」とオーリーはいいます．専門家によると，ボルドーワインの質はブドウが熟して果汁が濃い時に最高のものとなるといわれています．夏が猛暑だとブドウも熟して酸味が減り，降雨が平均より少なければ果汁が濃縮されます．よって，暑くて乾燥した年ほど伝説級のヴィンテージワインとなる可能性が高いというわけです．オーリーは，フランスのボルドー地方の数十年にわたる気候データを用いて，次の関係を得ました（重回帰分析は12章参照）．

$$\text{ワインの質} = -12.145 + 0.00117 \times \text{冬の降雨} + 0.616 \times \text{育成期平均気温}$$
$$- 0.00386 \times \text{収穫期降雨} + 0.024 \times \text{ワインの年齢}$$

このように，ワインの質（ワインの競売価格）は，冬の降雨（収穫前10〜3月の降雨量），育成期平均気温（4〜9月の平均気温），収穫期降雨（8，9月の降雨量），ワインの年齢（生産年からの経過年数）で説明されるので，生産年の気候情報を式に入力すれば，ワインの将来の競売価格を予測できます．

　伝統的なワイン批評家たちは，回帰分析による予測に批判的です．ある批評家は，オーリーをペテン師であると酷評しました．その後，オーリーは，ニュースレター『リキシッドアセット』で予測結果を定期的に発表し，その予測精度の高さを明らかにしてきました．たとえば，樽に入って3カ月，批評家すら

試飲していない1989年物を今世紀最高のワインになると予測しました．また，その翌年の1990年物は，気候情報からそれ以上の出来になると予測しました．

オーリーの予測に対する評価はさまざまです．ロンドンのクリスティーズ競売所の国際ワイン部部長マイケル・ブロードベントは次のように述べています．「多くの人はオーリーがイカレポンチだと考えておりますし，多くの点ではそういう面はあるのでしょうね．でも私の調べたところ，毎年毎年あの方の考えやその成果は驚くほど的中しています．あの方の仕事は，ワインを買いたいと思っている方にとって本当に役に立つものだと思いますよ」．

なることが分かります．敷地面積 $0\,\mathrm{m}^2$ はありえませんから，α は数学的切片と解釈されます．これらの結果から，敷地面積が $40\,\mathrm{m}^2$ のとき家賃は $-1.6+0.38\times40=13.6$ 万円，$50\mathrm{m}^2$ のとき $-1.6+0.38\times50=17.4$ 万円と予測されます．

10.4　決定係数

次に，回帰直線の当てはまりの尺度である**決定係数**を紹介します．前節でみたように，Y_i は理論値 $\widehat{Y}_i=\widehat{\alpha}+\widehat{\beta}X_i$ に残差 $\widehat{u}_i$ を加えたもの ($Y_i=\widehat{Y}_i+\widehat{u}_i$) です．理論値は「モデルで説明された部分」，残差は「モデルで説明されなかった部分」です．このとき，かりに Y の変動が理論値の動きで説明されていれば当てはまりの良いモデルですし，Y の変動が残差でほぼ説明されていれば当てはまりの悪いモデルといえます．

Y の全変動（Y がどのくらい変動していたか）は，Y の偏差2乗和でとらえるのが自然です．図10-5から，Y_i の偏差 $Y_i-\bar{Y}$ は，モデルで説明された部分 $\widehat{Y}_i-\bar{Y}$ と，モデルで説明されなかった部分 $\widehat{u}_i$ に分解できます．これに対応して，Y の全変動も次のように分解できます（証明は補足参照）．

$$\underbrace{\sum_{i=1}^{n}(Y_i-\bar{Y})^2}_{(Y\text{の全変動})}=\underbrace{\sum_{i=1}^{n}(\widehat{Y}_i-\bar{Y})^2}_{(\text{モデルで説明された}Y\text{の変動})}+\underbrace{\sum_{i=1}^{n}\widehat{u}_i^2}_{(\text{モデルで説明されなかった}Y\text{の変動})}$$

そして，Y の全変動のうち理論値の変動の割合，すなわち，「モデルで説明

図 10-5　偏差の分解

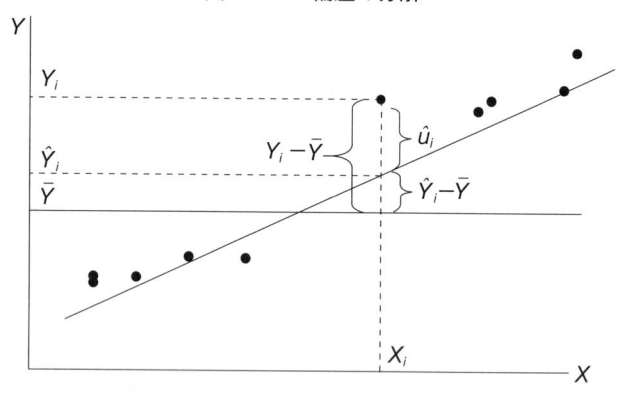

されたYの変動の割合」を当てはまりの尺度とします．これは決定係数と呼ばれ，次のように定義されます．

決定係数（coefficient of determination）
$$R^2 = \frac{\sum_{i=1}^{n}(\widehat{Y}_i - \overline{Y})^2}{\sum_{i=1}^{n}(Y_i - \overline{Y})^2}$$

別表現としては以下があります[6]．

$$R^2 = 1 - \frac{\sum_{i=1}^{n}\widehat{u}_i^2}{\sum_{i=1}^{n}(Y_i - \overline{Y})^2}$$

決定係数 R^2 は，0から1までの値をとり，1に近いほど当てはまりがよく，0に近いほど当てはまりが悪いとされます．図10-6は，それぞれの場合を図

---
6) Yの全変動 $\sum_{i=1}^{n}(Y_i - \overline{Y})^2 = \sum_{i=1}^{n}(\widehat{Y}_i - \overline{Y})^2 + \sum_{i=1}^{n}\widehat{u}_i^2$ を，$\sum_{i=1}^{n}(Y_i - \overline{Y})^2$ で割ると，

$$1 = \frac{\sum_{i=1}^{n}(\widehat{Y}_i - \overline{Y})^2}{\sum_{i=1}^{n}(Y_i - \overline{Y})^2} + \frac{\sum_{i=1}^{n}\widehat{u}_i^2}{\sum_{i=1}^{n}(Y_i - \overline{Y})^2}$$

であり，これを書き換えると次式になります（左辺は決定係数の定義式です）．

$$\frac{\sum_{i=1}^{n}(\widehat{Y}_i - \overline{Y})^2}{\sum_{i=1}^{n}(Y_i - \overline{Y})^2} = 1 - \frac{\sum_{i=1}^{n}\widehat{u}_i^2}{\sum_{i=1}^{n}(Y_i - \overline{Y})^2}$$

10章 回帰分析の基礎　257

図10-6　決定係数の意味

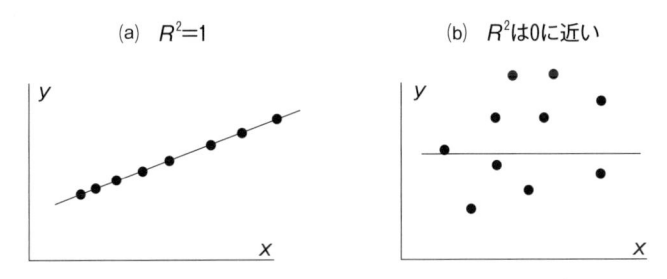

(a) $R^2=1$　　　　　(b) R^2は0に近い

示したものです．(a)のように，全ての点が回帰直線上にあれば，残差 $\hat{u}_i$ は全て0ですから決定係数 R^2 は1となります．(b)のように，当てはまりが悪い場合には，残差 $\hat{u}_i$ が大きくなるため，決定係数 R^2 は0に近い値となります．

　回帰分析を用いた予測に関心があるなら，決定係数 R^2 はできるだけ高いことが望ましいといえます．たとえば，決定係数が90%もあるモデルなら，Y の変動の90%がモデルから説明されており，モデルから得られる Y の予測は信頼できるといえます．次の11章では，決定係数はいくつぐらいであればよいのか，決定係数を用いて説明変数の選択をしていいのか，という問題について詳しく学びます．

例1（気温と売上げ）　あるラーメン屋の店長は，冷麺の売上げ個数 Y と気温 X に正の相関があることを感じていますが，数量的関係（気温が1度上がったとき，売上げ個数がどのぐらい増えるか）を正確に知りたいと考えています．表10-2は，店の1日の売上げ個数を Y，温度を X として，店の5日分の情報をまとめたものです．表2列目が売上げ個数 Y，3列目は気温 X です．

　X と Y それぞれの平均，Y の偏差2乗和，X の偏差2乗和，X と Y の積和を，最小2乗推定量の式に代入すると，

$$\hat{\beta}=\frac{\sum_{i=1}^{n}(X_i-\bar{X})(Y_i-\bar{Y})}{\sum_{i=1}^{n}(X_i-\bar{X})^2}=\frac{800}{250}=3.2$$

$$\hat{\alpha}=\bar{Y}-\hat{\beta}\bar{X}=72-3.2\times20=8$$

表10-2　計算結果（冷麺の売上げ）

	Y_i	X_i	$(Y_i-\bar{Y})^2$	$(X_i-\bar{X})^2$	$(X_i-\bar{X})(Y_i-\bar{Y})$	$\hat{u}_i$	$\hat{u}_i^2$
1	100	30	784	100	280	-4	16
2	80	20	64	0	0	8	64
3	90	25	324	25	90	2	4
4	50	15	484	25	110	-6	36
5	40	10	1024	100	320	0	0
総和	360	100	2680	250	800	0	120
平均	72	20					

となります．$\hat{\beta}=3.2$から，温度が1度上昇すると売上げ個数は3.2個増えることがわかります．$\hat{\alpha}=8$から，温度が0度（$X=0$）であれば売上げは8個となります．これらの推定結果から，たとえば気温が5度のときの売上個数は$8+3.2\times5=24$個と予測されます．

表10-2は，残差の情報もまとめています．たとえば，1番目の残差は
$$\hat{u}_1=Y_1-\hat{\alpha}-\hat{\beta}X_1=100-8-3.2\times30=-4$$
です．表から，残差の総和はプラスとマイナスが打ち消しあって0となることが確認できます（残差の総和は必ず0となることの証明は補足参照）．Yの偏差2乗和は2680，また残差2乗和は120ですから，決定係数は，
$$R^2=1-\frac{\sum_{i=1}^{n}\hat{u}_i^2}{\sum_{i=1}^{n}(Y_i-\bar{Y})^2}=1-\frac{120}{2680}=0.955$$
となります．売上個数Yの全変動のうち95.5%は，このモデルで説明できているといえます．

例2（フィリップス曲線） XとYには，常に線形関係$Y=\alpha+\beta X$が成立しているわけではありません．図10-7は，1990～2005年における日本の失業率（U）とインフレ率（ΔP）の関係を散布図で表したものです．景気がよいと，消費が活発となるため物価は上昇し，失業率も低下します．これに対して，景気が悪いと，物価は下がり失業率は上昇します．このような，失業率とインフレ率との負の相関を表す曲線をフィリップス曲線といいます．

インフレ率をY，失業率をXとして，上記のデータから両者の関係を最小

図10-7 フィリップス曲線

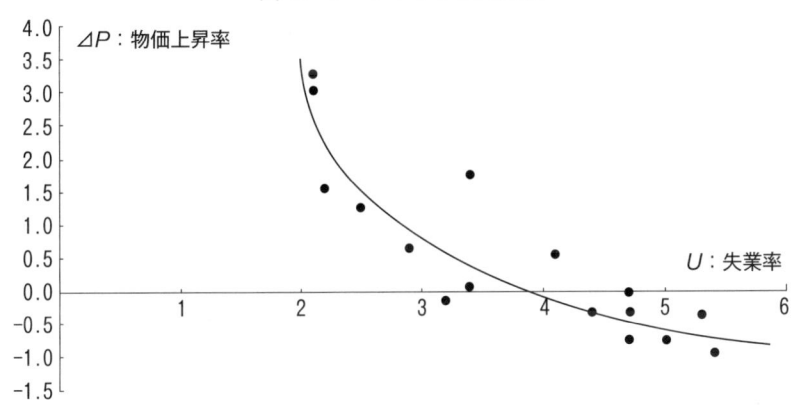

2乗法で推定すると,以下のようになりました.
$$Y = 4.16 - 0.95X, \quad R^2 = 0.73$$
しかし,図10-7からは,失業率(U)とインフレ率(ΔP)は線形関係ではなく,むしろ次のような非線形関係が想定できそうです.
$$\Delta P = \alpha + \beta \frac{1}{U}$$
Uが0に近づくほど$1/U$は大きくなり,逆にUが大きくなるほど$1/U$は小さくなります.したがって,$\beta > 0$なら,Uが0に近いほど$\alpha + \beta(1/U)$は大きくなり,Uが大きくなるほど$\alpha + \beta(1/U)$は小さくなります.

このような非線形関係は,新しくXを$1/U$と定義(変換)すれば,上記の非線形モデルも線形モデル$Y = \alpha + \beta X$で表すことができます.一見すると線形関係ではなかったとしても,変数を適切に定義しなおせば線形関係に置き換えることができるのです.$X = 1/U$としたモデルを推定すると,
$$Y = -2.73 + 11.18X, \quad R^2 = 0.80$$
となります(Yは以前と同じ).決定係数は0.73から0.80へと0.07も改善しているので,こちらの方がよりよいモデルといえそうです.

データ分析を行う際は，まずデータを散布図にして変数間の関係を大雑把に調べることが必要です．かりに変数間に非線形な関係が見てとれるなら，そのような関係を考慮できる定式化を考える必要があります．

例3（コブ＝ダグラス生産関数） マクロ経済学では，コブ＝ダグラス生産関数が GDP を決定するモデルとして紹介されます．これは Q を生産量（GDP），K を資本投入量（資本ストック），L を労働投入量（労働者数），A を技術進歩率としたとき，

$$Q_i = AL_i^\beta K_i^{1-\beta}$$

という関係が成立するモデルです．ここで β は，完全競争のもとでの**労働分配率**（生産活動によって発生した要素所得のうち労働者に帰属する割合）に当たります[7]．

では，未知の母数である A と β はどのように推定すればよいでしょうか．両辺を K_i で割った

$$\frac{Q_i}{K_i} = AL_i^\beta K_i^{-\beta} = A\left(\frac{L_i}{K_i}\right)^\beta$$

の両辺の自然対数をとると $\ln(Q_i/K_i) = \ln(A) + \beta \ln(L_i/K_i)$ となります（自然対数は付録 A.4.2 節参照）．ここで $\ln(Q_i/K_i)$ を被説明変数 Y_i，$\ln(L_i/K_i)$ を説明変数 X_i，$\ln(A)$ を定数項 α とすると，線形関数になるので，最小2乗法によって α と β が推定できます．$\alpha = \ln(A)$ から $A = e^\alpha$ となりますから，α が分かれば技術進歩率 A も推定できます．

---

[7]　β が労働分配率と一致する理由は次のとおりです（経済学の内容であり，読み飛ばしても差し支えありません）．完全競争のもとでは（物価水準を1と単純化），賃金率 W は労働の限界生産性 MPL と一致し（$W = MPL$），資本収益率 R は資本の限界生産性 MPK と一致します（$R = MPK$）．労働の限界生産性 MPL は $AL^\beta K^{1-\beta}$ を L で微分すれば $\beta AL^{\beta-1}K^{1-\beta}$ と求まります．$W = MPL$ から，$WL = \beta AL^{\beta-1}K^{1-\beta} \times L = \beta AL^\beta K^{1-\beta}$ となります．Q は労働に分配される部分 WL と資本に分配される部分 RK に分けられます（$Q = WL + RK$）．労働の分配率とは WL/Q ですから，これは $WL/Q = (\beta AL^\beta K^{1-\beta})/(AL^\beta K^{1-\beta}) = \beta$ と求まります．

コラム10-3　生産関数の歴史

　コブ＝ダグラス生産関数は，P・ダグラス（Paul Douglas）と C・コブ（Charles Cobb）によって考案された生産関数です．蓑谷千凰彦／縄田和満／和合筆編『計量経済学ハンドブック』（朝倉書店，2007年）の第30章では，ダグラスのさまざまな発言が紹介されています．

　ダグラスは生産関数が考案された経緯を次のように述べています．「コブ＝ダグラス生産関数に対する着想は，1927年春であった．……対数方眼紙に，1899年から1922年までの米国製造業の就業者数（L），実質資本ストック（K）および生産高（Q）の3変数のグラフを描いた．そしてこの労働，資本の2つの生産要素の生産高への影響を示す関数形について数学者のコブに相談したところ，彼は $Q=AL^{\beta}K^{1-\beta}$ の関数形を示してくれた．この関数形は Wicksteed によってすでに30年以上前に示唆されていた関数形でもあった．コブと私は最小2乗法によって β の値を推定し，約0.75であることを知った．この0.75という値は，完全競争のもとで得られる労働分配率でもあるが，製造業の労働分配率の観測事実とほぼ合致していた．1927年12月コブと私は，アメリカ経済学会でこのコブ＝ダグラス生産関数の論文を発表した」．

　この生産関数は，今日では経済学で不動の地位を占めていますが，当時は大きな批判を受けたようです．ダグラスは，次のように述べています．「論文は非常な敵意をもって受け取られ，その後数年間はきわめて辛辣な批判に満ちていた．私たちが行おうとしている研究に対して誰も良い言葉を投げかけはしなかった．攻撃はさまざまな方面からきた．新古典主義者は，熟慮して得られた彼らの抽象理論を数量化しようとするわれわれの試みに怒りをあらわにした」．

　当時の経済学はまだ発展途上であり，ダグラスが試みた理論の数量化への理解は不十分でした．彼らの功績が現在の経済学の礎となって，今では，理論をモデル化して統計学を駆使して数量化することが一般的方法となっています．経済学において，統計学の重要性がますます高まっているといえます．

補足:証明

最小2乗推定量の導出

最小2乗推定量の導出には微分を用います(微分に馴染みがない方は,読み飛ばしてかまいません).残差2乗和

$$\sum_{i=1}^{n}\tilde{u}_i^2=\sum_{i=1}^{n}(Y_i-\tilde{\alpha}-\tilde{\beta}X_i)^2$$

の最小化問題を解くため,上式を$\tilde{\alpha}$と$\tilde{\beta}$で微分して0と置きます.微分は関数の傾きを求める方法です.ある関数が最小値をとるとき,その関数のグラフの傾きは0となるので,微分をとって傾きが0となる点を指定すれば,関数を最小にする点が求まります.

残差2乗和を,$\tilde{\alpha}$と$\tilde{\beta}$でそれぞれ微分して0と置くと,

$$\frac{\partial \sum_{i=1}^{n}\tilde{u}_i^2}{\partial \tilde{\alpha}}=\sum_{i=1}^{n}\frac{\partial \tilde{u}_i^2}{\partial \tilde{\alpha}}=\sum_{i=1}^{n}\frac{\partial \tilde{u}_i^2}{\partial \tilde{u}_i}\frac{\partial \tilde{u}_i}{\partial \tilde{\alpha}}$$

$$=\sum_{i=1}^{n}(2\tilde{u}_i)(-1)=-2\sum_{i=1}^{n}(Y_i-\hat{\alpha}-\hat{\beta}X_i)=0$$

$$\frac{\partial \sum_{i=1}^{n}\tilde{u}_i^2}{\partial \tilde{\beta}}=\sum_{i=1}^{n}\frac{\partial \tilde{u}_i^2}{\partial \tilde{\beta}}=\sum_{i=1}^{n}\frac{\partial \tilde{u}_i^2}{\partial \tilde{u}_i}\frac{\partial \tilde{u}_i}{\partial \tilde{\beta}}$$

$$=\sum_{i=1}^{n}(2\tilde{u}_i)(-X_i)=-2\sum_{i=1}^{n}(Y_i-\hat{\alpha}-\hat{\beta}X_i)X_i=0$$

となります.両式を満たす$\tilde{\alpha}$と$\tilde{\beta}$は,すでに最小化問題の解ですから,$\hat{\alpha}$と$\hat{\beta}$と表しました.各式の両辺を-2で割ると,次の連立方程式(**正規方程式**という)が得られます.

① $\sum_{i=1}^{n}(Y_i-\hat{\alpha}-\hat{\beta}X_i)=0$

② $\sum_{i=1}^{n}(Y_i-\hat{\alpha}-\hat{\beta}X_i)X_i=0$

①式は残差2乗和を$\tilde{\alpha}$で微分して0と置いた式で,②式は残差2乗和を$\tilde{\beta}$で微分して0と置いた式です.連立方程式の解が最小2乗推定量となります.

①式は$\sum_{i=1}^{n}Y_i-n\hat{\alpha}-\hat{\beta}\sum_{i=1}^{n}X_i=0$と書けますから,両辺を$n$で割ると$\hat{\alpha}=\bar{Y}-\hat{\beta}\bar{X}$が導出できます.また,②式は,

10章 回帰分析の基礎

$$\sum_{i=1}^n X_i Y_i - \hat{a}\sum_{i=1}^n X_i - \hat{\beta}\sum_{i=1}^n X_i^2 = 0$$

ですから，$\hat{a} = \bar{Y} - \hat{\beta}\bar{X}$ を代入すると，

$$\sum_{i=1}^n X_i Y_i - (\bar{Y} - \hat{\beta}\bar{X})\sum_{i=1}^n X_i - \hat{\beta}\sum_{i=1}^n X_i^2$$

$$= \sum_{i=1}^n (Y_i - \bar{Y})X_i - \hat{\beta}\sum_{i=1}^n (X_i - \bar{X})X_i = 0$$

となります．これを $\hat{\beta}$ でまとめると，次式が得られます．

$$\hat{\beta} = \frac{\sum_{i=1}^n (Y_i - \bar{Y})X_i}{\sum_{i=1}^n (X_i - \bar{X})X_i}$$

この式は10.3節の $\hat{\beta}$ と同じ式です．偏差の和は0ですから，

$$\sum_{i=1}^n (Y_i - \bar{Y})\bar{X} = \bar{X}\sum_{i=1}^n (Y_i - \bar{Y}) = 0,\ \sum_{i=1}^n (X_i - \bar{X})\bar{X} = \bar{X}\sum_{i=1}^n (X_i - \bar{X}) = 0$$

が成立します．このことから，以下を示すことができます．

$$\hat{\beta} = \frac{\sum_{i=1}^n (Y_i - \bar{Y})X_i - 0}{\sum_{i=1}^n (X_i - \bar{X})X_i - 0} = \frac{\sum_{i=1}^n (Y_i - \bar{Y})X_i - \sum_{i=1}^n (Y_i - \bar{Y})\bar{X}}{\sum_{i=1}^n (X_i - \bar{X})X_i - \sum_{i=1}^n (X_i - \bar{X})\bar{X}}$$

$$= \frac{\sum_{i=1}^n (Y_i - \bar{Y})(X_i - \bar{X})}{\sum_{i=1}^n (X_i - \bar{X})^2}$$

Y の全変動の分解

　残差には3つの性質があり，これらは正規方程式（上記①，②）から導かれます．第1の性質は，残差の総和は0です．①式から，残差の和は

$$\sum_{i=1}^n \hat{u}_i = \sum_{i=1}^n (Y_i - \hat{a} - \hat{\beta}X_i) = 0$$

となります．また，残差の総和が0ですから平均も0です（$\bar{\hat{u}} = \sum_{i=1}^n \hat{u}_i/n = 0$）．第2の性質は，説明変数と残差の積和は0です．②式から，この性質は

$$\sum_{i=1}^n X_i \hat{u}_i = \sum_{i=1}^n \hat{u}_i X_i = \sum_{i=1}^n (Y_i - \hat{a} - \hat{\beta}X_i)X_i = 0$$

と確認できます．第3の性質は，理論値と残差の積和は0です．これは

$$\sum_{i=1}^n \hat{Y}_i \hat{u}_i = \sum_{i=1}^n (\hat{a} + \hat{\beta}X_i)\hat{u}_i = \hat{a}\sum_{i=1}^n \hat{u}_i + \hat{\beta}\sum_{i=1}^n X_i \hat{u}_i = 0$$

から確認できます．上式の展開で，残差の性質1，2を用いました．第1，2の性質から第3の性質は導かれており，第3の性質は残差について何ら新しい情報となっていません．よって，残差は2つの制約式（残差の和は0，説明変数と残差の積和は0）だけを満たしているといえます．

　ここで Y の全変動は，$Y_i = \hat{Y}_i + \hat{u}_i$ から

$$\sum_{i=1}^{n}(Y_i-\overline{Y})^2=\sum_{i=1}^{n}(\widehat{Y}_i+\widehat{u}_i-\overline{Y})^2=\sum_{i=1}^{n}((\widehat{Y}_i-\overline{Y})+\widehat{u}_i)^2$$
$$=\sum_{i=1}^{n}(\widehat{Y}_i-\overline{Y})^2+\sum_{i=1}^{n}\widehat{u}_i^2+2\sum_{i=1}^{n}(\widehat{Y}_i-\overline{Y})\widehat{u}_i$$

となります.右辺第3項は,残差の性質1と3から0となります.

$$\sum_{i=1}^{n}(\widehat{Y}_i-\overline{Y})\widehat{u}_i=\sum_{i=1}^{n}\widehat{Y}_i\widehat{u}_i-\overline{Y}\sum_{i=1}^{n}\widehat{u}_i=0$$

練習問題

1. 回帰直線が点 $(\overline{X}, \overline{Y})$ を通ることを証明してください.
2. 決定係数 R^2 は,次のように変形できることを証明してください.

$$R^2=\widehat{\beta}^2\frac{\sum_{i=1}^{n}(X_i-\overline{X})^2}{\sum_{i=1}^{n}(Y_i-\overline{Y})^2}=\left(\frac{\sum_{i=1}^{n}(X_i-\overline{X})(Y_i-\overline{Y})}{\sqrt{\sum_{i=1}^{n}(X_i-\overline{X})^2\sum_{i=1}^{n}(Y_i-\overline{Y})^2}}\right)^2=r_{XY}^2$$

3. (1) $\widehat{\beta}=0$ なら $R^2=0$,(2) $R^2=0$ なら $\widehat{\beta}=0$,といえるでしょうか.
4. レストランの店長は,雨が降ると売上げが減ることを知っており,5日分の売上げと天気に関するデータを用いて,売上げと天気の数量的関係を知りたいと考えています. Y を売上げ(万円), X は雨なら1,晴れなら0となる確率変数とします. (1) α と β を推定し,その結果を解釈してください. (2) 決定係数 R^2 を求めてください.

表10-3 計算結果

	Y_i	X_i	$(Y_i-\overline{Y})^2$	$(X_i-\overline{X})^2$	$(X_i-\overline{X})(Y_i-\overline{Y})$
1	18	0	40.96	0.16	-2.56
2	6	1	31.36	0.36	-3.36
3	15	0	11.56	0.16	-1.36
4	4	1	57.76	0.36	-4.56
5	15	0	11.56	0.16	-1.36
総和	58	2	153.2	1.2	-13.2
平均	11.6	0.4			

5. 説明変数と残差との標本共分散が0となることを証明してください.
6. 以下のモデルについて, β の解釈をそれぞれ述べてください. ln は自然対数を意味します(詳細は付録 A.4.2節参照).
   (1) $Y=\alpha+\beta X$, (2) $\ln Y=\alpha+\beta\ln X$, (3) $Y=\alpha+\beta\ln X$, (4) $\ln Y=\alpha+\beta X$.

11章　単回帰分析

　本章では，単回帰分析を通じて，最小2乗推定量 $\hat{\alpha}$, $\hat{\beta}$ の確率的性質を確認したうえで，母数 α, β に関する信頼区間の求め方や仮説検定の方法を学びます．最終節では，決定係数を用いる際の注意点を説明します．

11.1　確率的モデル

　10章では2変数間の線形関係，すなわち $Y=\alpha+\beta X$ で表される関係を分析しました．しかし，Y を説明する要因は X だけとは限りません．たとえば，体重を Y, 身長を X としたとき，体重を説明する要因は身長のほかに，カロリー摂取量，運動量，年齢，性別などが考えられます．身長以外の要因をまとめて u と表し，次の定式化を考えます（i は観測番号，サンプルサイズは n）．

$$Y_i=\alpha+\beta X_i+u_i$$

u は誤差項（error term）と呼ばれ，Y の動きを説明する X 以外の要因を合計したものです．本章では，u を確率変数と仮定して分析します．u は確率的に決まるため，u をその構成要素として持つ Y も確率的に決まります．このように Y が確率的に決まるモデルを**確率的モデル**といいます．

　たとえば，$\alpha=2$, $\beta=3$, $X=5$ とします．また，u は離散確率変数で，-1, 0, 1 をとるとします（確率はそれぞれ，$P\{u=-1\}=0.25$, $P\{u=0\}=0.5$, $P\{u=1\}=0.25$）．このとき，$u=-1$ なら $Y=2+3\times5-1=16$ が実現します．$P\{u=-1\}=0.25$ ですから，$P\{Y=16\}=0.25$ です．同様に，Y は $2+3\times5+0=17$, $2+3\times5+1=18$ で，確率はそれぞれ $P\{Y=17\}=0.5$, $P\{Y=18\}=0.25$ となります．また，X の値が変われば Y の確率分布も変わります．たとえば，$X=6$ なら，Y は $2+3\times6-1=19$, $2+3\times6+0=20$, $2+3\times6+1=21$ で，確率は $P\{Y=19\}=0.25$, $P\{Y=20\}=0.5$, $P\{Y=21\}=0.25$ です．なお，以下では，u はより現実的な正規確率変数であると仮定して分析を進めます．

11.2 標準的仮定

回帰分析における標準的仮定は次のとおりです．これらの仮定は，最小2乗推定量 $\hat{\alpha}$, $\hat{\beta}$ の確率的性質を考える際，分析を簡単にするために置かれます．

仮定1：説明変数 X_i は確率変数ではない
仮定2：n が大きくなるにつれて，$\sum_{i=1}^{n}(X_i-\bar{X})^2$ は ∞ に近づく
仮定3：$E[u_i]=0$
仮定4：$V(u_i)=E[u_i^2]=\sigma^2$
仮定5：$\mathrm{Cov}(u_i,u_j)=E[u_iu_j]=0$ （ただし $i\ne j$）
仮定6：u_i は正規分布に従う

以下でこれらの仮定の意味を考えます[1]．仮定が満たされないときの対処法は藪友良『入門 実践する計量経済学』（参考文献［13］）を参照してください．

仮定1について

仮定1は，説明変数 X が確率変数ではないという仮定ですが，多くの場合，説明変数 X は確率的に決まるため，この仮定は満たされません．仮定1は，説明を単純化するための便宜的仮定です[2]．

仮定2について

仮定2は，説明変数 X に変動があれば満たされる仮定です．X の偏差の2乗を無限に加えたものですから，総和も無限大となります．この仮定は X が Y に与える影響を測るために必要な仮定です．

β は「X が1単位増えたとき，Y が何単位変化するか」を表しますが，そもそも X に変動がなければ β の推定は不可能です．たとえば，図11-1(a)のよ

---

[1] 仮定3から，$V(u_i)=E[(u_i-0)^2]=E[u_i^2]$, $\mathrm{Cov}(u_i,u_j)=E[(u_i-0)(u_j-0)]=E[u_iu_j]$.
[2] 説明変数が確率変数でも，誤差項と独立であれば問題となりません．

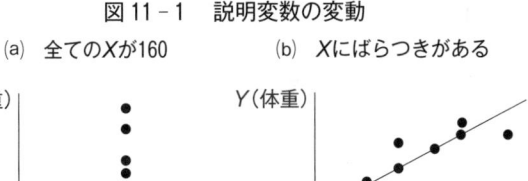

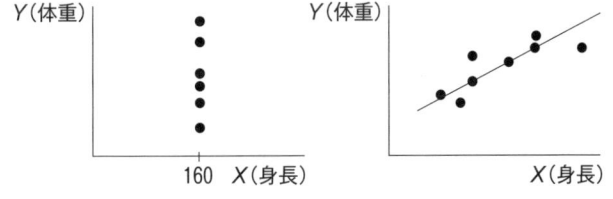

図 11 - 1　説明変数の変動
(a) 全てのXが160　　(b) Xにばらつきがある

うに，身長が160cmの人のデータしかなければ，身長と体重の相互関係を知ることはできません（仮定2が満たされません[3]）．図11-1(b)のケースでは，身長が高い人も低い人もいるので，身長が体重に与える影響を推定できます．仮定2は，図11-1(a)のような特殊ケースを排除するための仮定です．

ちなみに，XとYの関係を知るためには，Yの変動は必要ありません．Xが変動していて，Yが全く変動していなければ，XはYに何の影響も与えていないということであり，βは0と推定できます．

仮定3，4，5，6について

仮定3，4，5，6は「$u_i \sim i.i.d. N(0, \sigma^2)$」とまとめて表記することができます．「$i.i.d.$」は independent and identically distributed の略で，相互に独立 (independent) で，同一 (identically) の分布 (distributed) をしているという意味です．したがって，「$u_i \sim i.i.d. N(0, \sigma^2)$」は，誤差項 $u_1, u_2, \cdots, u_n$ が，相互に独立で同じ正規分布 $N(0, \sigma^2)$ に従っていることを意味します．以下で，これらの仮定の意味を確認しましょう．

なぜ誤差項は正規分布に従うのか（仮定6）

上述したとおり，Yに影響を与える要因は，X以外にも多数存在します．

---

[3] 全ての X_i が160cm なら $\bar{X}$ も 160cm ですから，全ての偏差は 0（$X_i - \bar{X} = 160 - 160 = 0$），偏差2乗和も0となります．

誤差項 u はその他の要因を全て足し合わせたものですから，他要因が多数存在すれば，中心極限定理より誤差項 u は正規分布に従うと考えられます。

ムロディナウ『たまたま』(参考文献[3]) は，次のような例を用いて中心極限定理を説明しています。「たとえば，パンを100個焼くとしよう。その都度，重さ1000グラムのパンを一個つくるためのレシピにしたがうとする。しかし偶然により，加える小麦粉や牛乳がときどきほんの少し多かったり少なかったりすることがあるだろうし，オーブンの中で消える水分がほんの少し多かったり少なかったりすることがあるだろう。そしてもし，最終的に，考えられる無数の原因の一つひとつが，パンの重さを数グラム増やしたり減らしたりするとすれば，そのパンの重さは正規分布にしたがって変化する」．

なぜ誤差項の期待値は0なのか（仮定3）

誤差項の期待値が0なのは，誤差項の期待値が0となるように定数項 α を定義しているからです。たとえば，本当（真）のモデルが

$$Y_i = \alpha^* + \beta X_i + u_i^*$$

であり，誤差項 u_i^* の期待値は0ではないとします（c は定数とし，$E[u_i^*] = c \neq 0$ とします）。このとき，新たに $\alpha = \alpha^* + c$，$u_i = u_i^* - c$ と定義して，上式に c と $-c$ を加えると，

$$Y_i = (\alpha^* + c) + \beta X_i + (u_i^* - c) = \alpha + \beta X_i + u_i$$

となります。こうすれば，新しい誤差項 u_i の期待値は0となります（$E[u_i] = E[u_i^*] - c = c - c = 0$）。

なぜ誤差項は相互に無相関なのか（仮定5）

無作為抽出によって得られたデータであれば，それぞれが相互に独立となりますから，誤差項も相互に無相関となります。したがって，無作為抽出により抽出された横断面データであれば，この仮定は満たされます。ただし，時系列データの場合，それぞれは相互に無相関ではありません。たとえば，2008年のリーマンショックは，その年以降の GDP にも影響を与えているといえるでしょう。

図11-2 確率的モデル

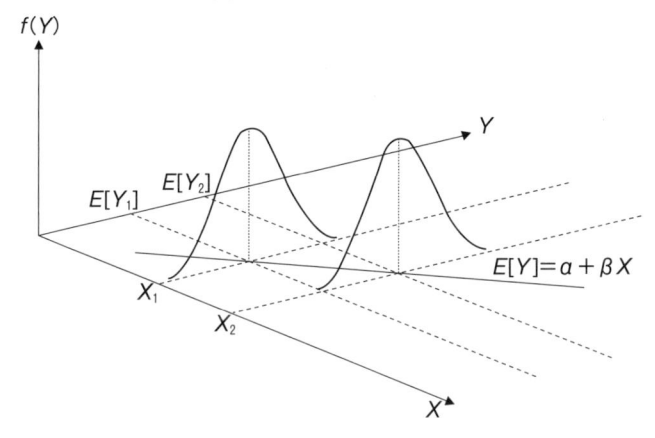

仮定1～6を図示

　図11-2は，仮定1～6を満たしている状況を，3次元空間で図示したものです．図では，X軸，Y軸，Yの確率を表す軸（$f(Y)$）によって3次元空間を表しています．Yの期待値は，

$$E[Y]=E[\alpha+\beta X+u]=\alpha+\beta X+E[u]=\alpha+\beta X$$

ですから，Yの分布の中心は$\alpha+\beta X$となります．このため，Xが変われば，Yの分布の中心$\alpha+\beta X$も変わります．Yは中心$\alpha+\beta X$にuを加えたものであり，また$u\sim N(0,\sigma^2)$ですから，Yが$\alpha+\beta X$の近傍で確率は最大となり，Yが$\alpha+\beta X$から離れるほど確率は低下します．図11-2は，$X=X_1$と$X=X_2$でのYの確率分布を表しています．各分布の中心は$E[Y_1]=\alpha+\beta X_1$と$E[Y_2]=\alpha+\beta X_2$であり，中心の近傍で確率が最も高く，中心から離れるにつれて確率は低下します．以下では，仮定1～6のもとで，最小2乗推定量の確率的性質を分析します．

11.3 最小2乗推定量の確率的性質

11.3.1 確率変数としての最小2乗推定量

10章で学んだように，最小2乗推定量 $\hat{\alpha}$, $\hat{\beta}$ は，

$$\hat{\alpha} = \bar{Y} - \hat{\beta}\bar{X}, \quad \hat{\beta} = \frac{\sum_{i=1}^{n}(X_i - \bar{X})(Y_i - \bar{Y})}{\sum_{i=1}^{n}(X_i - \bar{X})^2}$$

でした．Y_i の値は事前には分からないので，**推定量**は確率変数となります．しかし，Y_i に具体的な値（実現値）y_i を代入して求めた**推定値**はもはや確率変数ではありません（推定量と推定値の違いは7.2.2節参照）．

上式は，次のように書き換えることができます（証明は補足参照）．

$$\hat{\alpha} = \alpha - (\hat{\beta} - \beta)\bar{X} + \bar{u}, \quad \hat{\beta} = \beta + \frac{\sum_{i=1}^{n}(X_i - \bar{X})u_i}{\sum_{i=1}^{n}(X_i - \bar{X})^2}$$

ここで $\bar{u}$ は u_i の平均 $\sum u_i / n$ です．両式は確率変数 u_i に依存しており，最小2乗推定量が確率変数であることが，式からも確認できます．

推定量の優劣を判断する基準には，**不偏性**，**一致性**，**有効性**がありました（7.2.3節参照）．以下，最小2乗推定量が不偏性と一致性を満たすことを示します．なお，ここでは有効性については扱いませんが，標準的仮定のもとでは，最小2乗推定量は不偏推定量の中で最も有効な推定量（**最小分散不偏推定量**）であることが知られています．

11.3.2 不偏性

最小2乗推定量 $\hat{\alpha}$, $\hat{\beta}$ が**不偏性**（推定量が平均的に母数と等しいこと）を満たしていることを確認するため，$\hat{\alpha}$ と $\hat{\beta}$ の期待値をとります．X は確率変数ではないことに注意してください．

$\hat{\beta}$ の期待値は，

$$E[\hat{\beta}] = \beta + \frac{\sum_{i=1}^{n}(X_i - \bar{X})E[u_i]}{\sum_{i=1}^{n}(X_i - \bar{X})^2}$$

$$= \beta + \frac{\sum_{i=1}^{n}(X_i - \bar{X}) \times 0}{\sum_{i=1}^{n}(X_i - \bar{X})^2} = \beta$$

であり、$\hat{a}$ の期待値は、

$$E[\hat{a}] = \alpha - (E[\hat{\beta}] - \beta)\bar{X} + E[\bar{u}]$$
$$= \alpha - (\beta - \beta)\bar{X} + 0 = \alpha$$

となります。期待値は母数 α と β に等しく、最小2乗推定量は不偏性を満たしていることが確認できます。つまり、$\hat{a}$ は α の不偏推定量であり、$\hat{\beta}$ は β の不偏推定量です。

不偏性の意味を考えましょう。たとえば、身長 X と体重 Y の相互関係を調べるため、無作為に選ばれた50人のデータから α と β を推定します（1回目に得られた結果を $\hat{a}_{(1)}$, $\hat{\beta}_{(1)}$ と表す）。次に、新たに50人を無作為に選び直したデータから α と β を推定します（2回目の結果は $\hat{a}_{(2)}$ と $\hat{\beta}_{(2)}$ と表す）。このような無作為抽出を1000回繰り返し、そのたびに α と β を推定して記録します。

$$(\hat{a}_{(1)}, \hat{\beta}_{(1)}), (\hat{a}_{(2)}, \hat{\beta}_{(2)}), \cdots, (\hat{a}_{(1000)}, \hat{\beta}_{(1000)})$$

データは各回で異なるので、推定値も毎回異なるでしょう。ところが、推定量が不偏性を満たせば、推定量は平均的には母数と等しくなるはずです。

$$\frac{1}{1000}\sum_{i=1}^{1000}\hat{a}_{(i)} \fallingdotseq \alpha, \quad \frac{1}{1000}\sum_{i=1}^{1000}\hat{\beta}_{(i)} \fallingdotseq \beta$$

1000回では両者が等しくならない可能性があるため、等号（＝）ではなく近似（≒）としました。繰返し回数を十分に大きくすれば、両者は等しくなります。

11.3.3 分散と一致性

最小2乗推定量 $\hat{a}$ と $\hat{\beta}$ の分散を求めます。$\hat{a}$ の分散（$\sigma_{\hat{a}}^2$ と表記）は

$$\sigma_{\hat{a}}^2 = \frac{\sigma^2 \sum_{i=1}^{n} X_i^2}{n \sum_{i=1}^{n}(X_i - \bar{X})^2}$$

となり、$\hat{\beta}$ の分散（$\sigma_{\hat{\beta}}^2$ と表記）は

$$\sigma_{\hat{\beta}}^2 = \frac{\sigma^2}{\sum_{i=1}^{n}(X_i - \bar{X})^2}$$

となります（証明は補足参照）。推定量の標準偏差（分散の平方根）を標準誤差といいました（7.2.2節参照）。したがって、最小2乗推定量 $\hat{a}$, $\hat{\beta}$ の**標準誤差**は、分散 $\sigma_{\hat{a}}^2$ と $\sigma_{\hat{\beta}}^2$ の平方根をとれば、それぞれ次で与えられます。

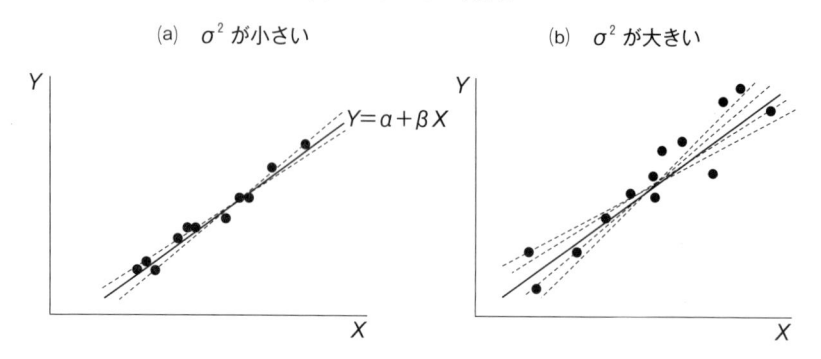

図11-3　σ^2の影響

(a)　σ^2が小さい　　　　　　(b)　σ^2が大きい

$$\sigma_{\hat{\alpha}}=\sqrt{\sigma_{\hat{\alpha}}^2},\ \sigma_{\hat{\beta}}=\sqrt{\sigma_{\hat{\beta}}^2}$$

　最小2乗推定量 $(\hat{\alpha},\ \hat{\beta})$ の分散の式から,次の2点が分かります.第1は,誤差項 u の分散 σ^2 が小さいほど,最小2乗推定量の分散 $\sigma_{\hat{\alpha}}^2$, $\sigma_{\hat{\beta}}^2$ も小さくなることです.まず,u は期待値0で分散 σ^2 の正規確率変数ですから(仮定3,4,6),σ^2 が小さいほど u は0に近い値をとりやすくなります.そして,$Y=\alpha+\beta X+u$ から,u が0に近ければ,Yの実現値 y は $\alpha+\beta X$ に近い値をとりやすくなります.図11-3では,実線が真の X と Y の関係 $Y=\alpha+\beta X$ を表し,点線はデータから推定された回帰直線を表します[4].図11-3(a)は,σ^2 が小さいので,データは直線 $Y=\alpha+\beta X$ の近傍で観察され,X と Y の関係が安定的に推定されます.これに対して,図11-3(b)では,σ^2 が大きいため,データは直線 $Y=\alpha+\beta X$ から離れたところで観察され,X と Y の関係が不安定に推定されます.

　第2は,X のばらつき $\sum(X_i-\bar{X})^2$ が大きいほど,最小2乗推定量の分散 $\sigma_{\hat{\alpha}}^2$,$\sigma_{\hat{\beta}}^2$ は小さくなることです.換言すれば,X のばらつきが大きいほど,X と Y の関係を安定的に推定できます.図11-4(a)を見ると,X のばらつきが小さいため,少しデータが異なるだけで推定される回帰直線は大きく変わるのをみて

---

4)　図では,複数の点線が描かれていますが,これはデータが変わると,推定される回帰直線がどの程度,変わり得るかというイメージを表しています.

11章 単回帰分析　273

図11-4　*X*のばらつきの影響
(a) *X*のばらつきが小さい　　　(b) *X*のばらつきが大きい

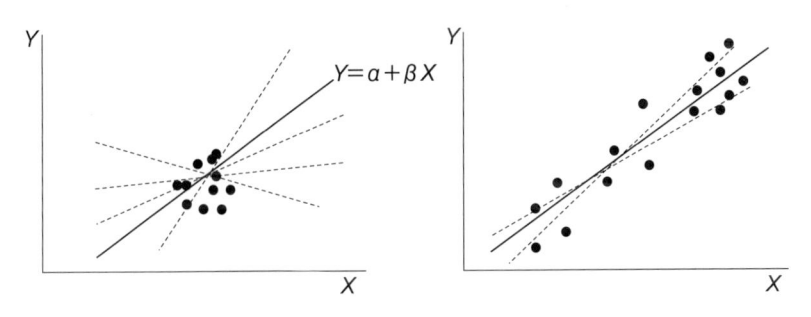

とれます．図11-4(b)のケースは，Xのばらつきが大きいので，データが多少異なっても回帰直線は安定して推定されます．身長と体重の例でいえば，身長が高い（低い）人だけでは，身長と体重の相互関係を安定して測ることはできません．さまざまな身長の人がいてこそ，身長と体重の相互関係を安定して測れるのです．同様に，消費 Y と所得 X の相互関係を調べるには，中所得者だけでなく，低所得者や高所得者も含んだデータを揃えてはじめて，両者の相互関係を安定的に測れます．こうしたことから，データ分析をする際には，あらかじめ X の標本標準偏差を計算し，X に十分な変動があるかを調べておくことが必要だといえます（X の変動が小さいなら，最小2乗推定量の分散は大きくなるため，有意な結果は得られにくくなります）．

最後に，最小2乗推定量が**一致性**を持つことを確認します．仮定2より，n が大きくなるにつれ，X の偏差2乗和 $\sum_{i=1}^{n}(X_i-\bar{X})^2$ は無限大に近づきます．$\sigma_{\hat{\alpha}}^2$ と $\sigma_{\hat{\beta}}^2$ の分母には X の偏差2乗和があるので，n が大きくなると $\sigma_{\hat{\alpha}}^2$ と $\sigma_{\hat{\beta}}^2$ は0に近づきます（練習問題7参照）．最小2乗推定量は不偏性が成立し，また n が大きくなると分散は0に近づくので，最小2乗推定量は一致性を満たします（図11-5参照）．つまり，n が大きくなるほど，X と Y の関係がより正確に把握できるようになり，n が ∞ であれば最小2乗推定量は常に母数と一致するのです．

図11-5　$\hat{\beta}$ の分布

（図：n が ∞、n が大きい、n が小さい の分布曲線、中心は β）

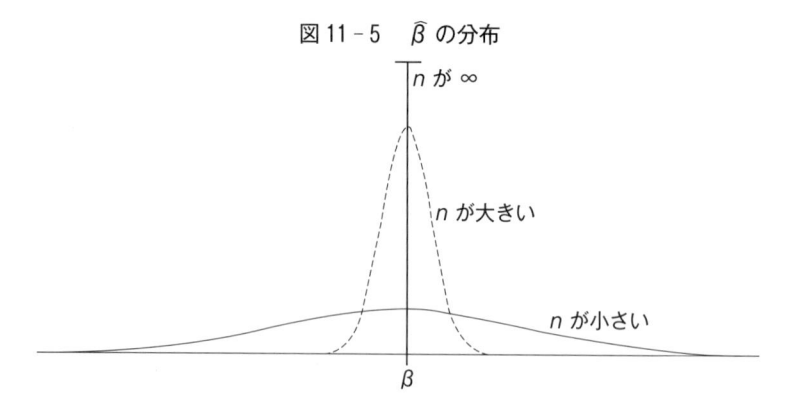

11.3.4　σ^2 の推定

誤差項 u の分散 σ^2 が分かれば，最小2乗推定量 $\hat{\alpha}$ と $\hat{\beta}$ の分散を計算できます．そこで，ここでは σ^2 の推定方法をみてみましょう．

誤差項 u_i は期待値 0 で分散 σ^2 ですから（仮定 3，4），$\sigma^2 = E[(u_i - 0)^2] = E[u_i^2]$ となるので，σ^2 の推定量は u_i^2 の平均

$$\frac{1}{n}\sum_{i=1}^{n} u_i^2$$

として推定するのが自然です．しかし，$u_i = Y_i - \alpha - \beta X_i$ は観察できないので[5]，u_i を残差 $\hat{u}_i = Y_i - \hat{\alpha} - \hat{\beta} X_i$ で代用して σ^2 を推定します．

$$s^2 = \frac{1}{n-2}\sum_{i=1}^{n} \hat{u}_i^2$$

ここで除数は $n-2$ ですが，n が大きければ n で割っても $n-2$ で割っても，違いはありません（$n-2$ で割る理由は補足参照）．

誤差項の分散 σ^2 の推定量である s^2 の期待値と分散は，それぞれ

$$E[s^2] = \sigma^2, \quad V(s^2) = \frac{2\sigma^4}{n-2}$$

---

5)　$Y_i = \alpha + \beta X_i + u_i$ から，誤差項は $u_i = Y_i - \alpha - \beta X_i$ です．

となります（証明は補足参照）．推定量 s^2 は，不偏性を満たしており，n が大きくなると分散は 0 に収束するので，一致性も満たしています．

最後に，最小 2 乗推定量 $\hat{\alpha}$ と $\hat{\beta}$ の分散 $\sigma_{\hat{\alpha}}^2$ と $\sigma_{\hat{\beta}}^2$ は，誤差項の分散 σ^2 をその推定量 s^2 で置き換えると，それぞれ

$$s_{\hat{\alpha}}^2 = \frac{s^2 \sum_{i=1}^n X_i^2}{n \sum_{i=1}^n (X_i - \bar{X})^2}, \quad s_{\hat{\beta}}^2 = \frac{s^2}{\sum_{i=1}^n (X_i - \bar{X})^2}$$

となり，$\hat{\alpha}$ と $\hat{\beta}$ の標準誤差は，それぞれ

$$s_{\hat{\alpha}} = \sqrt{s_{\hat{\alpha}}^2}, \quad s_{\hat{\beta}} = \sqrt{s_{\hat{\beta}}^2}$$

と推定できます．

11.4 信頼区間と仮説検定

11.3 節では，最小 2 乗推定量が不偏性と一致性を満たしていることを確認しました．本節では，最小 2 乗推定量は正規分布に従うことを示したうえで，母数 α と β の信頼区間の求め方，および仮説検定の方法を説明します．

11.4.1 最小 2 乗推定量の分布

最小 2 乗推定量 $\hat{\alpha}$ と $\hat{\beta}$ は正規分布に従う誤差項 u_i の線形結合です（証明は補足参照）．したがって，最小 2 乗推定量も正規分布に従います（6.2.4 節参照）．11.3 節から，最小 2 乗推定量 $\hat{\alpha}$ と $\hat{\beta}$ の期待値は母数 α と β と等しく，分散はそれぞれ $\sigma_{\hat{\alpha}}^2$ と $\sigma_{\hat{\beta}}^2$ でした．これは，次のように表すことができます．

$$\hat{\alpha} \sim N(\alpha, \sigma_{\hat{\alpha}}^2), \quad \hat{\beta} \sim N(\beta, \sigma_{\hat{\beta}}^2)$$

これらを標準化したものは標準正規分布に従います．たとえば，$\hat{\beta}$ を標準化（$\hat{\beta}$ から β を引いて $\sqrt{\sigma_{\hat{\beta}}^2}$ で割る）すると，

$$\frac{\hat{\beta} - \beta}{\sqrt{\sigma_{\hat{\beta}}^2}} = \frac{\hat{\beta} - \beta}{\sqrt{\sigma^2 / \sum_{i=1}^n (X_i - \bar{X})^2}} \sim N(0, 1)$$

となります．この結果を用いることで，β の信頼区間を求めたり，仮説検定を行ったりできそうですが，$\sqrt{\sigma_{\hat{\beta}}^2}$ が分からないので $\sqrt{s_{\hat{\beta}}^2}$ で代用する必要があります．

上式の $\sqrt{\sigma_{\hat{\beta}}^2}$ を $\sqrt{s_{\hat{\beta}}^2}$ で代用した

$$t_{\hat{\beta}} = \frac{\hat{\beta}-\beta}{\sqrt{s_{\hat{\beta}}^2}} = \frac{\hat{\beta}-\beta}{\sqrt{\dfrac{\sum_{i=1}^{n}\hat{u}_i^2/(n-2)}{\sum_{i=1}^{n}(X_i-\bar{X})^2}}} = \frac{\dfrac{\hat{\beta}-\beta}{\sqrt{\sigma^2/\sum_{i=1}^{n}(X_i-\bar{X})^2}}}{\sqrt{\dfrac{1}{n-2}\sum_{i=1}^{n}\left(\dfrac{\hat{u}_i}{\sigma}\right)^2}}$$

は,β に関する t 統計量と呼ばれます.右辺の分子は標準正規確率変数であり,分母の $\sum(\hat{u}_i/\sigma)^2$ は自由度 $n-2$ の χ^2 確率変数です($\sum(\hat{u}_i/\sigma)^2 \sim \chi^2(n-2)$ の証明は補足参照).分子は標準正規確率変数,分母の平方根の中は自由度 $n-2$ の χ^2 確率変数を自由度 $n-2$ で割ったものですから,t 分布の定義より,t 統計量は自由度 $n-2$ の t 分布に従います(9.2.1節参照)[6].

同様にして,α に関する t 統計量

$$t_{\hat{\alpha}} = \frac{\hat{\alpha}-\alpha}{\sqrt{s_{\hat{\alpha}}^2}}$$

も自由度 $n-2$ の t 分布に従います.t 統計量を用いた仮説検定を t 検定といいます.

11.4.2 信頼区間

t 統計量を用いれば,母数 α と β について信頼区間を求めることができ,推定結果の信頼性に関する議論が可能となります.

ここでは β の95%の信頼区間を求めます.この場合,$t_{\hat{\beta}}$ は自由度 $n-2$ の t 分布に従うので

$$0.95 = P\{-t_{n-2,0.05} < t_{\hat{\beta}} < t_{n-2,0.05}\} = P\left\{-t_{n-2,0.05} < \frac{\hat{\beta}-\beta}{\sqrt{s_{\hat{\beta}}^2}} < t_{n-2,0.05}\right\}$$

$$= P\{\hat{\beta} - t_{n-2,0.05}\sqrt{s_{\hat{\beta}}^2} < \beta < \hat{\beta} + t_{n-2,0.05}\sqrt{s_{\hat{\beta}}^2}\}$$

となります.よって,β の95%の信頼区間は

$$\hat{\beta} - t_{n-2,0.05}\sqrt{s_{\hat{\beta}}^2} < \beta < \hat{\beta} + t_{n-2,0.05}\sqrt{s_{\hat{\beta}}^2}$$

です.同様に,90%と99%の信頼区間はそれぞれ

---

[6] 厳密には,標準正規確率変数と χ^2 確率変数の独立性も証明する必要があります.

表 11-1　計算結果（鉄道料金）

区間	Y_i	X_i	$(Y_i-\bar{Y})^2$	$(X_i-\bar{X})^2$	$(X_i-\bar{X})(Y_i-\bar{Y})$	$\hat{u}_i^2$
東京〜八丁堀	130	1.2	63,504	389.7	4,974.5	2,250.7
東京〜舞浜	210	12.7	29,584	67.9	1,417.3	2,209.5
東京〜新浦安	290	16.1	8,464	23.4	445.3	345.2
東京〜海浜幕張	540	31.7	24,964	115.8	1,700.1	27.3
東京〜蘇我	740	43	128,164	486.6	7,897.5	545.9
総和	1,910	104.7	254,680	1,083.4	16,434.6	5,378.6
平均	382	20.94				

90％の信頼区間：$\hat{\beta}-t_{n-2,0.1}\sqrt{s_{\hat{\beta}}^2}<\beta<\hat{\beta}+t_{n-2,0.1}\sqrt{s_{\hat{\beta}}^2}$

99％の信頼区間：$\hat{\beta}-t_{n-2,0.01}\sqrt{s_{\hat{\beta}}^2}<\beta<\hat{\beta}+t_{n-2,0.01}\sqrt{s_{\hat{\beta}}^2}$

となります．α の信頼区間も同様に求めることができます．

例1（電車の走行距離と運賃の関係①）　電車の運賃は，走行距離が短いと安く，走行距離が長いと高くなります．京葉線を例に，走行距離と運賃の数量的関係を分析してみましょう．京葉線は，東京駅と蘇我駅（千葉市）を結ぶ，JR 東日本の鉄道路線の1つです．表11-1は，運賃（円）を Y，走行距離（km）を X として，東京駅から各駅までの区間情報をまとめたものです．たとえば，東京駅 − 八丁堀駅の区間は，走行距離1.2km で運賃130円，東京駅 − 海浜幕張駅の区間は，走行距離31.7km で運賃は540円です[7]．

ここで運賃 Y と距離 X に，$Y=\alpha+\beta X+u$ という線形関係があるとします．表11-1の情報を用いて，α と β を推定すると，それぞれ

$$\hat{\beta}=\frac{\sum_{i=1}^{n}(X_i-\bar{X})(Y_i-\bar{Y})}{\sum_{i=1}^{n}(X_i-\bar{X})^2}=\frac{16434.6}{1083.4}=15.17$$

$$\hat{\alpha}=\bar{Y}-\hat{\beta}\bar{X}=382-15.17\times20.94=64.34$$

となります．$\hat{\beta}=15.17$ から，距離が1 km 長くなると運賃が15.17円高くなります．また，α は64.34と推定されますが，走行距離が0 km はありえないの

---

[7]　運賃と走行距離との関係は，実際には線形ではなく階段状の関数になっていますが，この関数を線形近似するために回帰分析を用いています．

で，a は数学的切片と解釈されます．これらの結果から，たとえば，走行距離が60kmであれば運賃は$64.34+15.17\times60=974.54$円と予測されます．

表から Y の偏差2乗和$=254680$，残差2乗和$=5378.6$であり，決定係数は

$$R^2 = 1 - \frac{\sum_{i=1}^{n}\hat{u}_i^2}{\sum_{i=1}^{n}(Y_i-\bar{Y})^2} = 1 - \frac{5378.6}{254680} = 0.979$$

となります．つまり，運賃 Y の全変動のうち97.9%はモデルで説明できます．残差2乗和は5378.6で，$n=5$ですから，

$$s^2 = \frac{\sum_{i=1}^{n}\hat{u}_i^2}{n-2} = \frac{5378.6}{5-2} = 1792.9$$

となります．

それでは β の信頼区間を求めてみましょう．まず，

$$s_\beta^2 = \frac{s^2}{\sum_{i=1}^{n}(X_i-\bar{X})^2} = \frac{1792.9}{1083.4} = 1.655$$

から，標準誤差は $\sqrt{s_\beta^2}=\sqrt{1.655}=1.286$ であり，t 分布表から $t_{3,0.05}=3.182$ なので，β の95%の信頼区間は

$$15.17-3.182\times1.286 < \beta < 15.17+3.182\times1.286$$

つまり，β は95%の確率で11.1 ($=15.17-3.182\times1.286$) から19.3 ($=15.17+3.182\times1.286$) の区間に存在するといえます．

11.4.3 t 検定

実証研究で頻繁に行われる検定は，

$$H_0: \beta=0, \quad H_1: \beta\neq0$$

すなわち，β が0であるかどうかの検定です．$\beta=0$ であれば，「説明変数は被説明変数に対して何の説明力も持たない」といえます．また，$\beta\neq0$ なら「説明変数は Y の動きを説明するうえで意味がある」といえます．

H_0 が正しいという前提のもとで ($H_0: \beta=0$)，t 統計量は

$$t_\beta = \frac{\hat{\beta}}{\sqrt{s_\beta^2}}$$

となり，自由度 $n-2$ の t 分布に従います (H_0 が正しいと考えていますから，上式では $\beta=0$ としました)．H_0 を $\beta=0$ としたとき，データから計算された t

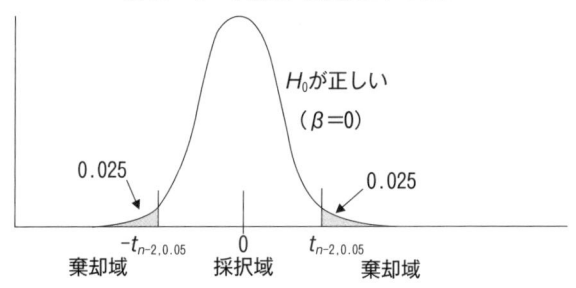

図 11-6　t 検定（有意水準 5％）

統計量の値を $\hat{\beta}$ の t 値といいます．

　ここでは有意水準を 5％，すなわち H_0 が正しいとき H_0 を誤って棄却する確率が 5％となるように棄却域を定めます．このとき，H_0 の採択と棄却の判定は以下のように行われます．

$$|t_{\hat{\beta}}| = \left|\frac{\hat{\beta}}{\sqrt{s_{\hat{\beta}}^2}}\right| < t_{n-2, 0.05} \text{ ならば，} H_0 \text{ を採択する}$$

$$|t_{\hat{\beta}}| = \left|\frac{\hat{\beta}}{\sqrt{s_{\hat{\beta}}^2}}\right| \geq t_{n-2, 0.05} \text{ ならば，} H_0 \text{ を棄却する}$$

　図11-6をみながら，検定の考え方を復習しましょう．H_0 が正しければ，$\hat{\beta}$ は 0 に近い値で推定されやすく，$t_{\hat{\beta}} = \hat{\beta}/\sqrt{s_{\hat{\beta}}^2}$ も 0 に近い値をとりやすくなります．逆に，H_1 が正しければ，$\hat{\beta}$ は 0 から乖離した値で推定されやすく，$t_{\hat{\beta}} = \hat{\beta}/\sqrt{s_{\hat{\beta}}^2}$ も 0 から乖離しやすくなります．したがって，$t_{\hat{\beta}}$ が 0 から十分に乖離すれば H_0 を棄却します．

　H_0 が正しいときであっても，標本変動により $t_{\hat{\beta}}$ が 0 から大きく乖離して H_0 を誤って棄却する可能性はあります．しかし，その確率は 5％と小さいため，$t_{\hat{\beta}}$ が 0 から大きく乖離して棄却域に入ったとき，統計学ではそれを偶然ではなく有意と考えて H_0 を棄却します．このため，H_0 が棄却されたとき「$\hat{\beta}$ は有意である」といい，逆に H_0 が採択されたとき「$\hat{\beta}$ は有意ではない」といいます（検定の考え方は8.2節参照）．

　有意水準は 1％，5％，10％など低い水準で設定されます．有意水準 1％で

棄却できたときは強い意味で有意であり,有意水準10%でしか棄却できなければ弱い意味で有意であるとみなされます.

ところで,$H_1: \beta \neq 0$ が正しいとき,t_β の値はどうなるでしょうか.n が大きくなると,$\hat{\beta}$ は β に,$\sqrt{s_\beta^2}$ は 0 に収束します[8].したがって,n が大きくなると,$\beta>0$ ($\beta<0$) なら $t_\beta=\hat{\beta}/\sqrt{s_\beta^2}$ は $+\infty$ ($-\infty$) に近づいていきます.$H_1: \beta \neq 0$ が正しいとき,n が大きくなると H_0 は必ず棄却されます.これは β が 0 に近い値(たとえば $\beta=0.000001$)であっても,n が大きくなると $H_0: \beta=0$ は必ず棄却されることを意味しています.β が 0 に近い値なら X は Y を説明するうえで重要な要因ではありませんが,n が大きくなるとそれでも H_0 は棄却されて有意な結果となるのです.**説明変数の重要性**と**統計的有意性**は必ずしも同じ概念ではないことが分かります.この点は12.6.3節で詳しく述べます.

例1(電車の走行距離と運賃の関係②) 電車の走行距離と運賃の関係を分析した結果,$\hat{\beta}$ は15.17,その標準誤差 $\sqrt{s_\beta^2}$ は1.286と推定されました.ここでは,仮説を $H_0: \beta=0$,$H_1: \beta \neq 0$ として t 検定を行います.t 値は $t_\beta=\hat{\beta}/\sqrt{s_\beta^2}$ $=15.17/1.286=11.8$ です.これは $|t_\beta|=|11.8|>t_{3, 0.05}=3.182$ となっていますから,有意水準 5 % で $H_0: \beta=0$ は棄却されます.以上から,走行距離が長くなると運賃が有意に高くなるといえます.

11.4.4 p 値

エクセルなどの計算ソフトを使って回帰分析を行うと,これまでに勉強してきた統計量 $\hat{\alpha}$,$\hat{\beta}$,$t_{\hat{\alpha}}$,$t_{\hat{\beta}}$ 以外に,**p 値**という指標が表示されます.

データ分析の結果,t 値が t^* という値をとったとします.p 値は「H_0 が正しいにもかかわらず,t 統計量の絶対値が t^* の絶対値より大きな値をとる確率」と定義されます.$\hat{\beta}$ の p 値は,H_0 が正しいもとで,

$$p\text{値}=P\{|t_\beta|>|t^*|\}$$

---

[8] $\hat{\beta}$ の分散の推定量は $s_\beta^2=s^2/\sum_{i=1}^{n}(X_i-\bar{X})^2$ です.n が大きくなると,X の偏差 2 乗和は大きくなりますから,s_β^2 は 0 に収束します.

図 11-7　p 値の意味

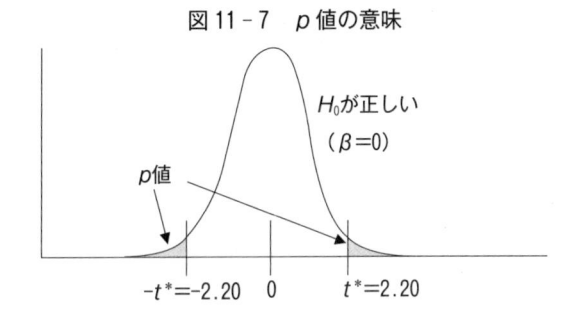

と定義されます．$t^*=0$ なら p 値は 1 となり，t^* が 0 から乖離するほど p 値は 0 に近づいていきます．

図11-7は，H_0 が正しい場合の $t_{\hat{\beta}}$ の分布を表しています．$t^*=2.20$ とします．H_0 が正しければ，$t_{\hat{\beta}}$ は 0 を中心とした t 分布に従います．$t_{\hat{\beta}}$ は確率的に変動しますから，$t_{\hat{\beta}}$ の絶対値が2.20よりも大きくなることもあります．この確率を計算したのが p 値です（図の網掛けの部分）．p 値は，H_0 が正しいとき，$t_{\hat{\beta}}$ が t^* という値をとることがどれほど珍しいかを表しています．たとえば，p 値が 2 % であれば，H_0 が正しいとき，$|t_{\hat{\beta}}|$ が $|t^*|$ より大きな値をとることは 2 % しかない珍しいことといえます．

p 値は，何 % の有意水準で H_0 を棄却できるかを判断するのに有用な指標です．たとえば，p 値 $= 6$ % のとき，有意水準を 6 % 以上に設定すれば H_0 は棄却されますが，有意水準を 6 % より低い値で設定すれば H_0 は採択されます．有意水準10% なら H_0 を棄却できますが，有意水準 1 % または 5 % なら H_0 は採択されます．

例 1（少人数教育は学力向上に資するか） 少人数教育は細やかな教育指導を可能とし，生徒の学力向上に資するといわれます．J・ストックと M・ワトソンは『入門計量経済学』（参考文献[14]）で，カリフォルニアの小学生を対象として実施された共通試験の結果とクラスサイズの関係の分析を紹介しています．

カリフォルニアの i 地区小学校における平均点を Y_i，i 地区小学校のクラス

サイズを X_i とします．サンプルサイズ500のデータを分析したところ，その推定結果は次のようになりました[9]．

$$Y = 698.9 - 2.28X, \quad R^2 = 0.051$$
$${}_{(10.4)}{}_{(1.0)}$$

ここで（ ）内は標準誤差を表します（つまり $\sqrt{s_{\hat{\alpha}}^2} = 10.4$, $\sqrt{s_{\hat{\beta}}^2} = 1.0$）．

自由度は498もあるため，t 分布は正規分布とほとんど変わりません．H_0 を検定する t 値は，$\hat{\beta} = -2.28$ を $\sqrt{s_{\hat{\beta}}^2} = 1.0$ で割り，$t_{\hat{\beta}} = -2.28/1.0 = -2.28$ となります．$|-2.28| > 1.96$ ですから，有意水準5％で H_0 が棄却されます．よって，$\hat{\beta}$ は有意であるといえます．

ここで p 値を計算してみます．H_0 が正しいもとで，p 値は $P\{|t_{\hat{\beta}}| > |t^*|\}$ と定義されました（この場合，$t^* = -2.28$）．この場合，p 値は，標準正規確率変数 Z の絶対値が $|t^*| = |-2.28|$ よりも大きくなる確率，つまり $P\{|Z| > 2.28\} = P\{2.28 < Z\} + P\{Z < -2.28\}$ です．これは標準正規分布表から2.26％となります[10]．

11.5 決定係数についての考察

10.4節で，回帰直線の当てはまりの尺度である決定係数 R^2 を紹介しました．決定係数は $0 \leq R^2 \leq 1$ で，1に近いほど当てはまりがよく，0に近いほど当てはまりが悪くなります．決定係数がどのくらいの値ならよいモデルといえるのでしょうか．また，決定係数を用いて説明変数の選択をしてもよいのでしょうか．ここでは，決定係数に関わるこの2つの疑問について考えます．

11.5.1 決定係数はどれぐらいの値が必要か

決定係数の数値とよいモデルとの関連は，扱うデータによって異なります．たとえば，時系列データであれば，説明変数も被説明変数もトレンドを持つことが多く，変数同士が似た動きを示し，決定係数は1に近い値をとりやすくな

---

9) 原著から少し推定結果の数値を変えています．
10) $P\{2.28 < Z\} = 1 - P\{Z < 2.28\} = 1 - 0.9887 = 0.0113$．標準正規分布の左右対称性から，$P\{2.28 < Z\} = P\{Z < -2.28\}$ なので，$P\{|Z| > 2.28\} = 2 \times 0.0113 = 0.0226$ となります．

ります．時系列データがトレンドを持っている場合，決定係数が0.9以上でもよいモデルとはいえないこともあります．もっとも，トレンドを持った変数であっても，変化率に変換してから推定を行うと，トレンドが除去され決定係数は大きく低下します．たとえば，GDPはトレンドを持ちますが，成長率に変換して分析すると決定係数は大きく低下します．

横断面データの場合，または時系列データでも変化率をとっている場合であれば，決定係数が低くてもあまり問題とはなりません．これらの場合は，被説明変数Yの変動を説明するのは難しく，決定係数がたとえ0.1以下であっても当てはまりがよいといえることもあります．

決定係数を解釈するときは，その値だけを盲信せず，そのデータの状況によって判断することが重要です．

11.5.2 決定係数を基準に説明変数の選択をしていいのか

実証分析では，何を説明変数に選ぶべきかが明らかではないことがあります．こうした場合，さまざまな説明変数を試し，その中で決定係数が高くなる説明変数を選ぶことがあります．

その際によくある間違いは，説明変数だけでなく，被説明変数自体も変えて決定係数を比較してしまうことです．たとえば，為替レートS_tの動きを説明したいとしましょう．このとき，被説明変数としてはS_tだけでなく，その差$S_t - S_{t-1}$や変化率$(S_t - S_{t-1})/S_{t-1}$なども考えられます．かりにS_tを被説明変数としたときの決定係数が一番高かったとすると，S_tを被説明変数として選ぼうとするかもしれません．しかし，決定係数とは，被説明変数Yの全変動のうち，モデルで説明できる割合です（10.4節参照）．このため，被説明変数を変えた場合の決定係数は違う意味を持つこととなり，その値を比較しても意味はありません．たとえば被説明変数をS_tとすると，Yの全変動は為替レートS_tの偏差2乗和ですし，被説明変数を$(S_t - S_{t-1})/S_{t-1}$とすると，Yの全変動は為替レートの変化率の偏差2乗和となります．被説明変数を変えれば，Yの全変動の大きさも変わり，決定係数自体の意味も変わります．決定係数は同じ被説明変数を用いて，説明変数の相互比較をするときに有効な指標であることに注意が必要です．

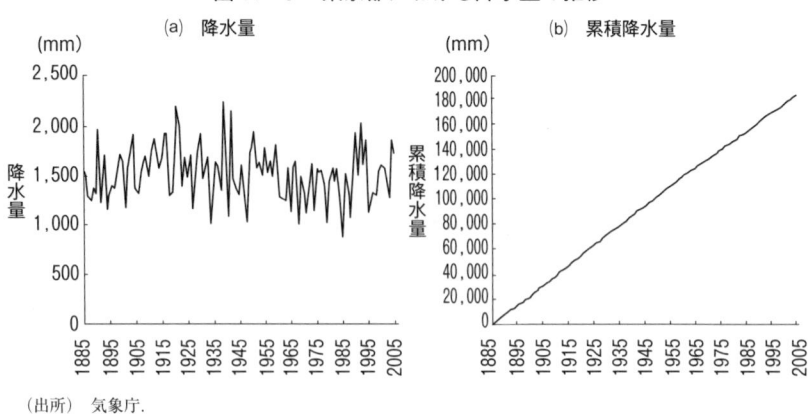

図 11-8　東京都における降水量の推移

(a) 降水量

(b) 累積降水量

（出所）気象庁.

例 1（降水量と GDP の関係）　図11-8(a)は，1885〜2004年の東京都の降水量です．降水量は毎年1500mm 程度で安定的に推移しています．(b)は，毎年の降水量から累積降水量を求めた図です．たとえば，1900年の累積降水量は，1885〜1900年の降水量の合計です．累積値なので正のトレンドを持ちます．

GDP と降水量には何の関係もないと考えられます．Y を実質 GDP の変化率，X を毎年の降水量として回帰分析を行うと，

$$Y = 0.082 - 0.000027X, \quad R^2 = 0.013$$
$$\quad\;\;(0.033)\;\;\;(0.00002)$$

となります（カッコ内は標準誤差）．サンプルサイズは120と大きいので，$t_{\hat{\beta}}$ は正規分布で近似できます（したがって，$t_{n-2, 0.05} = 1.96$ です）．$t_{\hat{\beta}}$ は，$\hat{\beta} = -0.000027$ を $\sqrt{s_{\hat{\beta}}^2} = 0.00002$ で割って $t_{\hat{\beta}} = -1.35$ となります．また，$|t_{\hat{\beta}}| = |-1.35| < 1.96$ ですから，有意水準5％で $H_0: \beta = 0$ を棄却できません．$\hat{\beta}$ は有意ではなく，決定係数 R^2 は0.013と小さい値になっています．

次に，Y を実質 GDP，X を累積降水量として回帰分析を行います．X は降水量の累積値に過ぎず，X と Y との間には何の関係もないはずです．しかし，推定結果は，

$$Y = -11894 + 0.270X, \quad R^2 = 0.716$$
$${\scriptstyle(1680)} \quad {\scriptstyle(0.015)}$$

となります．$t_{\hat{\beta}}$ は，$\hat{\beta}=0.27$ を $\sqrt{s_{\hat{\beta}}^2}=0.015$ で割って $t_{\hat{\beta}}=18$ となりますが，$|t_{\hat{\beta}}|=|18|>1.96$ ですから，5％の有意水準で $H_0:\beta=0$ を棄却できます．$\hat{\beta}$ は有意ですし，決定係数 R^2 は0.716と高くなっています．

Y を実質 GDP の変化率とすると R^2 は0.013と低くなり，Y を実質 GDP とすると R^2 は0.716と高くなります．しかし，この結果をもって，被説明変数 Y を実質 GDP とすべきとはいえません．なぜなら，被説明変数が異なれば，R^2 の相互比較には意味がないからです．

では，どちらの推定式が信頼できる結果でしょうか．この場合，Y は実質 GDP の変化率とする方が望ましいといえます．Y を実質 GDP，X を累積降水量とすると，たしかに有意な関係が得られます．しかし，有意な結果が得られるのは，実質 GDP と累積降水量の両者にトレンドがあることから，似た動きをしてみえるためです．明らかに，「見せかけの回帰（spurious regression）」であり，意味のない分析です．時系列データはトレンドを持つことが多く，その場合は変化率に変換するなどして，トレンドの影響を除かないと「見せかけの関係」を見出してしまいがちです．データ分析の際は，それぞれの変数を図示し，トレンドを持っているかどうかを確認する必要があります．

補足：証明

最小2乗推定量の別表現

$$\bar{Y} = \frac{\sum_{i=1}^{n} Y_i}{n} = \frac{\sum_{i=1}^{n}(\alpha + \beta X_i + u_i)}{n} = \frac{n\alpha + \beta \sum_{i=1}^{n} X_i + \sum_{i=1}^{n} u_i}{n} = \alpha + \beta \bar{X} + \bar{u}$$

を $\hat{\alpha} = \bar{Y} - \hat{\beta} \bar{X}$ の式に代入すると，以下が得られます．

$$\hat{\alpha} = \bar{Y} - \hat{\beta}\bar{X} = (\alpha + \beta\bar{X} + \bar{u}) - \hat{\beta}\bar{X} = \alpha - (\hat{\beta} - \beta)\bar{X} + \bar{u}$$

$\hat{\beta}$ の別表現を求めます．$\hat{\beta}$ は次のようになります．

$$\hat{\beta} = \frac{\sum_{i=1}^{n}(X_i - \bar{X})(Y_i - \bar{Y})}{\sum_{i=1}^{n}(X_i - \bar{X})^2} = \frac{\sum_{i=1}^{n}(X_i - \bar{X})Y_i - \sum_{i=1}^{n}(X_i - \bar{X})\bar{Y}}{\sum_{i=1}^{n}(X_i - \bar{X})^2}$$

ここで偏差の和は 0 という性質を使うと，分子の第2項は

$$\sum_{i=1}^{n}(X_i-\bar{X})\bar{Y}=\bar{Y}\sum_{i=1}^{n}(X_i-\bar{X})=0$$

となります．したがって，$Y_i=\alpha+\beta X_i+u_i$ という関係を用いると，

$$\hat{\beta}=\frac{\sum_{i=1}^{n}(X_i-\bar{X})Y_i}{\sum_{i=1}^{n}(X_i-\bar{X})^2}=\frac{\sum_{i=1}^{n}(X_i-\bar{X})(\alpha+\beta X_i+u_i)}{\sum_{i=1}^{n}(X_i-\bar{X})^2}$$

$$=\alpha\frac{\sum_{i=1}^{n}(X_i-\bar{X})}{\sum_{i=1}^{n}(X_i-\bar{X})^2}+\beta\frac{\sum_{i=1}^{n}(X_i-\bar{X})X_i}{\sum_{i=1}^{n}(X_i-\bar{X})^2}+\frac{\sum_{i=1}^{n}(X_i-\bar{X})u_i}{\sum_{i=1}^{n}(X_i-\bar{X})^2}$$

となります．偏差の和が 0 という性質から，第 1 項の分子は 0 です．同様に，第 2 項の分子は，$\sum_{i=1}^{n}(X_i-\bar{X})\bar{X}=\bar{X}\sum_{i=1}^{n}(X_i-\bar{X})=0$ に注意すると，

$$\sum_{i=1}^{n}(X_i-\bar{X})X_i=\sum_{i=1}^{n}(X_i-\bar{X})X_i-0$$

$$=\sum_{i=1}^{n}(X_i-\bar{X})X_i-\sum_{i=1}^{n}(X_i-\bar{X})\bar{X}$$

$$=\sum_{i=1}^{n}(X_i-\bar{X})(X_i-\bar{X})=\sum_{i=1}^{n}(X_i-\bar{X})^2$$

となります．以上から，$\hat{\beta}$ の別表現が導かれます．

$$\hat{\beta}=\alpha\frac{0}{\sum_{i=1}^{n}(X_i-\bar{X})^2}+\beta\frac{\sum_{i=1}^{n}(X_i-\bar{X})^2}{\sum_{i=1}^{n}(X_i-\bar{X})^2}+\frac{\sum_{i=1}^{n}(X_i-\bar{X})u_i}{\sum_{i=1}^{n}(X_i-\bar{X})^2}$$

$$=\beta+\frac{\sum_{i=1}^{n}(X_i-\bar{X})u_i}{\sum_{i=1}^{n}(X_i-\bar{X})^2}$$

最小 2 乗推定量の分散

$\hat{\beta}$ の分散を証明します（$\hat{\alpha}$ の分散は練習問題 7 ）．$\hat{\beta}$ の分散は，

$$E[(\hat{\beta}-\beta)^2]=E\left[\left(\frac{\sum_{i=1}^{n}(X_i-\bar{X})u_i}{\sum_{i=1}^{n}(X_i-\bar{X})^2}\right)^2\right]=\frac{\sum_{i=1}^{n}(X_i-\bar{X})^2 E[u_i^2]}{\left(\sum_{i=1}^{n}(X_i-\bar{X})^2\right)^2}=\frac{\sigma^2}{\sum_{i=1}^{n}(X_i-\bar{X})^2}$$

となります．少し分かり難いので，式展開を詳しく解説しましょう．式展開では，u_i は分散一定で相互に独立という仮定を使いました．つまり，

$$E[u_i u_j]=\begin{cases}\sigma^2 & if \quad i=j\\ 0 & if \quad i\neq j\end{cases}$$

です（仮定 4 ，5 参照）．よって，$\hat{\beta}$ の分散の分子は以下となります．

$$E[(\sum_{i=1}^{n}(X_i-\bar{X})u_i)^2]=\sum_{i=1}^{n}\sum_{j=1}^{n}(X_i-\bar{X})(X_j-\bar{X})E[u_i u_j]$$

$$=\sum_{i=1}^{n}(X_i-\bar{X})(X_i-\bar{X})E[u_i^2]$$

$$=\sum_{i=1}^{n}(X_i-\bar{X})^2\sigma^2$$

$i\neq j$ なら $E[u_i u_j]=0$ ですから，$i=j$ の場合だけを考えればよいのです[11]．

s^2 の期待値と分散の導出

$u_i \sim i.i.d. N(0, \sigma^2)$ から，u_i を σ で割って標準化すると $u_i/\sigma \sim i.i.d. N(0,1)$ となります（正規確率変数の標準化は6.2.3節参照）．したがって，

$$\sum_{i=1}^{n} \left(\frac{u_i}{\sigma}\right)^2 \sim \chi^2(n)$$

となります（9.1.3節参照）．上式で u_i を，残差 $\widehat{u}_i$ で置き換えると，

$$\sum_{i=1}^{n} \left(\frac{\widehat{u}_i}{\sigma}\right)^2 \sim \chi^2(n-2)$$

となり，自由度（自由に動ける確率変数の数）が n から $n-2$ へと減少します．

自由度が減少する理由を直観的に説明します．10章補足で見たように，残差 $\widehat{u}_i$ は次の式を満たします．

$$\sum_{i=1}^{n} \widehat{u}_i = 0, \quad \sum_{i=1}^{n} X_i \widehat{u}_i = 0$$

第1式は「残差 $\widehat{u}_i$ の和は0」，第2式は「残差 $\widehat{u}_i$ と説明変数 X_i の積和は0」を意味します[12]．したがって，$n-2$ 個の残差 $\widehat{u}_i$ が決定されると，両式から残り2つの残差は自動的に決定され，自由に動ける残差 $\widehat{u}_i$ は $n-2$ 個だけです．これが，残差 $\widehat{u}_i$ を用いると自由度が $n-2$ となる理由です．

χ^2 確率変数の期待値はその自由度，分散は $2 \times$ 自由度でした．したがって，誤差項の分散 σ^2 の推定量 s^2 の期待値は以下となります．

$$E[s^2] = E\left[\frac{\sum_{i=1}^{n} \widehat{u}_i^2}{n-2}\right] = \frac{\sigma^2}{n-2} E\left[\sum_{i=1}^{n}\left(\frac{\widehat{u}_i}{\sigma}\right)^2\right] = \frac{\sigma^2}{n-2}(n-2) = \sigma^2$$

残差2乗和を $n-2$ で割っているので不偏性が満たされます．また，推定量 s^2 の分散は次のとおりです．

---

11) $n=2$ として，式展開をみていきましょう（一般的ケースは練習問題8参照）．
$$E[((X_1-\bar{X})u_1 + (X_2-\bar{X})u_2)^2] = E[(X_1-\bar{X})^2 u_1^2 + (X_2-\bar{X})^2 u_2^2 + 2(X_1-\bar{X})(X_2-\bar{X})u_1 u_2]$$
$$= (X_1-\bar{X})^2 E[u_1^2] + (X_2-\bar{X})^2 E[u_2^2] + 2(X_1-\bar{X})(X_2-\bar{X})E[u_1 u_2]$$
$$= (X_1-\bar{X})^2 \sigma^2 + (X_2-\bar{X})^2 \sigma^2$$

12) 10章では残差の性質を3つ紹介しました．第1の性質（残差の和が0）と第2の性質（残差と説明変数の積和が0）から，第3の性質（残差と理論値の積和は0）は導かれました．このため，第3の性質は残差に何らの追加的な制約も課していません．

$$V(s^2) = E[(s^2-\sigma^2)^2] = E\left[\left(\frac{\sigma^2}{(n-2)}\sum_{i=1}^n\left(\frac{\widehat{u}_i}{\sigma}\right)^2 - \left(\frac{n-2}{n-2}\right)\sigma^2\right)^2\right]$$

$$= \frac{(\sigma^2)^2}{(n-2)^2} E\left[\left(\sum_{i=1}^n\left(\frac{\widehat{u}_i}{\sigma}\right)^2 - (n-2)\right)^2\right] = \frac{\sigma^4}{(n-2)^2}2(n-2) = \frac{2\sigma^4}{n-2}$$

$\widehat{\alpha}$ と $\widehat{\beta}$ が正規分布に従う理由

最小2乗推定量が正規分布に従う誤差項 u_i の線形結合であることが示されれば，正規確率変数の線形結合は正規分布に従うという結果（6.2.4節）から，最小2乗推定量は正規分布に従っているといえます．

11.3.1節から，$\widehat{\beta}$ は

$$\widehat{\beta} = \beta + \frac{\sum_{i=1}^n (X_i - \bar{X}) u_i}{\sum_{j=1}^n (X_j - \bar{X})^2}$$

$$= \beta + \frac{(X_1 - \bar{X})u_1 + (X_2 - \bar{X})u_2 + \cdots + (X_n - \bar{X})u_n}{\sum_{j=1}^n (X_j - \bar{X})^2}$$

$$= \beta + \left(\frac{X_1 - \bar{X}}{\sum_{j=1}^n (X_j - \bar{X})^2}\right)u_1 + \left(\frac{X_2 - \bar{X}}{\sum_{j=1}^n (X_j - \bar{X})^2}\right)u_2 + \cdots + \left(\frac{X_n - \bar{X}}{\sum_{j=1}^n (X_j - \bar{X})^2}\right)u_n$$

となり，正規確率変数 u_i の線形結合であることが明らかです．

上記の $\widehat{\beta}$ に関する結果を用いれば，$\widehat{\alpha}$ は，

$$\widehat{\alpha} = \alpha - (\widehat{\beta} - \beta)\bar{X} + \bar{u}$$

$$= \alpha - \left(\left(\frac{X_1 - \bar{X}}{\sum_{j=1}^n (X_j - \bar{X})^2}\right)u_1 + \cdots + \left(\frac{X_n - \bar{X}}{\sum_{j=1}^n (X_j - \bar{X})^2}\right)u_n\right)\bar{X} + \frac{\sum_{i=1}^n u_i}{n}$$

$$= \alpha - \left(\left(\frac{\bar{X}(X_1 - \bar{X})}{\sum_{j=1}^n (X_j - \bar{X})^2}\right)u_1 + \cdots + \left(\frac{\bar{X}(X_n - \bar{X})}{\sum_{j=1}^n (X_j - \bar{X})^2}\right)u_n\right) + \left(\frac{1}{n}u_1 + \cdots + \frac{1}{n}u_n\right)$$

$$= \alpha - \left(\frac{\bar{X}(X_1 - \bar{X})}{\sum_{j=1}^n (X_j - \bar{X})^2} - \frac{1}{n}\right)u_1 - \cdots - \left(\frac{\bar{X}(X_n - \bar{X})}{\sum_{j=1}^n (X_j - \bar{X})^2} - \frac{1}{n}\right)u_n$$

となり，正規確率変数 u_i の線形結合となります．

練習問題

1. β と $\hat{\beta}$ との違い,u と $\hat{u}$ との違いを説明してください.
2. 表10-2の冷麺の売上げ個数 Y と気温 X の情報を使って,(1) $\hat{\beta}$ の標準誤差と(2) β の95%の信頼区間を求めてください.また,(3) $H_0 : \beta=0$,$H_1 : \beta \neq 0$ として検定してください.
3. 以下の推定結果が得られたとします($n=10$).

$$Y = \underset{(8.5)}{72} + \underset{(5.3)}{53.5} X$$

(1) β の95%の信頼区間を求めてください.(2) $H_0 : \beta=55$,$H_1 : \beta \neq 55$,(3) $H_0 : \beta=55$,$H_1 : \beta<55$ として,有意水準5%で検定してください.

4. 誕生時の赤ちゃんの体重(kg)を Y,妊娠期間中の母親の喫煙量(1日当たりの喫煙本数)を X として,以下の関係が得られたとします($n=500$).

$$Y = \underset{(0.035)}{3} - \underset{(0.005)}{0.012} X$$

(1)喫煙しない母親,1日20本喫煙する母親から生まれる赤ちゃんの体重は,それぞれ何kgと予測できますか.(2) β に関する95%の信頼区間を求めてください.(3) $H_0 : \beta=0$,$H_1 : \beta \neq 0$ を有意水準5%で検定してください.

5. $(Y_2-Y_1)/(X_2-X_1)$ の期待値と分散を求めてください.
6. $Y=\alpha+\beta X+u$ という関係があるとします.任意の定数 c_y,c_x を用いて,スケール変更($Y^*=c_y Y, X^*=c_x X$)します.被説明変数を Y^*,説明変数を X^* として推定すると,変更後の推定結果はどう変わるでしょうか. X^* の係数,その t 統計量について説明してください.
7. (1) $\hat{\alpha}$ の分散が $\sigma_{\hat{\alpha}}^2$ となること(11.3.3節参照),(2) n が大きくなると分散が0に収束すること,を証明してください.
8. 次式が正しいことを証明してください(補足参照).

$$E[(\textstyle\sum_{i=1}^n (X_i - \bar{X}) u_i)^2] = \sigma^2 \textstyle\sum_{i=1}^n (X_i - \bar{X})^2$$

12章　重回帰分析

　重回帰モデルは，K個（$K \geq 2$）の説明変数が存在するモデルです（ここで X_{ji} は，j番目の説明変数のi番目の観測値を意味します）．

$$Y_i = \alpha + \beta_1 X_{1i} + \beta_2 X_{2i} + \cdots + \beta_K X_{Ki} + u_i$$

11章と同様，「全ての説明変数は固定した値を持ち $u_i \sim i.i.d. N(0, \sigma^2)$ である」と仮定します．なお，重回帰分析では，Yを説明する要因を全て説明変数としてしまえば，誤差項uの存在を仮定する必要はないように思われます．しかし，いくら説明変数を増やしてもYの動きを完全に説明することはできません．たとえば，身長，カロリー摂取量，運動量，年齢，性別などが同じ2人でも，体重が一致するわけではありません．我々は神ではなく，Yの動きを説明する全要因を明らかにすることはできないので，誤差項uの存在が必要なのです．

　もっとも，こうした確率的モデルの考え方は万人に受け入れられてきたわけではありませんでした（詳しくは参考文献[1]参照）．たとえば，帝政ロシアでは統計学の研究が盛んでしたが，1930年代にスターリンによる恐怖政治が始まると，ソ連では確率的モデルが否定されるようになりました．ソ連の役人や共産党の理論家たちは，ソ連の工業的・社会的活動はマルクスとレーニンの理論に基づいて計画されており偶然が左右する余地など残されていないと考えていたことから，誤差項の存在（偶然に生じる部分）を前提にしている確率的モデルは，彼らにとって侮辱以外の何ものでもなかったのです．この時代のロシアの統計学者たちの研究が停滞したことはいうまでもありません．このように時代によっては，確率的モデルの考え方が否定されることもありました．しかし今では，偶然の役割を認めて，それをモデル化することの重要性が認識されています（コラム12-1参照）．

コラム12-1　ブルース・ウィリス

　誤差項の仮定は，我々には分からない偶然の役割を認めることでもあります．読者の中には，世の中の全ては決定論的に決まっており，偶然の役割を否定する方もいるでしょう．ムロディナウ『たまたま』（参考文献[3]）では，偶然が果たす役割の重要性がさまざまな事例を通じて主張されています．ここでは，その中から俳優ブルース・ウィリスの話を紹介します．

　ブルース・ウィリスは，1970年代末からマンハッタンで7年間，バーテンダーとして稼ぎながら，売れない俳優として頑張っていました．1984年夏，ガールフレンドに会いにいくため（演劇とは関係ない理由で），ロサンジェルスに行きました．彼のエージェントは，ロサンジェルスでいくつかのオーディションを受けるようにすすめ，彼は幸運にもテレビドラマ『こちらブルームーン探偵社』の主役の座を手に入れることができました．このドラマは大ヒットし，その後，映画『ダイハード』に出演してアクションスターの地位を不動のものとしました．彼は優れた俳優だから，オーディションに受かったのは当然と思えるかもしれません．しかし，オーディションで，テレビネットワークの重役たちは彼の起用に否定的で，プロデューサーは起用に賛成という状況でした．彼が起用されたのは，必然ではなく偶然のことだったといえます．

　ムロディナウは偶然の役割について次のように述べています．「ランダムな力と意図されない結果によって節目がつけられていく道筋は，仕事だけでなく，恋愛，趣味，友情において，多くの成功者がたどった道筋でもある」．

　単回帰分析で得られた結果は，重回帰分析でも当てはまるものばかりです．本章では，重回帰分析に特有の問題に焦点を絞って説明します．なお，実際の計算は統計ソフト（エクセルなど）を活用しますが，まずは計算方法にとらわれずに，前提となる考え方を，理解しましょう（エクセルを用いた推定方法は，付録Bを参照）．

12.1 重回帰分析のすすめ

説明変数が複数存在する場合に単回帰分析を行うと，推定結果にバイアスが発生します．J・ストックとM・ワトソンは『入門計量経済学』（参考文献[14]）の中で，小学校の共通試験の結果とクラスサイズの例を用いて，こうしたバイアスの問題を説明しています．

地域 i の平均点を Y_i，クラスサイズを X_i とすると，$Y=698.9-2.28X$ となります（11.4.4節参照）．しかし，成績に影響を与えるのはクラスサイズだけとは限りません．新しい説明変数 Z_i として，地域 i の移民の割合（％）を追加すると，推定結果は $Y=686-1.10X-0.65Z$ となります．Z の係数は -0.65 ですから，移民の割合が1％増加すると0.65点だけ点数が下がります．移民の多くは母国語が英語でないため，子どもたちは語学能力でハンディキャップを負っています．また，X の係数は -2.28 から -1.10 となりました．これは，クラスサイズが1人減れば，いままでは2.28点も成績の改善を見ていたのが，説明変数 Z の追加により1.1点しか改善されなくなったことを意味しています．最初の推定では，説明変数 Z が含まれていなかったため，推定にバイアスが発生していたのです（これは欠落変数バイアスともいいます）．

こうしたバイアスを回避するためには，被説明変数に影響を与える説明変数を全て含めた重回帰分析を行うことが望ましいといえます．以下では，重回帰分析に特有の問題を中心に説明しましょう．

12.2 推定方法と自由度調整済み決定係数

12.2.1 推定方法

単回帰分析では，残差2乗和 $\sum_{i=1}^{n}\tilde{u}_i^2=\sum_{i=1}^{n}(Y_i-\tilde{\alpha}-\tilde{\beta}X_i)^2$ を最小にする $\tilde{\alpha}$ と $\tilde{\beta}$ を最小2乗推定量としました．重回帰分析も同様で，最小2乗推定量は次の残差2乗和を最小にする $\tilde{\alpha}$, $\tilde{\beta}_1$, $\cdots$, $\tilde{\beta}_K$ となります．

$$\sum_{i=1}^{n}\tilde{u}_i^2=\sum_{i=1}^{n}(Y_i-\tilde{\alpha}-\tilde{\beta}_1X_{1i}-\cdots-\tilde{\beta}_KX_{Ki})^2$$

この計算は面倒ですが,エクセルなどを使えば容易に求められます(付録B参照).ここでは,重回帰分析における最小2乗法を「残差2乗和を最小にする $\tilde{\alpha}$, $\tilde{\beta}_1$, $\cdots$, $\tilde{\beta}_K$ を選ぶ」ことを理解すれば十分です.

12.2.2 自由度調整済み決定係数

決定係数 R^2 とは回帰直線の当てはまりの尺度であり,

$$R^2 = 1 - \frac{\sum_{i=1}^{n} \hat{u}_i^2}{\sum_{i=1}^{n} (Y_i - \overline{Y})^2}$$

でした(10.4節参照).決定係数 R^2 には,説明変数が増えるほど1に近づくという性質があります.これは説明変数の増加によりモデルで説明される部分が増え,モデルでは説明できない部分(残差2乗和:$\sum_{i=1}^{n} \hat{u}_i^2$)が減るためです.したがって,たとえ Y とあまり関係のない説明変数を加えても R^2 は増えてしまいます.これでは「説明変数はできるだけ多いモデルを選択すべき」というおかしな結論が導かれます.

こうした問題を解決するのが,自由度調整済み決定係数です.自由度調整済み決定係数は $\overline{R}^2$ と表し,次のように定義されます[1].

自由度調整済み決定係数(adjusted R-squared)

$$\overline{R}^2 = 1 - \frac{n-1}{n-K-1} \frac{\sum_{i=1}^{n} \hat{u}_i^2}{\sum_{i=1}^{n} (Y_i - \overline{Y})^2}$$

ここで n はサンプルサイズ,K は説明変数の数です.図12-1では,横軸に K,縦軸に $(n-1)/(n-K-1)$ をとって,両者の関係を図示しました($n=100$ と仮定).K が増えるにつれて,$(n-1)/(n-K-1)$ は増加するのが見てとれます.

説明変数の数 K が増えれば,Y の動きをモデルでさらに説明できるようになり残差2乗和は減少します.しかし,K が増えれば $(n-1)/(n-K-1)$ は増加するので,必ずしも $\overline{R}^2$ は増えません.K が増えたとき $\overline{R}^2$ が増えるのは,$(n-1)/(n-K-1)$ の増加を打ち消すほど,残差2乗和が大きく低下するとき

---

[1] 自由度調整済み決定係数という名称は,残差2乗和と Y の偏差2乗和をそれぞれの自由度で割って調整していることに由来します.

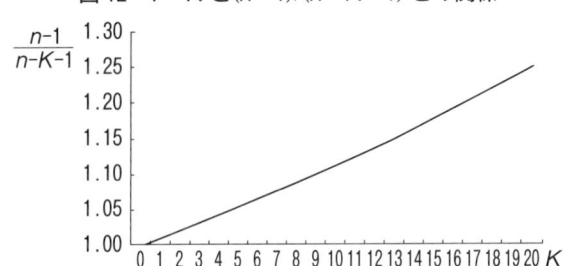

図12-1　Kと$(n-1)/(n-K-1)$との関係

だけです．Yの動きをあまり説明できない説明変数を加えても，残差2乗和が少し低下するだけで$\bar{R}^2$は低下します．これに対して，Yの動きを上手に説明する説明変数を加えると，残差2乗和が大きく減少し$\bar{R}^2$は増加します．

R^2の値は$0 \leq R^2 \leq 1$でした．$\bar{R}^2$も1以下である点は決定係数と同様ですが，負になる可能性があることに注意してください．説明変数が被説明変数Yの動きを上手く説明できない場合，$\bar{R}^2$は負になることがあります．これを確認してみましょう．Yの全変動は次のように分解できました（10.4節参照）．

$$\underbrace{\sum_{i=1}^{n}(Y_i-\bar{Y})^2}_{(Yの全変動)} = \underbrace{\sum_{i=1}^{n}(\widehat{Y_i}-\bar{Y})^2}_{(モデルで説明されたYの変動)} + \underbrace{\sum_{i=1}^{n}\hat{u}_i^2}_{(モデルで説明されなかったYの変動)}$$

かりに説明変数にあまり意味がなければ，モデルで説明されなかったYの変動である残差2乗和は大きくなります．Yの全変動が残差2乗和とほぼ等しかったとします（よって，$\sum_{i=1}^{n}\hat{u}_i^2 / \sum_{i=1}^{n}(Y_i-\bar{Y})^2$はほぼ1）．このとき，$(n-1)/(n-K-1) > 1$から$\bar{R}^2$は負となる可能性があります．これは説明変数の説明力が弱いときに生じる現象で，説明変数がYの動きをうまく説明できていないということを意味しています．

12.3　多重共線性

12.3.1　多重共線性の問題

大学生に成績（GPA）と1日（24時間）の時間配分を聞きました．学生のGPAをY，その勉強時間をX_1，アルバイト時間をX_2，余暇時間をX_3，睡眠

時間を X_4 とします。このとき重回帰モデルを
$$Y = \alpha + \beta_1 X_1 + \beta_2 X_2 + \beta_3 X_3 + \beta_4 X_4 + u$$
とします（表記の簡易化のため観測番号 i を除いています）。実は，このモデルの推定は不可能です。その理由は，1日の時間は，24時間＝勉強時間＋バイト時間＋余暇時間＋睡眠時間であり，**多重共線性**という問題が生じるからです。

たとえば β_1 は「他の変数（バイト時間，余暇時間，睡眠時間）を一定として，X_1（勉強時間）を1時間増やすと Y（成績）はどれだけ変化するか」を意味しています。しかし，1日は24時間なので，バイト時間，余暇時間，睡眠時間を一定として，勉強時間を1時間だけ増やすことは概念上ありえません。したがって，上記の重回帰モデルは，そもそも計算自体が不可能です。この場合，4変数のうち1つを取り除くこと，たとえば，睡眠時間を除いて，
$$Y = \alpha + \beta_1 X_1 + \beta_2 X_2 + \beta_3 X_3 + u$$
とすれば，推定は可能になります（練習問題2参照）。

12.3.2 多重共線性の定義

定数項 α は $\alpha \times 1$ ですから，1が説明変数と考えることもできます。X_0 を常に1をとる説明変数とすると，重回帰モデルは次のように表すことができます。
$$Y = \alpha X_0 + \beta_1 X_1 + \beta_2 X_2 + \cdots + \beta_K X_K + u$$
このとき，多重共線性は以下のように定義されます。

> **多重共線性**（perfect multicollinearity）
> 説明変数 X_j が，任意の定数 $c_0, c_1, \cdots, c_K$ を用いて，他の説明変数と以下の関係となっている場合，多重共線性があるという[2]。
> $$X_j = \sum_{\ell \neq j} c_\ell X_\ell$$

$K=2$ のときは $Y = \alpha X_0 + \beta_1 X_1 + \beta_2 X_2 + u$ となります。したがって，$j=0$ であれば，多重共線性は $X_0 = c_1 X_1 + c_2 X_2$ となります。かりに $c_1 = c_2 = 1$ なら

---

[2] $\sum$ 記号にある $\ell \neq j$ は，ℓ が j 以外のものを全て足し合わせるという意味です。

$1=X_1+X_2$ です（$X_0=1$ に注意）．$j=2$ であれば，多重共線性は $X_2=c_0X_0+c_1X_1$ となります．かりに $c_0=1$, $c_1=1$ なら $X_2=1+X_1$ ですし（$X_0=1$ に注意），また，$c_0=0$, $c_1=1$ なら $X_2=X_1$ です．

先の例は，24時間 = 勉強時間(X_1) + バイト時間(X_2) + 余暇時間(X_3) + 睡眠時間(X_4) でした．両辺を24で割ると

$$1=\frac{1}{24}X_1+\frac{1}{24}X_2+\frac{1}{24}X_3+\frac{1}{24}X_4$$

となり，明らかに多重共線性が生じています．

多重共線性がある場合，統計ソフトを使って推定すると，「計算できません」というエラーメッセージが出るか，もしくは多重共線性の原因となっている説明変数を勝手に削除した推定結果が出てきます．したがって，統計ソフトの結果をみれば，多重共線性が生じているかは一目瞭然です．多重共線性がある場合には，原因となる説明変数を取り除いてから推定する必要があります．

12.3.3 弱い意味の多重共線性

データを扱ううえで問題となるのは，弱い意味で多重共線性の関係があるときです．**弱い意味の多重共線性**（imperfect multicollinearity）とは，次の関係が成り立つことをいいます．

$$X_j \fallingdotseq \sum_{\ell \neq j} c_\ell X_\ell$$

等号ではないので推定は可能ですが，推定結果は不安定で信頼できないものとなります．

ここで $K=2$ とすると，モデルは $Y=\alpha X_0+\beta_1 X_1+\beta_2 X_2+u$ であり，$j=2$ のときの弱い意味の多重共線性は $X_2 \fallingdotseq c_0X_0+c_1X_1$ となります．$X_0=1$ から，これは $X_2 \fallingdotseq c_0+c_1X_1$ を意味します．図12-2から明らかですが，このときの標本相関係数は1または-1に近い値となります（3.2.2節参照）[3]．たとえば，図12-2(a)は標本相関係数が1に近く，図12-2(b)では標本相関係数は-1に近くなります．

---

[3] $X_2=c_0+c_1X_1$ のとき，標本相関係数は1または-1になります．このとき，厳密な多重共線性が生じ，推定はできなくなります．

図12-2 弱い意味の多重共線性
(a) 標本相関係数が1に近い (b) 標本相関係数が−1に近い

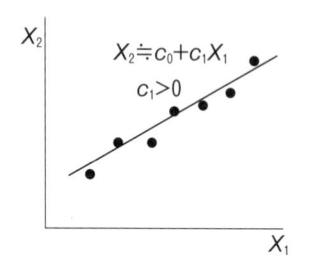

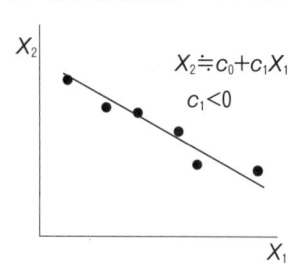

$X_2 \fallingdotseq c_0 + c_1 X_1$
$c_1 > 0$

$X_2 \fallingdotseq c_0 + c_1 X_1$
$c_1 < 0$

　説明変数間の標本相関係数が1または−1に近いとき,弱い意味の多重共線性が発生している可能性があります.データ分析をする際は,弱い意味の多重共線性を避けるため,説明変数間の標本相関係数をチェックし,かりに標本相関係数が0.9を超えるような変数があるなら,どちらかの変数を除いて推計した方がよいかもしれません[4].弱い意味の多重共線性の理解を深めるため,以下に例を紹介します.

例1(GDPとGNI) 実質民間最終消費支出(Y)と実質GDP(X_1)の関係を調べました(単位は兆円).1980〜2009年の四半期データを用いて回帰分析したところ,以下の推定結果が得られました.
$$Y = 2629 + 0.54 X_1$$
つまり,GDPが1兆円増えると,消費は0.54兆円だけ増加します.次に,国内総所得(GNI)の実質値をX_2として,新たに説明変数に加えます.GDPとGNIはほぼ同じ値であり(標本相関係数は0.998),両者の間には弱い意味で多重共線性が存在します.

　上記と同じ期間で,X_2を加えて回帰分析をしたところ,

---

[4] もっとも,モデルがきちんとした根拠のある(たとえば,経済理論から導出された)ものである場合は,たとえ弱い意味の多重共線性があっても,その変数は残しておいた方がよいでしょう.もちろん論文の中で,弱い意味の多重共線性が生じている可能性を指摘しておく必要はあります.

$$Y = 2748 + 0.465 X_1 + 0.075 X_2$$

が得られました．ここで GDP と GNI の係数の和は，0.465＋0.075＝0.54 となっています．2009年だけをデータから除いて同じ推定をすると，

$$Y = 2748 + 0.353 X_1 + 0.179 X_2$$

となります．1年分を除いただけで，推定された係数は大きく変わっているのがわかります．しかし，GDP と GNI の係数の和は 0.353＋0.179＝0.532であり，ほぼ0.54と変わっていません．ここで何が起こっているのでしょうか．$X_1 \fallingdotseq X_2$ ですから，推定された係数の和（$\beta_1 + \beta_2$）が約0.54なら，β_1 と β_2 はどのような値をとっても当てはまりのよさは変わりません．β_1 と β_2 はどんな値でもよいので，分析期間を少し変えただけで係数が大きく振れてしまいます．これでは，推定結果を信頼して結果の考察をすることができません．この場合，GDP と GNI はほぼ同じデータで，片方を除けば安定した結果が得られます．

12.4　ダミー変数

　回帰分析をするうえで重要な説明変数である**ダミー変数**（dummy variable）を紹介します．ダミー変数とは，データに何らかの不規則性があるときに，それらを除去する変数です．データ分析では，図などでデータを視覚的に確認することで，データの持つ特徴を明らかにできます．そして，もし何らかの不規則性が見られれば，ダミー変数を用いる必要があるといえるでしょう．
　ダミー変数には，(1)**一時的ダミー**，(2)**定数・係数ダミー**，(3)**季節ダミー**，などがあり，以下でこれらを紹介します．

12.4.1　一時的ダミー

　最小2乗推定量には，**外れ値**の影響を受けやすいという特徴があります．最小2乗法は残差2乗和を最小にする推定法ですから，外れ値の影響も2乗して評価され，外れ値の影響を強く受けるということです．
　図10-2の体重と身長の散布図のデータを用いて，体重 Y と身長 X の関係を推定すると

$$Y = -38.67 + 0.5778 X$$

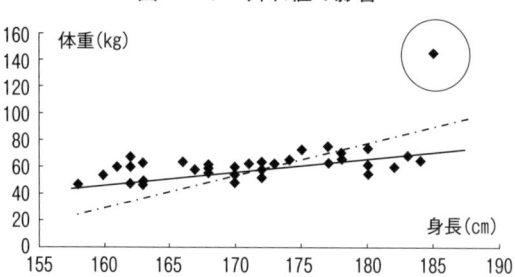

図12-3 外れ値の影響

が得られます（図12-3の実線が回帰直線）．ところが，このデータに外れ値（身長185cm，体重150Kg）を新たに加えて，再度，推定を行うと

$$Y = -134.3 + 1.1487X$$

という結果になります．新しい回帰直線は図中の点線で表わされています．外れ値が1つ加わっただけで，Xの係数が0.58から1.15へと大きく上昇することが分かります．

外れ値の存在が明らかな場合には，次のような対処が必要です．まず，外れ値がデータのi番目で生じたとします（iは観測番号）．このとき，データのi番目だけが1で，他は0となる変数Dを作ります．Dは**一時的ダミー**と呼ばれます．たとえば，体重と身長の例で，最後の人（n番目）が外れ値であれば，ダミー変数Dは表12-1のように定義されます．

ダミー変数Dを用いて，次のモデルを推定します．

$$Y_i = \alpha + \beta X_i + \gamma D_i + u_i$$

最小2乗推定量は，次の残差2乗和を最小にする$\tilde{\alpha}$，$\tilde{\beta}$，$\tilde{\gamma}$です．

$$\sum_{i=1}^{n} \tilde{u}_i^2 = \sum_{i=1}^{n}(Y_i - \tilde{\alpha} - \tilde{\beta}X_i - \tilde{\gamma}D_i)^2$$
$$= \sum_{i=1}^{n-1}(Y_i - \tilde{\alpha} - \tilde{\beta}X_i)^2 + (Y_n - \tilde{\alpha} - \tilde{\beta}X_n - \tilde{\gamma})^2$$

ここでD_iはn番目以外では0ですから，$\tilde{\gamma}$はn番目の残差だけを最小にするように決定されます．これは，どのような外れ値がn番目にあっても，それを打ち消すように$\tilde{\gamma}$が選択されることを意味します．そして，αとβは残り$n-1$個のデータを使って推定されます．

実際，外れ値を含んだデータでダミー変数Dを加えて推定すると，

表12-1　一時的ダミー

	Y	X	D
1	74	180	0
2	60	161	0
3	60	182	0
⋮	⋮	⋮	⋮
$n-2$	66	174	0
$n-1$	46	158	0
n	150	185	1

$$Y = -38.67 + 0.5778X + 81.777D$$

となります[5]．D が外れ値の影響を除去することから，α と β の推定に関しては，外れ値がなかったときの結果と同じです．

12.4.2　定数・係数ダミー

男性と女性，黒人と白人などのように，2グループから構成されているデータを考えます．以下のように，グループごとに X と Y に異なる関係があるとします（定数項と係数が，グループごとに異なる）．

$$i \text{ がグループ1}：Y_i = \alpha_1 + \beta_1 X_i + u_i$$
$$i \text{ がグループ2}：Y_i = \alpha_2 + \beta_2 X_i + u_i$$

図12-4の実線は，グループごとの X と Y の関係を表したものです．これらのデータを一緒に扱うと，推定される回帰直線は点線となりますが，これは X と Y の真の関係をとらえきれていません．

グループ間の違いを考慮するために，新たに変数 D と DX を導入します．D_i は i がグループ2に所属していれば1，そうでないとき0となる変数で，DX は D と X の各要素を掛けた変数です．

表12-2は，あるクラスの試験の点数と勉強時間（1日当たり）をまとめた

---

[5] γ は81.777と推定されていますが，この値の意味を考えましょう．外れ値がない場合の推定結果は $Y=-38.68+0.5778X$ でした．外れ値（身長185cm，体重150kg）がない場合の関係が正しいとすれば，身長185cmの人の体重は $-38.68+0.5778×185 =68.213$kg となるはずです．実際の体重と68.213との差が$150-68.213=81.787$です．

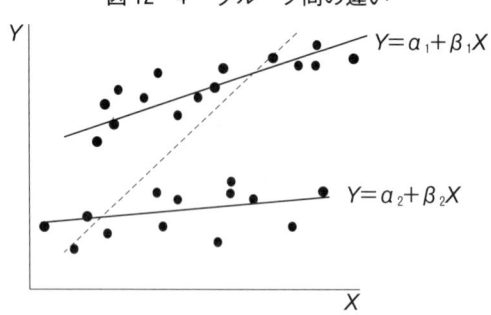

図 12-4　グループ間の違い

$Y = \alpha_1 + \beta_1 X$

$Y = \alpha_2 + \beta_2 X$

表 12-2　定数ダミー，係数ダミー

	Y	X	D	DX
1	75	3	0	0
2	80	2	1	2
3	60	1	0	0
⋮	⋮	⋮	⋮	⋮
$n-2$	90	4	1	4
$n-1$	82	4	0	0
n	100	5	1	5

もので，1列目は観測番号 i，2列目は点数 Y，3列目は勉強時間 X を表しています．D は女性なら1，男性なら0をとる変数です．DX は D と X の各要素の積ですから，$D_i=1$ なら X_i となり $D_i=0$ なら0となります．変数 D と DX を用いれば，先の2本の式を1本の式にまとめることができます．

定数項だけが異なるケース

定数項だけが異なるケース（$\alpha_1 \neq \alpha_2$，$\beta = \beta_1 = \beta_2$）を考えます．変数 D を用いると，先の2本の式は，

$$Y_i = \alpha_1 + \beta X_i + \gamma D_i + u_i$$

となります（ただし $\gamma = \alpha_2 - \alpha_1$ と定義する）．i がグループ1に属していると，$D_i=0$ となり $Y_i = \alpha_1 + \beta X_i + u_i$ です．また，i がグループ2に属していると，

$D_i=1$ となり,
$$Y_i=\alpha_1+\beta X_i+\gamma+u_i=\alpha_1+\beta X_i+(\alpha_2-\alpha_1)+u_i=\alpha_2+\beta X_i+u_i$$
となります. D は定数項の違いを考慮するための変数ですから,**定数ダミー**といわれます.

かりに, 両グループで定数項に差があれば, つまり $\gamma=\alpha_2-\alpha_1=0$ を検証したいのであれば, $H_0:\gamma=0$, $H_1:\gamma\neq0$ という仮説検定を行います. H_0 が正しいなら両グループの定数項に差がないということですし, H_1 が正しいなら両グループの定数項に差があるといえます.

定数項と係数の両方が違うケース

定数項と係数の両方が違うケース ($\alpha_1\neq\alpha_2$, $\beta_1\neq\beta_2$) を考えます. 先の 2 本の式は
$$Y_i=\alpha_1+\beta_1 X_i+\gamma_1 D_i+\gamma_2 D_i X_i+u_i$$
となります ($\gamma_1=\alpha_2-\alpha_1$, $\gamma_2=\beta_2-\beta_1$ と定義)[6]. $D_i X_i$ は i がグループ2に属していると, $D_i=1$ ですから $D_i X_i=X_i$ となり, i がグループ1に属していると, $D_i=0$ ですから $D_i X_i=0$ となります. よって, 回帰モデルは, i がグループ1に属していると, $Y_i=\alpha_1+\beta_1 X_i+u_i$ となり, i がグループ2に属していると
$$Y_i=\alpha_1+\beta_1 X_i+\gamma_1+\gamma_2 X_i+u_i=\alpha_1+\beta_1 X_i+(\alpha_2-\alpha_1)+(\beta_2-\beta_1)X_i+u_i$$
$$=\alpha_2+\beta_2 X_i+u_i$$
となります. DX は係数の違いを考慮するため, **係数ダミー**と呼ばれます.

例1(国境の貿易阻害効果)[7] グローバル化が進み, 人, 物, 金が自由に動く時代に入ろうとしています. しかし, いまだに関税や非関税障壁は何らかの形で存在しており, 国境の存在は貿易を阻害する要因となっています. では, 市場統合の進んだ米国・カナダ間でも, 国境は自由貿易の阻害要因となっているでしょうか.

---
6) 両グループの定数項と係数に差があるかは, γ_1 と γ_2 が 0 であるかを検定します.
7) この例は, 以下の論文の紹介です. McCallum, J. (1995), "National Borders Matter: Canada-U.S. Regional Trade Patterns," *American Economic Review* 85, 615-623.

図12-5 北米経済マップ

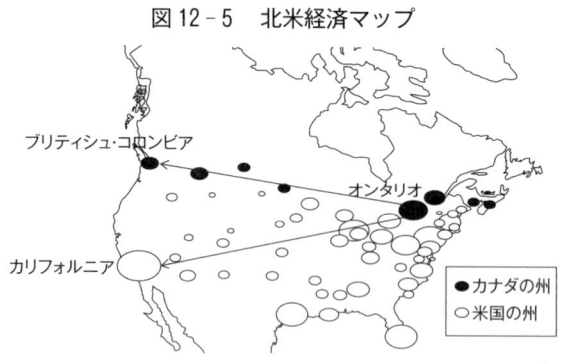

(出所) McCallum(1995)の Figure 1.

米国とカナダの州同士の貿易額は，次の**重力モデル**（gravity model）と呼ばれる式で求められるとします[8]．

$$\ln(EX_{ij}) = \alpha + \beta_1 \ln(I_i) + \beta_2 \ln(I_j) + \beta_3 \ln(DIST_{ij}) + \gamma D_{ij} + u_{ij}$$

EX_{ij} は i 州から j 州への輸出額，I_i は輸出元である i 州の経済規模（総生産額），I_j は輸出先である j 州の経済規模（総生産額），$DIST_{ij}$ は i 州と j 州との間の距離とします．これらは全て対数値とします（自然対数 ln は付録 A.4.2 節参照）．D_{ij} は，i 州と j 州が同一国に所属すれば1，そうでなければ0となるダミー変数です（これは定数ダミーに当たります）．

1988年の米国とカナダの州別の横断面データ（カナダは10州，米国は30州が含まれる）を分析します[9]．図12-5で，●はカナダの州，○が米国の州を表

---

8) ニュートンの重力法則では，2つの物体の間に働く力は，それぞれの質量と相互の距離に依存します（各質量に比例し，距離の2乗に反比例）．同様に，重力モデルでは，2地点間の貿易は，それぞれの経済規模（質量に当たる）と両地点間の距離に依存すると考えます．それぞれの経済規模が大きくなると貿易は増えますし，両地点の距離が離れるほど貿易は減少します．

9) カナダは10州からなります．米国は50州ありますが，そこから人口の最も多い20州，カナダとの国境沿いにある10州を選択しています．カナダの州同士の貿易は10×9＝90通り，米国とカナダの州の貿易は10×30×2＝600通りあります．よって，サンプルサイズは計690です（そのうち7では貿易額が0のため，有効なデータは計683となります）．米国の州同士の貿易データは存在しません．

表12-3 推定結果

説明変数	推定式		
	(1)	(2)	(3)
$\ln(I_i)$	1.30 (0.06)	1.21 (0.03)	1.15 (0.04)
$\ln(I_j)$	0.96 (0.06)	1.06 (0.03)	1.03 (0.04)
$\ln(DIST_{ij})$	−1.52 (0.10)	−1.42 (0.06)	−1.23 (0.07)
D_{ij}		3.09 (0.13)	3.11 (0.16)
OBS	90	683	462
$\bar{R}^2$	0.890	0.811	0.801

(注) OBSはサンプルサイズ．（ ）内は標準誤差．

しており，円の大きさは経済規模に比例します．たとえば，iがオンタリオ州でjがブリティシュ・コロンビア州なら，両方はカナダに所属していますから$D_{ij}=1$です．これに対して，iがオンタリオ州でjがカリフォルニア州であれば，両方が違う国に所属しているので$D_{ij}=0$となります．

表12-3は，推定結果をまとめたものです．(1)式では（表の2列目），カナダのデータだけを用いて推定しました（カナダのデータだけなのでDは含まれない）．輸出元iと輸出先jの経済規模が大きくなると輸出は増加し，両州の距離が離れると輸出は減少します．$\ln(I_i)$の係数は1.30ですから，輸出元i州の経済規模が1％増加すると輸出は1.3％増加します．$\ln(I_j)$の係数は0.96ですから，輸出先j州の経済規模が1％増えると輸出は0.96％増加します．$\ln(DIST_{ij})$の係数は−1.52ですから，iとj州の距離が1％増えると1.52％だけ輸出は減少します．

(2)式では，全てのデータを用いて推定しました．総生産と距離の係数は，カナダだけのデータを用いた結果とほぼ同じです．そして，Dの係数は3.09であり，iとjの両方が同じ国にあると貿易が増えることが分かります（逆にいえば，国境は貿易を阻害する要因となっています）．(3)式では，規模の小さい州は重要性が低いと考えて，これらを除いたうえで同じ推定をしています．その

結果，D の係数は3.11であり，(2)式の推定結果とほぼ同じです．D の係数が3.09ですから，i と j 州の両方が同じ国に所属していると $\ln(EX_{ij})$ が3.09だけ増えます．これは輸出額 EX_{ij} が $e^{3.09}=22$ 倍だけ増えることを意味します[10]．

実際の州を例にとって，国境の重要性を考えてみましょう．たとえば，カリフォルニア州はブリティシュ・コロンビア州より10倍以上も経済規模が大きいですが，カリフォルニア州とブリティシュ・コロンビア州はオンタリオ州から同程度離れています．したがって，かりに国境がなければ，オンタリオ州は，ブリティシュ・コロンビア州よりカリフォルニア州に10倍以上の輸出をしているはずです．しかし，実際，オンタリオ州は，カリフォルニア州よりブリティシュ・コロンビア州に3倍以上も輸出しています．国境の存在が，貿易の大きな阻害要因となっていることが分かります．

12.4.3 季節ダミー

時系列データには**季節性**（季節によって規則的に変化する性質）が存在することがあります．たとえば，ボーナスが支給される6月と12月は人々が消費を活発に行うため，生産指標が改善したり物価が上昇したりします．かりに X と Y に何の関係もなくても，データの持つ季節性のパターンが同じであれば，有意な関係が得られてしまう可能性があります．このため，時系列データを扱った分析では，季節性を適切に考慮したうえで分析する必要があります．

四半期データを扱った分析を考えましょう．このようなデータ分析の場合には，**季節ダミー**と呼ばれる以下の変数を新たに導入します．

$$Q1_t=\begin{cases}1 & 第1四半期\\0 & その他\end{cases} \quad Q2_t=\begin{cases}1 & 第2四半期\\0 & その他\end{cases} \quad Q3_t=\begin{cases}1 & 第3四半期\\0 & その他\end{cases}$$

時系列データなので，添字は i ではなく t としました．たとえば，$Q1_t$ は，t

---

10) 重力モデルは対数を用いた式ですから，これは，
$$EX_{ij}=e^{\ln(EX_{ij})}=e^{\alpha+\beta_1\ln(I_i)+\beta_2\ln(I_j)+\beta_3\ln(DIST_{ij})+\tau D_{ij}+u_{ij}}$$
$$=e^{\tau D_{ij}}e^{\alpha+\beta_1\ln(I_i)+\beta_2\ln(I_j)+\beta_3\ln(DIST_{ij})+u_{ij}}$$
となります．上式から，国境があると $(D_{ij}=0)$，$EX_{ij}=e^{\alpha+\beta_1\ln(I_i)+\beta_2\ln(I_j)+\beta_3\ln(DIST_{ij})+u_{ij}}$ となり，国境がないと $(D_{ij}=1)$，$EX_{ij}=e^{\tau}e^{\alpha+\beta_1\ln(I_i)+\beta_2\ln(I_j)+\beta_3\ln(DIST_{ij})+u_{ij}}$ となります．よって，国境がある場合に比べて，国境がないと e^{τ} 倍だけ貿易が増えます．

コラム12-2 消費者物価指数の季節性

物価を測る代表的指標に消費者物価指数（CPI）があり，その変化率はインフレ率と呼ばれます．日本銀行の目的の1つは物価の安定であり，2006年3月9日の金融政策決定会合で，物価の安定は「CPIの前年比で表現すると，0〜2％程度であれば，各委員の『中長期的な物価安定の理解』の範囲と大きくは異ならないとの見方で一致した」と公表しています．

総務省が行う「家計調査」では，約9000世帯を対象に購入品目やその値段を記録してもらい，典型的世帯が消費する消費品目のリストを作成します．そして，消費者物価とは，このリストにある消費品目の合計購入金額と定義されます．総務省は物価そのものではなく，基準年を100として指数化した消費者物価指数（CPI）を公表しています．たとえば，基準年である2000年の物価が50000円，2005年は52500円，2010年は55000円であったとします．これらを基準年の物価（50000円）で割って，100を掛けたものが物価指数です．たとえば，2000年のCPIは100（＝(50000/50000)×100），2005年は105（＝(52500/50000)×100），2010年は110（＝(55000/50000)×100）となります．

CPIは月次で利用可能なデータです．これをP_tと表しましょう．このとき，インフレ率は，

$$12 \times \frac{P_t - P_{t-1}}{P_{t-1}}$$

で計算されます（月次変化率を年率換算するため12を掛けます）．図12-6(a)は，インフレ率の推移を表したものですが，季節性の影響を受けて激しく振れており，政策担当者が日本経済の実態を測ることは難しそうです．季節性の影響を取り除くため，前年同月比によるインフレ率を計測します（ダミー変数による季節性の除去は12.4.3節参照）．なお，前年同月比は，1年前（同月）に比べてCPIが何％変化したかを表します（1年前と比較しているため，12を掛ける必要はありません）．

$$\frac{P_t - P_{t-12}}{P_{t-12}}$$

たとえば，2010年12月から翌11年12月にかけて，物価の変化率は，同月で比

図12-6 インフレ率の推移

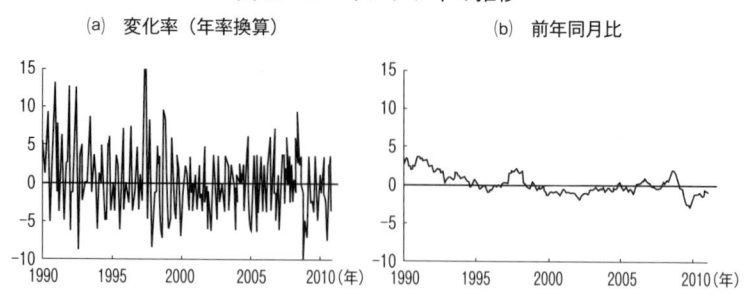

(a) 変化率（年率換算）　　　　(b) 前年同月比

較しており季節性の影響は受けません．図12-6(b)は，前年同月比によって表したインフレ率の推移です．季節性が除去されて経済の実態が把握しやすくなっています．日本では，インフレ率はほぼ0％もしくはそれ以下で推移しており，これが日本経済はデフレ状況に陥ったとされる理由です．

が第1四半期であれば1，そうでないときは0となる変数です．

これらの変数を用いて，次の推定を行います．

$$Y_t = \alpha + \beta X_t + \gamma_1 Q1_t + \gamma_2 Q2_t + \gamma_3 Q3_t + u_t$$

上式は各四半期において，次の定式化を意味しています．

t が第1四半期（$Q1_t=1, Q2_t=0, Q3_t=0$）：$Y_t = (\alpha + \gamma_1) + \beta X_t + u_t$

t が第2四半期（$Q1_t=0, Q2_t=1, Q3_t=0$）：$Y_t = (\alpha + \gamma_2) + \beta X_t + u_t$

t が第3四半期（$Q1_t=0, Q2_t=0, Q3_t=1$）：$Y_t = (\alpha + \gamma_3) + \beta X_t + u_t$

t が第4四半期（$Q1_t=0, Q2_t=0, Q3_t=0$）：$Y_t = \alpha + \beta X_t + u_t$

定数項に生じた季節性を，季節ダミーによりとらえることができています[11]．

四半期データでは季節ダミーを3つだけ含めています．これは，季節ダミーを4つ含めると，多重共線性（$Q1_t+Q2_t+Q3_t+Q4_t=1$）が発生してしまうからです．同様に，月次データなら季節ダミーは11個になります（練習問題5を参照してください）．

---

[11] 係数だけが季節によって異なる場合は，説明変数 X と $Q1, Q2, Q3$ の積を説明変数として含めます．$Y_t = \alpha + \beta X_t + \gamma_1 X_t Q1_t + \gamma_2 X_t Q2_t + \gamma_3 X_t Q3_t + u_t$

12.5 パネル分析

12.5.1 パネルデータ

時系列データは時間の経過とともに観測されるデータ，**横断面データ**は同一時点に複数の対象を記録したデータのことをいいます．また，**パネルデータ**は複数時点にわたり利用できる横断面データのことをいいます（1.2節参照）．

本節では，パネルデータとして，

$$X_{i,t}, Y_{i,t}$$

が利用可能であるとします（$i=1, \cdots, N$，$t=1, \cdots, T$）．i は観測番号，t は時点を表し，サンプルサイズは $N \times T$ です．たとえば，1000企業の財務データが10年にわたり各年で利用可能であれば，$N=1000$，$T=10$ で，サンプルサイズは $1000 \times 10 = 10000$ となります．パネルデータは T に比べて N が大きい傾向があります．

パネルデータを用いた分析には，長所が3つあります．第1の長所は，精度の高い推定が可能となることです．これは，横断面データが複数年分あるのでサンプルサイズが大きくなるからです．第2の長所は，多重共線性の問題を軽減できることです．パネルデータでは，説明変数の変動も大きくなる傾向があり，説明変数間の相関が低下し，弱い意味の多重共線性の問題が軽減されます．第3の長所は，各個人や各企業に特有の要因を考慮できることです．

12.5.2 固定効果モデル

パネルデータの第3の長所について，詳しくみてみましょう．ここで $Y_{i,t}$ と $X_{i,t}$ に，

$$Y_{i,t} = \alpha + \beta X_{i,t} + \gamma Z_i + u_{i,t}$$

という関係があるとします．Z_i は i 固有の要因で分析者には観察できません．また，Z_i は時間を通じて一定です（このため添字 t は除いています）．

たとえば，$Y_{i,t}$ は i さんの t 時点での年収（万円），$X_{i,t}$ は i さんの t 時点での教育年数（年）で，Z_i を i さんのIQとします．IQは時間を通じて一定で，分析者は観察できない変数です．IQテストを行えば測定は可能ですが，その

結果は本人を含めて分析者に非公開とされます．

$Y_{i,t}$ を $X_{i,t}$ だけで回帰すると，Z_i が考慮されないので，推定にバイアスが発生します．では，どのように Z_i の要因を考慮して推定すればよいのでしょうか．上記のモデルは，以下のように表すことができます．

$$Y_{i,t} = \beta X_{i,t} + \alpha_i + u_{i,t}$$

ここで $\alpha_1 = \alpha + \gamma Z_1$, $\alpha_2 = \alpha + \gamma Z_2$, $\cdots$, $\alpha_n = \alpha + \gamma Z_n$ です．ここで i 固有の要因 α_i を個別の定数項としてとらえたとき，このモデルは**固定効果モデル**（fixed effects model）と呼ばれます[12]．

固定効果モデルは，i によって定数項が異なるだけですから，ダミー変数を用いて推定できます．ここで $n-1$ 個のダミー変数を新たに導入します．

$$D2_i = \begin{cases} 1 & i=2 \\ 0 & その他, \end{cases} \quad D3_i = \begin{cases} 1 & i=3 \\ 0 & その他, \end{cases} \cdots, \quad Dn_i = \begin{cases} 1 & i=n \\ 0 & その他 \end{cases}$$

$D2_i$ は $i=2$ なら 1，そうでなければ 0 となる変数です．これらの変数は時間を通じて一定ですから t の添字を除いています．

固定効果モデルは，ダミー変数を用いて，

$$Y_{i,t} = \beta X_{i,t} + \alpha_1 + \theta_2 D2_i + \theta_3 D3_i + \cdots + \theta_n Dn_i + u_{i,t}$$

となります．ただし $\theta_1 = \alpha_1 - \alpha_1$, $\theta_2 = \alpha_2 - \alpha_1$, $\cdots$, $\theta_n = \alpha_n - \alpha_1$．たとえば，$i=1$ なら全てのダミー変数が 0 ですから $Y_{i,t} = \beta X_{i,t} + \alpha_1 + u_i$ となり，$i=2$ なら $D2$ 以外のダミー変数が 0 ですから $Y_{i,t} = \beta X_{i,t} + \alpha_1 + (\alpha_2 - \alpha_1) + u_i = \beta X_{i,t} + \alpha_2 + u_i$ となります．

固定効果モデルでは，観察できない変数 Z_i をダミー変数によって考慮できるので，バイアスなく変数間の数量的関係を推定できます．

例1（自殺と失業の関係） 失業率が高くなると生活苦に陥る人が増え，自殺

---

12) 厳密には，説明変数 $X_{i,t}$ と i 固有の要因 α_i に相関があれば固定効果モデル，説明変数と α_i に相関がなければ**変量効果モデル**（random effects model）として推定します．変量効果モデルでは α_i を推定する必要がなく，自由度が大幅に増えるという利点があります．ただし，説明変数と α_i に相関があるにも関わらず，変量効果モデルで推定すると，推定量は一致性を持ちません．これに対し，固定効果モデルによる推定は，説明変数と α_i の相関を許容した頑健な推定法となります．

者数も増えると考えられます.ここでは1995年,2000年,2005年の33カ国のデータを用いて,自殺者数と失業率との関係を調べます($N=33$,$T=3$,$N\times T=99$)[13].

t年におけるi国の自殺者数(10万人当たり)を$Y_{i,t}$とし,t年におけるi国の失業率(%)を$X_{i,t}$とします.2005年のデータだけで推定すると,

$$Y_{i,t} = \underset{(3.26)}{15.89} - \underset{(0.422)}{0.314} X_{i,t}$$

となります.予想に反して,Xの係数は負(t値は$-0.314/0.422=-0.744$)で,失業率が1%増えると,(有意ではありませんが)自殺者数が0.314だけ減る結果になっています.これは国固有の要因を考慮していないためだと考えられます.文化,宗教,政治システムなどは国ごとに異なり,国固有の要因は大きいと思われます.たとえば,キリスト教では自殺が禁じられており,キリスト教徒が多い国では,失業率が高くても自殺者数は少ないと思われます.

全てのデータ(つまりパネルデータ)を用いて固定効果モデルを推定すると

$$Y_{i,t} = \underset{(0.143)}{0.334} X_{i,t} + 国固有の効果$$

となります(ダミー変数の項は「国固有の効果」と省略表示しました).$X_{i,t}$の係数は有意にプラスとなっています(t値は$0.334/0.143=2.336$).予想どおり,失業率が1%増えると自殺者数が0.334人増えるという結果となっています.国固有の要因を固定効果としてとらえることで,バイアスなく推定できているのです.

例2(交通事故死者数と酒税) 飲酒運転は交通事故の原因の1つとされます.このため,酒税を上げることで飲酒運転を減らせるなら,交通事故死者数を減少させることが可能かもしれません.J・ストックとM・ワトソンは,*Introduction to Econometrics*(参考文献[14])で,1982〜88年の米国48州の酒税と交通事故死者数の関係を調べた研究を紹介しています($N=48$,$T=7$,$N\times T=336$).

---

13) 自殺者数はWHOのCountry reports and charts available,失業率はWorld Development Indicatorsから入手しました.

t 年の i 州における酒税額（ビール1ケース当たり）を $X_{i,t}$ とし，t 年の i 州における交通事故死者数（1万人当たり）を $Y_{i,t}$ とします．1988年のデータだけを用いて推定すると，

$$Y_{i,t} = \underset{(0.11)}{1.86} + \underset{(0.13)}{0.44} X_{i,t}$$

です．X の係数は有意にプラスです（t 値は$0.44/0.13=3.38$）．予想とは異なり，酒税を1ドル増やすと死者数が0.44人も有意に増えています．しかし，この推定は州固有の要因を考慮していないため，何らかのバイアスが発生している可能性もあります．州によって，道路の舗装率，飲酒に関するモラル，運転マナー，道路の混雑率などが異なり，州固有の要因は大きいと考えられます．

そこで，全てのデータを用いて固定効果モデルを推定すると，

$$Y_{i,t} = \underset{(0.20)}{-0.66} X_{i,t} + 州固有の効果$$

となります（ダミー変数は多いので「州固有の効果」と省略表示しました）．州固有の要因を考慮することで，X の係数は有意に負となっています（t 値は$0.66/0.20=3.30$）．酒税が1ドル増えると交通事故死者数が0.66人減少します．この結果から，酒税の引上げにより交通事故死者数を引き下げることができるといえそうです．

12.6 回帰分析で直面する問題

論文を書くうえで直面しがちな問題と，その対処法を紹介します．具体的には，「どのように説明変数を選んだらよいか」，「推定結果をどう見せるのか」，「説明変数の重要度はどう判断すればよいか」を説明します[14]．

12.6.1 理論と整合的な説明変数を選ぶ

データ分析の際，多くの人が直面する問題は，推定式の決め方です．自分の関心が明瞭であれば，被説明変数の選択についてはそれほど難しくありません．

---

14) ここでの記述は筆者の個人的見解が含まれています．

コラム12-3　ロージャック

　米国での自動車の盗難は，日本に比べても多く，大きな社会問題となっています．レヴィット／ダブナー『超ヤバい経済学』（参考文献[7]）では，さまざまな防犯グッズとその効果が紹介されています．

　「ザ・クラブ」は，代表的盗難防止グッズです．クラブはハンドルを固定する仕組みの長い棒で，外からでもハンドルが固定されているかは一目瞭然です．このため，泥棒はクラブのある車を避けて，クラブのない車を狙います．あなたがクラブを設置したら，あなたの車が盗まれる確率は低下しますが，他の車が盗まれる確率は上昇します．

　これに対して，「ロージャック」はクラブと逆の効果を持っています．ロージャックは，小さな無線送信機であり，泥棒に見えない場所に設置されます．車が盗まれたら，警察はシグナルを頼りに車を見つけて泥棒を捕まえます．あなたがロージャックを設置しても，（泥棒には見えないので）あなたの車が盗まれる確率は変わりませんが，警察が泥棒を捕まえることで他の車が盗まれる確率を低下させます．よって，ロージャック設置率が上がれば，車の盗難率（1人当たりの車の盗難率）は下がると考えられます．

　レヴィットは，米国都市別のパネルデータを用いて，ロージャックが車の盗難に与える効果を推定しました．具体的には，被説明変数を車の盗難率，説明変数をロージャック設置率として，都市固有の要因を考慮したうえで推定を行いました．その結果，ロージャック設置率が1％増えると，車の盗難率は20％も減ることが分かりました．ロージャックは設置料が高く（約600ドル），あまり人気はない商品です．しかし，ロージャックは，その利用者だけでなく，非利用者に対しても大きな利益をもたらしている商品といえます．

　一方，どの説明変数を用いるかは難しい問題です．t 値が全て有意となる説明変数の組合せがよいのか，自由度調整済み決定係数 $\bar{R}^2$ が最も高くなる説明変数の組合せがよいのか．たしかに，t 値や $\bar{R}^2$ は重要な情報ですが，それだけで推定式を決めるわけではありません．

実証論文を読むと，何らかの理論と整合的な推定式を設定することが好まれるようです．たとえば，牛肉の消費に関心があることから，被説明変数として牛肉消費額を用いるとします．経済理論によれば，牛肉消費は，所得，牛肉価格，豚肉や鶏肉など代替財（牛肉の代わりとなりうる商品）の価格で決まります．したがって，これらの変数が説明変数の候補となります．いまコーヒーの価格（牛肉消費と関係がなさそうな変数）を推定式に含めたところ推定結果が改善したとします．既存の経済理論から，牛肉とコーヒーの関係を説明することは難しいでしょう．コーヒーは牛肉の代替財ではないし，牛肉の補完財（牛肉と一緒に消費される商品）とも考え難い財です．しかし，既存の理論が常に正しいわけではありません．新しい理論を他者に説得的に提案できるなら，コーヒーの価格を説明変数として含めるべきです．理論から推定式を決める流れが主ですが，逆に，データ分析から新しい理論が作られる流れもあるのです．むしろ，データ分析から新しい理論を作る方がより刺激的かもしれません．

　もしある説明変数が有意ではないとき，この変数を除いたうえで再度推定したほうがよいのでしょうか．たしかに，有意ではない変数を除けば，推定すべき係数の数が減って，推定精度は全体的に改善する傾向があります（$\bar{R}^2$が上がり，有意となる変数は増えます）．しかし，この変数が「有意ではない」ということが情報として価値のある可能性もあります．たとえば，先行研究では有意とされる変数が，データや定式化を少し変えたところ，有意ではなくなったとします．先行研究でみられた有意性が，少し条件を変えただけで覆されてしまうのは重要な情報ですから，この変数が有意ではないことを示すためにも，この変数は説明変数として含めておくべきです．また，先の牛肉の例で，かりに豚肉の価格は有意で，鶏肉の価格が有意ではなかったとします．この結果から，豚肉は牛肉の代替財といえますが，鶏肉は代替財であるとまではいえません．これは重要な情報ですから，豚肉の価格だけでなく，鶏肉の価格も説明変数として含めたままの方が面白い結果でしょう．

　推定式を考えるときは，何らかの理論と整合的な式を推定式とすることをお勧めします．また，有意ではない変数であれば機械的に除くのではなく，有意ではないという情報が面白いかどうかを，自分で判断してから変数を除くかを決めてください．

12.6.2 結果の見せ方

実際のデータ分析では，定式化を変えたりして，数百本の式を推定することになります．何らかの理論が推定式を決める際の参考となるといっても，さまざまな理論が存在しますから，推定式は1本には決められないものです．また，データに外れ値があればダミー変数を含めたり，グループごとの違いを考慮したり，試行錯誤が必要になります．論文を書く際，これら数百本の推定式を全て見せることはできず，著者がその一部を選んで報告します．このような試行錯誤の際，t値や$\bar{R}^2$はとても参考となる情報です．

実証研究では，結果が面白いだけでなく，その**頑健性**(robustness)が**重要**とされます．分析期間や説明変数を少し変えただけで主要な結果が大きく覆る場合，その結果は頑健ではないとみなされます．論文では，最初に，重要と思うシンプルな推定式の結果をみせて，論文の読者にその推定結果が面白いことを示します．その後，分析期間や説明変数を少し変えても，推定結果が頑健である（主要な結果がほとんど変わらない）ことを示していきます．

データ分析の過程で，主要な結果が頑健ではないことが分かったときはどうすれば良いでしょうか．第1は，主要な結果が頑健ではないことを認めたうえで，どのように頑健ではないかも含めて論文に書くことです．論文の貢献度は小さくなりますが，主要な結果が面白ければ書く意味は十分にあります．第2は，論文を書くことを諦めることです．主要な結果が面白くもなく，頑健でもなければ，報告する価値はあまりないかもしれません．

12.6.3 説明変数の重要性

ある変数の係数（β_i）が0という帰無仮説が棄却されると，「その変数は有意である」とされます(11.4.3節参照)．統計的有意性は必ずしも説明変数の重要性を意味しませんが，統計的有意性は説明変数の重要性であるとする誤解が少なくありません．

なぜ統計的有意性は説明変数の重要性を意味しないのでしょうか．D・マクロスキーは『ノーベル賞経済学者の大罪』（筑摩書房，2002年）の中で「標本の規模がきわめて巨大であれば，推定値の標本変動がゼロに近づく．そうすれ

ば，すべての係数は有意になるだろう．そこで自問してみてください．何が重要な説明変数か，どうしたら重要な説明変数だと分かるのですか？」と述べています[15]．少し解説を加えると，サンプルサイズ n が大きくなると，最小2乗推定量の標準誤差は0に近づいていきます．したがって，n が大きいと，真の値 β_i が厳密に0でない限り，β_i がどんなに0に近い値でも必ず有意となります（11.4.3節参照）．こう考えると，統計的有意性は必ずしも説明変数の重要性を意味するわけではないことが分かります．

それでは，説明変数の重要性はどう判断するのでしょうか．たとえば，体重が身長，労働時間，喫煙の有無に依存しているとします．Y を体重 (kg)，X_1 を身長 (cm)，X_2 を1日当たりの労働時間，X_3 を1日の喫煙本数とします．これらの関係を推定したところ，

$$Y = \underset{(0.1)}{0.5 X_1} + \underset{(0.005)}{0.01 X_2} - \underset{(0.24)}{0.4 X_3}$$

が得られたと仮定します．このとき，どの変数が一番重要でしょうか．

t 値を計算すると，それぞれ $0.5/0.1=5$, $0.01/0.005=2$, $0.4/0.24=1.67$ です．n が十分に大きいなら，t 分布は標準正規分布で近似でき，それぞれの変数は1％，5％，10％で有意となります．では，重要性の順位は X_1, X_2, X_3 でしょうか．これは間違いです．重要性の判断は，分析者の観点によって異なります．たとえば，診療医の立場では，身長が増えて体重が増えるのは当たり前ですから，生活習慣を表す変数 X_2 と X_3 が重要と考えるでしょう．また，X_2 の係数は0.01ですから，労働時間が10時間増えても体重は0.1Kgしか増えません．これに対して，1日10本喫煙する人は体重が4 Kgも少なくなります．このような見方からは，重要性の順位は X_3, X_2, X_1 といえそうです．また，分析者が体重の予測に関心があるならば，体重のほとんどは身長で決まっていますから，身長 X_1 が最も重要といえます．

以上から，統計的有意性は説明変数の重要性と異なる概念であり，分析者が自分で何が重要な変数かを判断すべきということが分かります．

---

15) 原著では，説明変数は経済変数と書かれています．

最小2乗法について

推定方法

残差2乗和を最小にする $\hat{\alpha}, \hat{\beta}_1, \cdots, \hat{\beta}_K$ を求めるため，残差2乗和をそれぞれ $\hat{\alpha}, \hat{\beta}_1, \cdots, \hat{\beta}_K$ で偏微分して0と置きます．こうして得られた $K+1$ 本の式（正規方程式）

$$\sum_{i=1}^{n}(Y_i-\hat{\alpha}-\hat{\beta}_1 X_{1i}-\cdots-\hat{\beta}_K X_{Ki})=0$$
$$\sum_{i=1}^{n}X_{1i}(Y_i-\hat{\alpha}-\hat{\beta}_1 X_{1i}-\cdots-\hat{\beta}_K X_{Ki})=0$$
$$\cdots$$
$$\sum_{i=1}^{n}X_{Ki}(Y_i-\hat{\alpha}-\hat{\beta}_1 X_{1i}-\cdots-\hat{\beta}_K X_{Ki})=0$$

を満たす $\hat{\alpha}, \hat{\beta}_1, \cdots, \hat{\beta}_K$ を求めます．$K+1$ 本の同時方程式の解は，すでに残差2乗和を最小にする最小2乗推定量ですから ^（ハット）をつけています．

単回帰分析では，σ^2 の推定量は残差2乗和を $n-2$ で割ったものでした．K 個の説明変数がある重回帰分析では，σ^2 の推定量は残差2乗和を $n-(K+1)$ で割ったものとなります．これは $K+1$ 本の正規方程式は，残差についての制約式になっており，残差2乗和は自由度が $n-(K+1)$ となっているからです．単回帰分析では $K=1$ ですから，自由度は $n-2$ となります．

練習問題

1. 500人の勤労者を対象として，各個人の教育年数 (Y)，兄弟の数 (X_1)，母親の教育年数 (X_2)，父親の教育年数 (X_3) を調べたとします．

$$\hat{Y}=\underset{(1.2)}{10}-\underset{(0.05)}{0.10}X_1+\underset{(0.04)}{0.15}X_2+\underset{(0.08)}{0.20}X_3$$

   (1) 有意水準5％で $H_0:\beta_i=0$, $H_1:\beta_i\neq 0$ をそれぞれ検定してください．
   (2) 兄弟の数が増えると，なぜ教育年数が減る傾向にあるのでしょうか．
   (3) 父母の教育年数が増えると，なぜ教育年数が増えるのでしょうか．
   (4) 太郎君の兄弟は2人，母親の教育年数は16年，父親の教育年数は12年とします．太郎君の教育年数は何年と予測されますか．

2. 12.3.1節でGPAを勉強時間，アルバイト時間，余暇時間，睡眠時間で推

定する問題を論じました．睡眠時間を除いた推定で，睡眠時間の効果はどのように測ればよいでしょうか．

3. 一卵性の双子（両方男）のデータを n 組入手しました．i という双子の所得差を Y_i，教育年数差を X_i とします．双子の所得差は「兄の所得 − 弟の所得」，教育年数差とは「兄の教育年数 − 弟の教育年数」とします．Y を X で回帰して，教育年数が所得に与える影響を測りました．双子のデータを用いる利点と欠点を説明してください．

4. グループごとに Y と X に異なる関係があるとします（グループ1：$Y_i = \alpha_1 + \beta_1 X_i + u_i$，グループ2：$Y_i = \alpha_2 + \beta_2 X_i + u_i$）．ただし $\beta_1 < 0$，$\beta_2 < 0$ とします．グループを区別しないで一緒に推定したところ，X の係数は有意にプラスとなりました．どのような原因が考えられるでしょうか．

5. 月次データで季節性を除去するには，どのような季節ダミーを用いればよいでしょうか．

6. (1) 恒等式（変数にどんな数値を代入しても常に成り立つような等式）の推定は意味がないことを説明してください．(2) GDP を被説明変数として，説明変数を消費，投資，政府支出，輸出，輸入としたところ，決定係数は1となりました．これは意味がある推定といえるでしょうか．

7. $Y_{i,t} = \alpha + \beta X_{i,t} + \gamma_1 Z_i + \gamma_2 S_t + u_{i,t}$ $(i=1, \cdots, N,\ t=1, \cdots, T)$ とします．Z_i は時間を通じて一定な i 固有の要因（固定効果），S_t は時間を通じて変化し全体に同じ影響を与える要因（時間効果）です．このモデルはどのように推定すればよいでしょうか．

8. 本当のモデルは $Y_i = \alpha + \beta X_i + u_i$ ですが，$\alpha = 0$ という制約を課し，最小2乗法により β を推定します．(1) β の最小2乗推定量を求めてください．ヒント：$\sum_{i=1}^n \tilde{u}_i^2 = \sum_{i=1}^n (Y_i - \tilde{\beta} X_i)^2$．(2) この推定量は不偏性を満たしているでしょうか．(3) 決定係数を用いる問題を述べてください．

9. $Y_i = \alpha + \beta_1 X_{1i} + \beta_2 X_{2i} + u_i$ というモデルを考えます．X_{1i} と X_{2i} の標本共分散が0であれば，β_1 の最小2乗推定量は
$$\hat{\beta}_1 = \frac{\sum_{i=1}^n (X_{1i} - \bar{X}_1)(Y_i - \bar{Y})}{\sum_{i=1}^n (X_{1i} - \bar{X}_1)^2}$$
となることを証明してください．この結果の含意を説明してください．

付録 A　数学の復習

　本書を理解するうえで必要な数学を説明します．具体的には，和記法，順列・組合せ，指数関数，対数関数です．なお，ここで微分は解説しませんが，興味のある読者はA・C・チャン『現代経済学の数学基礎 上』（シーエーピー出版，1995年）をお勧めします．

A.1　和記法

A.1.1　総和の表記法

　データは n 個あり，$\{x_1, x_2, \cdots, x_{n-1}, x_n\}$ であるとき，全てのデータを足し合わせた総和は

$$x_1+x_2+\cdots+x_{n-1}+x_n$$

ですが，計算式が長くなり紙数を取り不便なので，足し算を簡易表記する記号である $\sum$（「シグマ」と読む）を使って次のように表します．

$$\sum_{i=1}^{n} x_i = x_1+x_2+\cdots+x_{n-1}+x_n$$

$\sum$ の上下に添字が付いています．下添字は $i=1$，上添字は n となっていますが，これは x_i というデータについて，x_1（$i=1$ のとき）から x_n（$i=n$ のとき）まで足し上げることを意味します．たとえば，

$$\sum_{i=5}^{10} x_i = x_5+x_6+x_7+x_8+x_9+x_{10}$$

となります．下添字が $i=5$ で，上添字が10ですから，x_5 から x_{10} まで足し上げるということです．

　添字は上記のように上下ではなく，右上や右下に付ける場合もあります．

$$\sum_{i=1}^{n} x_i = x_1+x_2+\cdots+x_n$$

添字の位置は，上下でも，右上や右下でも意味は同じなので，混乱しないよう

にしましょう．

記号に慣れるため，Σ記号の練習をします．まず，$n=5$とすると，総和は，
$$\sum_{i=1}^{5} x_i = x_1 + x_2 + x_3 + x_4 + x_5$$
となります．また次のように，データの一部だけ和をとる操作も可能です．
$$\sum_{i=4}^{5} x_i = x_4 + x_5, \quad \sum_{i=1}^{2} x_i = x_1 + x_2, \quad \sum_{i=5}^{5} x_i = x_5$$

A.1.2 線形変換

aとbを任意の定数とするとき，x_iを$y_i = a + bx_i$と変換します．たとえば，$a=3$，$b=1$として，$x_i=2$なら$y_i=3+1\times 2=5$となります．このようなxから$y=a+bx$への変換を**線形変換**といいます[1]．

ここで$y_i = a + bx_i$の総和は以下となります．
$$\begin{aligned}
\sum_{i=1}^{n}(a+bx_i) &= (a+bx_1)+(a+bx_2)+\cdots+(a+bx_n) \\
&= (a+a+\cdots+a)+(bx_1+bx_2+\cdots+bx_n) \\
&= na + b(x_1+x_2+\cdots+x_n) \\
&= na + b\sum_{i=1}^{n} x_i
\end{aligned}$$

この式は任意のaとbについて成立します．たとえば，$b=0$とすると，
$$\sum_{i=1}^{n} a = na$$
となります．つまり，定数aの総和は，aがn個ありますからnaです．また，$a=0$とすると，
$$\sum_{i=1}^{n} bx_i = b\sum_{i=1}^{n} x_i$$
となります．つまり，xの係数bはΣの外に出すことができます．

---

[1] 縦軸をy，横軸をxとして，$y=a+bx$を図に描くと直線となります．こう考えると，線形変換と呼ぶ理由も理解しやすいでしょう．

A.1.3 変数が2つあるとき

2つの変数 x と y があり，データはそれぞれ n 個で，
$$\{x_1, x_2, \cdots, x_{n-1}, x_n\} \quad \{y_1, y_2, \cdots, y_{n-1}, y_n\}$$
とします．このとき，$x_i + y_i$ の総和は次のとおりです．

$$\sum_{i=1}^{n}(x_i+y_i) = (x_1+y_1)+(x_2+y_2)+\cdots+(x_n+y_n)$$
$$= (x_1+x_2+\cdots+x_n)+(y_1+y_2+\cdots+y_n)$$
$$= \sum_{i=1}^{n} x_i + \sum_{i=1}^{n} y_i$$

つまり，x_i+y_i の総和は，それぞれの総和を足し合わせたものです．

これに対して，$(x_i+y_i)^2$ の総和は次のとおりです．

$$\sum_{i=1}^{n}(x_i+y_i)^2 = \sum_{i=1}^{n}(x_i^2+y_i^2+2x_iy_i)$$
$$= (x_1^2+y_1^2+2x_1y_1)+(x_2^2+y_2^2+2x_2y_2)+\cdots+(x_n^2+y_n^2+2x_ny_n)$$
$$= (x_1^2+x_2^2+\cdots+x_n^2)+(y_1^2+y_2^2+\cdots+y_n^2)$$
$$+2(x_1y_1+x_2y_2+\cdots+x_ny_n)$$
$$= \sum_{i=1}^{n} x_i^2 + \sum_{i=1}^{n} y_i^2 + 2\sum_{i=1}^{n} x_iy_i$$

つまり，$(x_i+y_i)^2$ の総和は，それぞれの2乗和と，2× 両者の積和です．

A.1.4 二重和

二重和は，Σ 記号が二重になっている場合をいいます．データは，x が n 個，y が m 個あるとします．
$$\{x_1, x_2, \cdots, x_{n-1}, x_n\} \quad \{y_1, y_2, \cdots, y_{m-1}, y_m\}$$

二重和の例として，以下の別表現を求めてみましょう．
$$\sum_{i=1}^{n}\sum_{j=1}^{m} x_iy_j$$

まず，上式の一部である $\sum_{j=1}^{m} x_iy_j$ は，

$$\sum_{j=1}^{m} x_i y_j = x_i y_1 + x_i y_2 + \cdots + x_i y_m$$
$$= x_i(y_1 + y_2 + \cdots + y_m) = x_i \sum_{j=1}^{m} y_j$$

となります．$\sum$ の下添字は j ですから，$\sum$ は y_j について和をとっています．x_i は $\sum$ の計算と関係ないので $\sum$ の外に出せます．次に，この関係を使えば先の二重和は，それぞれの和の積という形で表せます．

$$\sum_{i=1}^{n}\sum_{j=1}^{m} x_i y_j = \sum_{i=1}^{n}(\sum_{j=1}^{m} x_i y_j)$$
$$= \sum_{j=1}^{m} x_1 y_j + \sum_{j=1}^{m} x_2 y_j + \cdots + \sum_{j=1}^{m} x_n y_j$$
$$= x_1 \sum_{j=1}^{m} y_j + x_2 \sum_{j=1}^{m} y_j + \cdots + x_n \sum_{j=1}^{m} y_j$$
$$= (x_1 + x_2 + \cdots + x_n)\sum_{j=1}^{m} y_j = \sum_{i=1}^{n} x_i \sum_{j=1}^{m} y_j$$

たとえば，$n=m=2$ のときは，
$$\sum_{i=1}^{2}\sum_{j=1}^{2} x_i y_j = (x_1 y_1 + x_1 y_2 + x_2 y_1 + x_2 y_2)$$
$$= (x_1 + x_2)(y_1 + y_2) = \sum_{i=1}^{2} x_i \sum_{j=1}^{2} y_j$$

であり，先の関係が正しいことが確認できます．

A.2 順列と組合せ

確率を計算する際には，順列と組合せの知識が必要です．順列とは，ある集合から要素を取りだして順序に意味を持たせて並べることです．これに対して，組合せとは，順序の違いを区別せずに並べることです．要は，順序を区別するのが順列，順序を区別しないのが組合せです．以下，順列と組合せの基礎を紹介します．

A.2.1 階乗

$n!$ は n の**階乗**（factorial）と読み，次のように定義されます．
$$n! = n \times (n-1) \times (n-2) \times \cdots \times 3 \times 2 \times 1$$
たとえば，$1!=1$, $2!=2\times1=2$, $3!=3\times2\times1=6$, $4!=4\times3\times2\times1=24$ です．

図 A-1　4個から2個を選ぶ

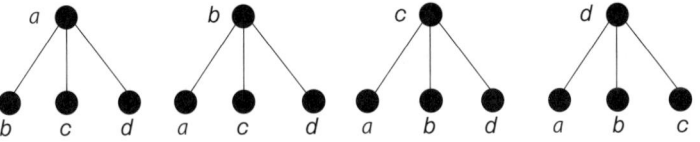

また，$0! = 1$ と定義します．

A.2.2　順　列

順列（permutation）の個数とは，n 個から x 個を選んで順序を区別して並べる並べ方の個数です（$0 \leq x \leq n$）．n 個から x 個を取る順列の個数を $_nP_x$ と表すと，次のようになります．

$$_nP_x = n \times (n-1) \times \cdots \times (n-x+1)$$

たとえば，4つの文字 a, b, c, d から2個選んで並べてみます（$n=4, x=2$）．並べ方を列挙すると $ab, ac, ad, ba, bc, bd, ca, cb, cd, da, db, dc$ ですから，計12通りとなります．図 A-1 にあるように，1文字目が4通り，2文字目が3通りあるので，4文字から2文字を選んで得られる順列は計 $4 \times 3 = 12$ 通りです．

ここで順列の個数の別表記を紹介します．

$$_nP_x = \frac{n \times (n-1) \times \cdots \times (n-x+1) \times (n-x) \times \cdots \times 2 \times 1}{(n-x) \times \cdots \times 2 \times 1} = \frac{n!}{(n-x)!}$$

たとえば，$n=5, x=2$ とすると，次のように20通りとなります．

$$_5P_2 = \frac{5!}{(5-2)!} = \frac{5 \times 4 \times 3 \times 2 \times 1}{3 \times 2 \times 1} = 20$$

A.2.3　組合せ

組合せ（combination）の個数とは，n 個から x 個を選んで順序を区別しないで並べる並べ方の個数です．n 個から x 個をとる組合せの個数を $_nC_x$ と表すと，次のようになります．

$$_nC_x = \frac{_nP_x}{x!} = \frac{n!}{x!(n-x)!}$$

たとえば，4 文字 a, b, c, d から 2 文字選ぶとき，順列は計 12 通りありましたが，順序の違いを区別しないと，次の（ ）内は同じものと判断されます．
$$(ab, ba), \ (ac, ca), \ (ad, da), \ (bc, cb), \ (cd, dc), \ (bd, db)$$
たとえば，ab と ba は同じものと扱われます．各文字列に 2 通りの並べ方がありますから，順序を区別しないなら，計 12/2＝6 通りとなります．これは公式を用いると，
$$_4C_2 = \frac{_4P_2}{2!} = \frac{12}{2} = 6$$
として容易に求めることができます．

ここで 10 人いるクラスから 3 人を選んで並べる方法を考えましょう．まず，順序を区別する順列は
$$_{10}P_3 = 10 \times 9 \times 8 = 720$$
通りです．次に，順序を区別しない組合せは，
$$_{10}C_3 = \frac{_{10}P_3}{3!} = \frac{720}{6} = 120$$
通りとなります．

A.3 指数関数について

A.3.1 指数関数の定義と性質

指数関数とは，a^x となる関数であり，a を指数関数の底（てい），x を指数といいます（底は 1 を除く正の実数，指数は実数とします）．x が正の整数であれば，a を底とする指数関数は
$$a^x = \underbrace{aa \cdots aa}_{a \text{が} x \text{個ある}}$$
となります．たとえば，$2^1 = 2$, $2^2 = 2 \times 2 = 4$, $2^3 = 2 \times 2 \times 2 = 8$ であり，同様に，$10^1 = 10$, $10^2 = 10 \times 10 = 100$, $10^3 = 10 \times 10 \times 10 = 1000$ となります．

指数関数は，a の右肩の数字（指数）が 1 増えると a 倍になり，右肩の数字が 1 減ると a 分の 1 になります．たとえば，$x = -3, -2, -1, 0, 1, 2, 3$ に対して，2^x は，それぞれ次のようになります．

図A-2 $y=e^{-x^2}$ のグラフ

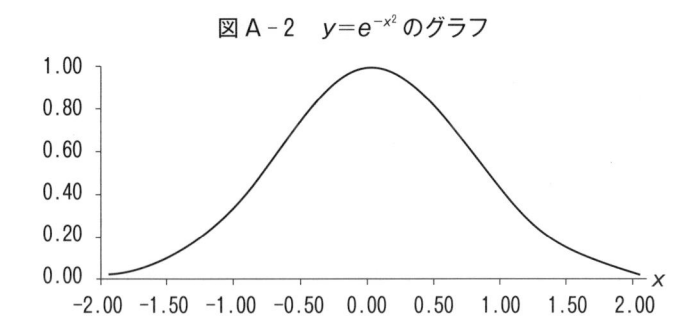

$(2^{-3}=1/8) \to (2^{-2}=1/4) \to (2^{-1}=1/2) \to (2^0=1) \to (2^1=2) \to (2^2=4) \to (2^3=8)$

（矢印上：1/2倍，矢印下：2倍）

　2^2 は 2^1 を2倍した4であり，2^3 は 2^2 を2倍した8となります．逆にいえば，2^2 は 2^3 を1/2倍したもの，2^1 は 2^2 を1/2倍したものです．こう考えると，2^0 は 2^1 を1/2倍した1，2^{-1} は 2^0 を1/2倍した1/2，2^{-2} は 2^{-1} を1/2倍した1/4，2^{-3} は 2^{-2} を1/2倍した1/8といえます．

　指数関数は，正の実数である x と z に対して，以下の法則が成立します．

$$(1)\ a^0=1,\quad (2)\ a^{-x}=\frac{1}{a^x},\quad (3)\ a^x a^z = a^{x+z},\quad (4)\ \frac{a^x}{a^z}=a^{x-z},\quad (5)\ (a^x)^z = a^{xz}$$

先の例（2^x）から，(1)と(2)は容易に確認できます．ここでは(3), (4), (5)について，x と z が正の整数の場合を証明します．

(3) $a^x a^z = \underbrace{(aa \cdots aa)}_{x 個} \underbrace{(aa \cdots aa)}_{z 個} = \underbrace{aa \cdots aa}_{x+z 個} = a^{x+z}$

(4) $\dfrac{a^x}{a^z} = \dfrac{\overbrace{aa \cdots aa}^{x 個}}{\underbrace{aa \cdots aa}_{z 個}} = a^{x-z}$

(5) $(a^x)^z = \underbrace{(a^x)(a^x) \cdots (a^x)(a^x)}_{a^x が z 個} = a^{xz}$

図 A-3　名目 GDP の推移

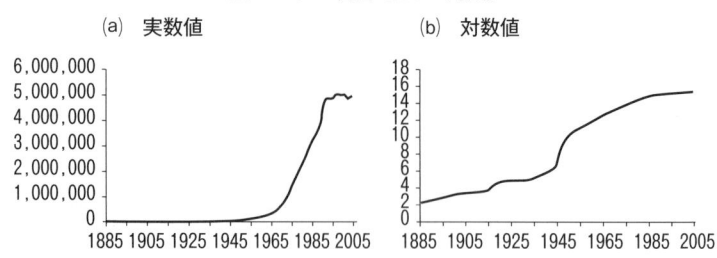

(a) 実数値　　　　　　　　　(b) 対数値

これらの法則を用いれば，たとえば，$2^5 2^8 = 2^{13}$，$3^2/3^5 = 3^{-3} = 1/3^3$，$(5^5)^8 = 5^{40}$ となります．これらの法則は，x と z が一般の実数の場合にも成立します．

A.3.2　ネイピア数

代表的な指数関数の底 a に，**ネイピア数** $e = 2.718\cdots$ があります．図 A-2 では，$y = e^{-x^2}$ を図示しました．y は $x = 0$ で最大値（$e^0 = 1$）をとり，x が 0 から乖離すると値が小さくなります．x^2 は $x = 0$ を中心として左右対称の形状ですから，$y = e^{-x^2}$ も $x = 0$ を中心として左右対称の形状をしています．たとえば，$x = 2$ も $x = -2$ も，$y = e^{-4} = 1/e^4$ で同じ値をとります．

A.4　対数関数について

A.4.1　対数の定義

y は a を底とする指数関数として，$y = a^x$ と表されるとします．このとき，指数 x は，底を a とする y の**対数**と呼ばれ，

$$x = \log_a y$$

と表します．このとき，$\log_a y$ を対数関数といいます（log は対数（logarithm）の略です）．対数の定義から，次の関係が成立します．

$$y = a^x \quad \Leftrightarrow \quad x = \log_a y$$

また，$x = \log_a y$ ですから，$y = a^x = a^{\log_a y}$ とも書けます．たとえば，$2^4 = 16$ ですから，2 を底とする 16 の対数は 4 であり（$\log_2 16 = 4$），また，$16 = 2^{\log_2 16}$ と

なります．同様に$10^3=1000$ ですから，10を底とする1000の対数は3であり（$\log_{10}1000=3$），また，$1000=10^{\log_{10}1000}$ となります．

A.4.2 自然対数

$e=2.718\cdots$ を底とした対数をとくに**自然対数**といい，$\log_e y$ ではなく $\ln y$ と表します．たとえば，$e^{-3}=1/2.718^3=0.049$，$e^{-2}=1/2.718^2=0.135$，$e^{-1}=1/2.718=0.368$，$e^0=1$，$e^1=2.718$，$e^2=7.389$，$e^3=20.086$ ですから，$\ln 0.049=-3$，$\ln 0.135=-2$，$\ln 0.368=-1$，$\ln 1=0$，$\ln 2.718=1$，$\ln 7.389=2$，$\ln 20.086=3$ です．つまり，$\ln y$ は，$y=1$ なら $\ln y=0$，$0<y<1$ なら $\ln y<0$ となり，$y>1$ なら $\ln y>0$ となります．

例1（名目 GDP） 多くの経済変数は指数関数的に増加します．その場合，実際の生の値よりも対数値で表したほうが，多くの情報を読み取ることができます．たとえば，図 A‐3(a) は，1885～2005年の名目 GDP を図示したものです．名目 GDP は指数関数的に増加しているため，図から名目 GDP の動きを読み取るのは容易ではありません．これに対して，図 A‐3(b) は，名目 GDP の対数をとったもので，名目 GDP の動きを容易に把握できます．たとえば，(b) から1945年に急激に名目 GDP が増加したことが分かりますが，(a) からその情報を読み取ることはできません（第 2 次世界大戦後，日本ではハイパーインフレが起こって名目 GDP は急増しました）．

ここで対数の法則を紹介します．

(1) $\ln(xy)=\ln x+\ln y$，(2) $\ln(x/y)=\ln x-\ln y$，(3) $\ln(a^x)=x\ln a$

指数関数の法則を用いて，対数の法則が証明できます（式展開では，対数の定義から $x=e^{\ln x}$，$y=e^{\ln y}$ であること[2]に注意してください）．

(1) $xy=e^{\ln x}e^{\ln y}=e^{\ln x+\ln y}$ から，$\ln(xy)=\ln(e^{\ln x+\ln y})=\ln x+\ln y$ です．
(2) $x/y=e^{\ln x}/e^{\ln y}=e^{\ln x-\ln y}$ から，$\ln(x/y)=\ln(e^{\ln x-\ln y})=\ln x-\ln y$ です．
(3) $a^x=(e^{\ln a})^x=e^{x\ln a}$ から，$\ln(a^x)=\ln(e^{x\ln a})=x\ln a$ です．

---

[2] 対数の定義から，$y=e^x$ なら $x=\ln y$ です．したがって，$y=e^x=e^{\ln y}$ となります．

図A-4 ln y と直線 y－1

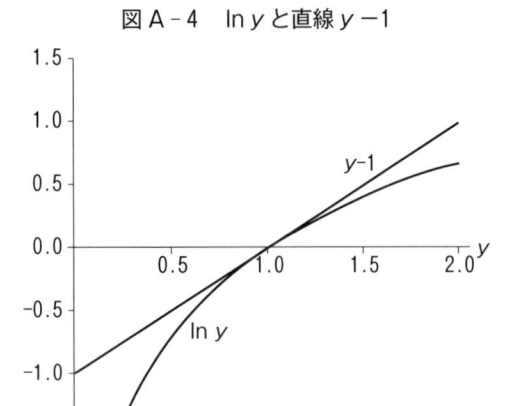

例2（変化率との関係） ε が 0 に近い値であれば（正でも負でも），
$$\ln(1+\varepsilon) \fallingdotseq \varepsilon$$
が成立します[3]．図 A-4 を用いて上式が正しいことを確認しましょう．$\ln y$ は，$y=1$ なら $\ln y=0$，$0<y<1$ なら $\ln y$ は負となり，$y>1$ なら $\ln y$ は正となります．この図では，$\ln y$ だけでなく，直線 $y-1$ も図示しています．$\ln y$ と直線 $y-1$ は，$y=1$ で互いに接しています．したがって，$y=1$ の近傍では，$\ln y \fallingdotseq y-1$ となります．$y=1+\varepsilon$ とすると，ε が 0 に近いとき（換言すると，y が 1 に近いとき），$\ln(1+\varepsilon) \fallingdotseq (1+\varepsilon)-1=\varepsilon$ となります．

この関係を使えば，**変化率を自然対数の差**として表せます．たとえば，t 期の GDP を y_t，$t-1$ 期の GDP を y_{t-1} とすると，対数の差は，
$$\ln y_t - \ln y_{t-1} = \ln\left(\frac{y_t}{y_{t-1}}\right) = \ln\left(1+\frac{y_t-y_{t-1}}{y_{t-1}}\right) \fallingdotseq \frac{y_t-y_{t-1}}{y_{t-1}}$$
となります（通常，変化率 $(y_t-y_{t-1})/y_{t-1}$ は 0 に近い値であり，ε とみなすことができます）．上記の関係が正しいことを数値を用いて確認します．たとえば，$y_t=500$，$y_{t-1}=490$ なら

---

[3] $\fallingdotseq$ は近似を表し，両者がほぼ等しいという意味です．

$$\frac{y_t - y_{t-1}}{y_{t-1}} = \frac{500 - 490}{490} = 0.0204$$

であり，$\ln y_t - \ln y_{t-1} = \ln 500 - \ln 490 = 0.0202$ ですから，両者はほぼ同じ値となっています．

これは変化率が小さいときだけ有用な関係となります．たとえば，$y_t = 200$，$y_{t-1} = 100$ とすると，$(y_t - y_{t-1})/y_{t-1} = (200 - 100)/100 = 1$ ですが，$\ln y_t - \ln y_{t-1} = \ln 200 - \ln 100 = 0.69$ となり，両者は異なる値となります．

例 3（弾力性との関係） ある財の価格を P，需要量を Q としたとき，$\ln Q = \alpha + \beta \ln P$ という関係があるとします（いわゆる需要曲線）．P が P' に変化し，Q も Q' に変化したとします．需要量の対数の差をとった $\ln Q' - \ln Q = (\alpha + \beta \ln P') - (\alpha + \beta \ln P) = \beta(\ln P' - \ln P)$ を β について解くと，

$$\beta = \frac{\ln Q' - \ln Q}{\ln P' - \ln P} = \frac{\ln\left(\frac{Q'}{Q}\right)}{\ln\left(\frac{P'}{P}\right)} = \frac{\ln\left(1 + \frac{Q' - Q}{Q}\right)}{\ln\left(1 + \frac{P' - P}{P}\right)} \fallingdotseq \frac{\frac{Q' - Q}{Q}}{\frac{P' - P}{P}}$$

となります．分母は価格の変化率，分子は需要量の変化率ですから，β は需要の価格弾力性（価格が 1 ％変化したとき，需要量が何％変化するか）を表します．10 章で勉強する回帰分析においても，被説明変数と説明変数がともに対数表記であれば，その係数は**弾力性**と解釈できます．

かりに $\ln Q = \alpha + \beta P$ という関係があるとしましょう（左辺だけが対数）．このとき，P が P' に変化し，Q も Q' に変化すると，$\ln Q' - \ln Q = (\alpha + \beta P') - (\alpha + \beta P) = \beta(P' - P)$ です．よって，これを β について解くと，

$$\beta = \frac{\ln Q' - \ln Q}{P' - P} = \frac{\ln\left(1 + \frac{Q' - Q}{Q}\right)}{P' - P} \fallingdotseq \frac{\frac{Q' - Q}{Q}}{P' - P}$$

となります．分母は価格の変化分，分子は需要量の変化率ですから，β は価格が 1 円変化したとき，需要量が何％変化するかを表します．

最後に，$Q = \alpha + \beta \ln P$ という関係があるとしましょう（右辺だけが対数）．このとき，P が P' に Q も Q' に変化すると，$Q' - Q = (\alpha + \beta \ln P') - (\alpha + $

$\beta \ln P) = \beta(\ln P' - \ln P)$ となり，これを β について解くと，

$$\beta = \frac{Q'-Q}{\ln P' - \ln P} = \frac{Q'-Q}{\ln\left(1+\dfrac{P'-P}{P}\right)} \fallingdotseq \frac{Q'-Q}{\dfrac{P'-P}{P}}$$

となります．分母は価格の変化率，分子は需要量の変化分ですから，β は価格が1％変化したとき，需要量が何単位変化するかを表します．

331

付録 B　エクセルの使い方

　統計学を勉強しても，やはり実際に自分で使ってみないとその理解は十分ではありません．ここでは，実際に統計分析を使う方法のひとつとして，Microsoft Office のエクセルの使い方を解説します．

B.1　分析ツール

　分析ツールという機能を使えば，さまざまな統計分析が可能です．まず，この機能を使えるように設定をします．もし［データ］タブに［データ分析］という項目があれば，本節は無視してください．［データ分析］がなければ，以下の手順に従って設定します[1]．

　エクセル画面左上の ［Microsoft Office ボタン］をクリックします．

下画面の［エクセルのオプション (I)］をクリック．

下画面から［アドイン］を選んで，［設定］をクリックします．

---

[1] エクセル2007に基づいて説明をしています．本節のやり方で設定できないときは，ヘルプ機能で分析ツールを検索し，そこで示されている方法に従って設定してください．

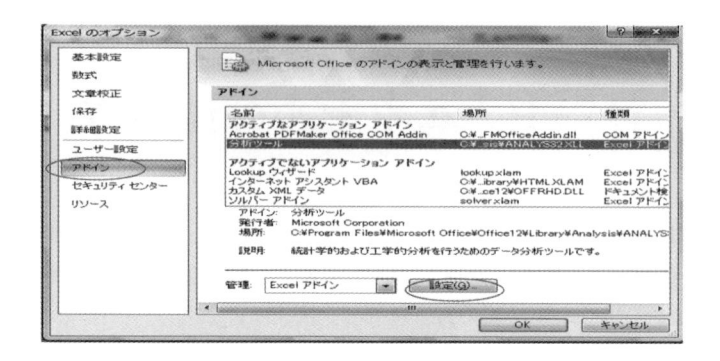

下画面の［分析ツール］をチェックしてOKをクリックします．

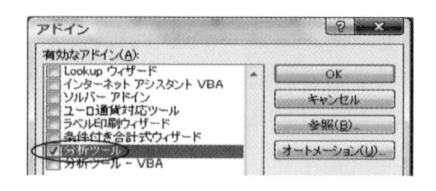

これで［データ］タブの，一番右に［データ分析］という項目が加わります．

B.2 無作為抽出

1章では無作為抽出の方法として，10面体のサイコロを用いる方法を説明しました．しかし，エクセルを使えば無作為抽出を容易に行うことができます．

たとえば，1000人の学生から10人を無作為抽出するときは，まず全員に1から1000までの番号（ID）を付けます．次に，［データ］タブの［データ分析］をクリックし，［サンプリング］を選んでから，OKをクリックします．

付録B　エクセルの使い方　333

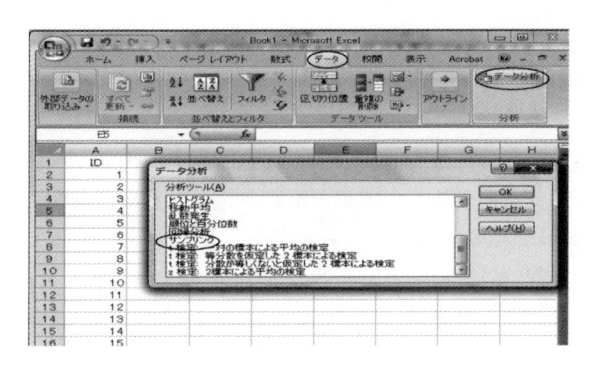

すると，左下の画面が出てきます．ここで□に情報を入力します．A列の2行から1001行まで番号が記録されていますから，入力範囲として，$A$2:$A$1001を入力します．入力が面倒であれば，▦ボタンを押して，データの入力範囲を画面上で範囲指定することもできます．また，10人を無作為抽出しますから，標本数（サンプルサイズ）に10を入力します．そしてOKを押すと右下の画面となり，乱数が抽出されます．この場合，選ばれた乱数は949，853，517，284，956，628，396，67，739，3です．この番号に対応した10人の学生を選べば無作為抽出は完了です[2]．

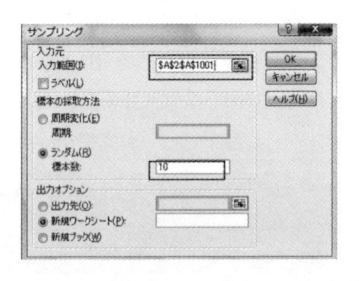

---

2) 無作為抽出すると，同じ番号が重複することがあります．番号の重複を認める方法を**復元抽出**，認めない方法を**非復元抽出**といいます．たとえば，番号1〜100から3つを抽出したとき，乱数として91，7，91が抽出されたとしましょう．復元抽出なら，選ばれた乱数は91，7，91ですが，非復元抽出なら（91が重複しているためもう一度抽出したところ乱数80が得られたとする），選ばれた乱数は91，7，80です．非復元抽出は同一母集団からの抽出とならず，i.i.d.の仮定は満たされません．ただし，母集団規模が十分に大きければどちらでも変わりません．

B.3 特性値の計算方法

エクセルを使った特性値の計算方法を説明します．エクセルにはさまざまな特性値を計算するため，多くの関数が定義されています．たとえば，平均であれば=AVERAGE(配列)とすれば，配列指定したデータを使って，平均を計算してくれます（配列はデータ入力範囲）．代表的関数には

> 平均=AVERAGE(配列)，中央値=MEDIAN(配列)，最頻値=MODE(配列)，
> 標本分散=VAR(配列)，標本標準偏差=STDEV(配列)，標本共分散
> =COVAR(配列1，配列2)，標本相関係数=CORREL(配列1，配列2)

などがあります．標本共分散と標本相関係数は2変数の関係をとらえる指標ですから，配列を2つ指定します．

下画面はGDPを1991〜2004年まで記録したものです．これはB列の2〜15行までであり，C列ではGDP成長率（変化率）を計算しています．たとえば，C列の3行目は0.024512となっていますが，これは=(B3-B2)/B2として計算できます．そして，このセル（C3）をコピーして，C列の4〜15行までに貼り付ければ変化率を全て計算できます．このデータを用いて，GDPの平均は=AVERAGE(B2:B15)，GDPと成長率の相関は=CORREL(B3:B15，C3:C15)として計算できます．

B.4 図の描き方

ここでは図の作成方法を説明します．下画面では，1991～2004年までのGDPが記録されています．A列には時間（年）が，B列にはGDPが記録されています．図を描くためには，下画面のようにデータ範囲を指定します．指定が終わってから，[挿入] タブの [折れ線] をクリックします（折れ線以外に，散布図，縦棒，横棒，円グラフなどがあります）．そして折れ線の中で，自分が描きたい図の種類を選択します．ここでは，左上の図を選びましょう．

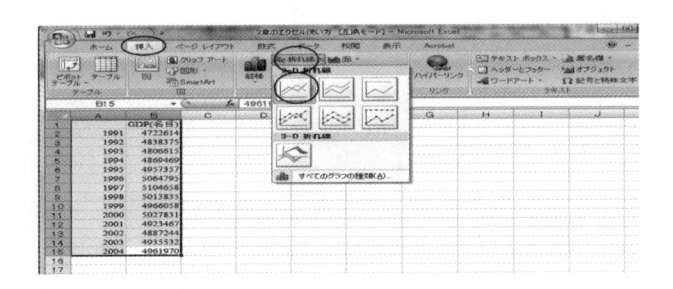

そうすると，下図が出てきます．横軸は時間，縦軸はGDPの規模となっています．このままではあまりきれいな図ではありませんから，微調整して図を見やすくする必要があります．作成された図をクリックして，[レイアウト] を選ぶと，さまざまな微調整ができるようになります．

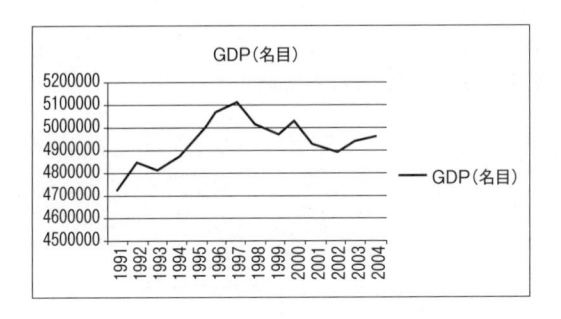

B.5 相関係数の計算

エクセルを使って標本相関係数を計算しましょう．5章では，2006/1～2009/7におけるトヨタ，ホンダ，ユニクロの株価の動きを紹介しました．ここでは，これら3系列の標本相関係数を計算します．まず，［データ］タブの［データ分析］をクリックします．そして，［相関］をクリックしてOKします．

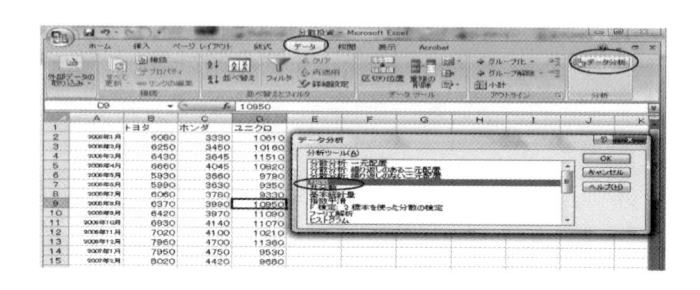

すると，左下の画面が出てきます．ここで□に情報を入力します．B～D列の1～46行にデータが記録されていますから，入力範囲として，$B$1:$D$46を代入します．ただし，最初のセルはデータ名ですから，［先頭をラベルとして使用］をクリックしてください．そうすると，最初のセルをラベルとして認識してくれます．そしてOKすると，右下の画面が出てきます．同じ系列同士では相関係数は1となりますから，対角要素は全て1です．トヨタとホンダの相関係数は0.956，トヨタとユニクロの相関係数は-0.507，ホンダとユニクロの相関係数は-0.443となっています．

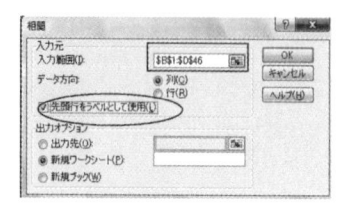

B.6 確率の計算

ここでは確率変数の確率を計算する方法を説明します。

$Z \sim (0,1)$ とします。ここで $P\{Z<z\}$ を求めたい場合，=NORMSDIST(z)と入力します。たとえば，$P\{Z<1.96\}$ を求めるには=NORMSDIST(1.96)と入力すれば0.9750が得られます。

$W \sim \chi^2(n)$ とします。$P\{\chi^2_{n,\alpha}<W\}=\alpha$ となる $\chi^2_{n,\alpha}$ の値を計算するには，=CHIINV(α,n)と入力します。たとえば，$\chi^2_{99,0.025}$ を求めるときは，=CHIINV(0.025,99)と入力すれば128.42が得られます。また，$\chi^2_{99,0.975}$ を求めたい場合は，=CHIINV(0.975,99)と入力すれば73.36が得られます。

$U \sim t(n)$ とします。このとき，$P\{t_{n,\alpha}<|U|\}=\alpha$ となる $t_{n,\alpha}$ の値を計算するには，=TINV(α,n)と入力します。たとえば，$t_{1,0.1}$ は，=TINV(0.1,1)と入力すると，6.314が得られます。

$V \sim F(m,n)$ とします。$P\{F_{m,n,\alpha}<V\}=\alpha$ となる $F_{m,n,\alpha}$ の値を計算するには，=FINV(α,m,n)と入力します。たとえば，$\alpha=0.05$，$m=n=2499$であれば，=FINV(0.05,2499,2499)と入力すると，1.068が得られます。

B.7 回帰分析

回帰分析の仕方とその解釈を説明します。2010/1/1〜2010/12/31の円ドルレートを使って，為替レートが予測できるのかを調べます。t 日の為替レートを S_t とし，t 日の変化率（dS_t と表記）を次のように計算します。

$$dS_t = \frac{S_t - S_{t-1}}{S_{t-1}}$$

ここでは以下の式を推定します。

$$dS_t = \alpha + \beta dS_{t-1} + u_t$$

β が0から有意に異ならなければ為替の予測はできませんし，β が有意に0から異なれば為替の予測が可能だといえます。これは自己回帰（AR）モデルといわれ，時系列分析で重要なモデルのひとつです。

[データ分析]の[回帰分析]を選択してOKをクリックします.

すると下画面が表示されます．ここで被説明変数（Y）はBの列，説明変数（X）はCの列となります．したがって，入力Y範囲はBの列 $B$1:$B$18 とし，入力X範囲はCの例 $C$1:$C$18と範囲指定します[3]．YとXの入力範囲は1行目から始めていますが，1行目はデータの名前（ラベル）で，データそのものではありません．このため，ラベルにチェックを入れて，データではないことを明示しておきます．

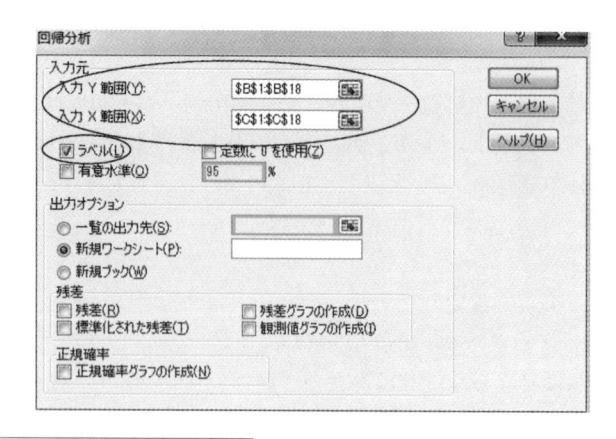

---

[3] 入力X範囲は1変数ではなく，複数の変数を指定することもできます．

最後に OK をクリックすると，以下の画面が表示されます．重要な情報とその意味を紹介していきます．

	A	B	C	D	E	F	G
1	概要						
2							
3		回帰統計					
4	重相関 R	0.124154					
5	重決定 R2	0.015414					
6	補正 R2	-0.05022					
7	標準誤差	0.006542					
8	観測数	17					
9							
10	分散分析表						
11		自由度	変動	分散	観測された分散比	有意 F	
12	回帰	1	1.01E-05	1.00511E-05	0.234834018	0.634962	
13	残差	15	0.000642	4.28008E-05			
14	合計	16	0.000652				
15							
16		係数	標準誤差	t	P-値	下限 95%	上限 95%
17	切片	-0.00112	0.001642	-0.683458104	0.504738568	-0.00462	0.002377
18	ds(t-1)	-0.12094	0.249568	-0.484596758	0.634962456	-0.65288	0.411001
19							

最初のブロックには，当てはまりの尺度である決定係数などがまとめられています．重決定 R2は決定係数で，0.015と，あまり当てはまりはよくありません．また，補正 R2は自由度調整済み決定係数で，-0.050とマイナスの値ですから，やはり当てはまりはよくありません．観測数はサンプルサイズで，この場合17となります．

最後のブロックに，母数（α, β）の推定値，標準誤差，95％信頼区間がまとめられています．たとえば，α は-0.001，β は-0.121と推定されています．それぞれの標準誤差は0.0016と0.249です．t値は推定値を標準誤差で割ったもので，それぞれ-0.683（=-0.001/0.0016），-0.485（=-0.121/0.249）となります．この場合，t値は0に近いため，帰無仮説（$H_0: \alpha=0$, $H_0: \beta=0$）は採択されます．95％の信頼区間は，母数が95％の確率でその範囲に含まれることを意味します．たとえば，β は95％の確率で-0.653から0.411の範囲に収まるといえます．

最後に，p値は「H_0が正しいにもかかわらず，t統計量の絶対値が t 値（t^*）の絶対値より大きな値をとる確率（$P\{|t|>|t^*|\}$）」です．たとえば，この表から，β に関する t 値は $t^*=-0.485$ で，p値は0.635となっています．p値は，H_0が正しいもとで，t統計量の絶対値（$|t_{\hat{\beta}}|$）が t 値の絶対値（$|t^*|=0.485$）より

大きくなる確率ですから，$P\{|t_{\hat{\beta}}|>0.485\}=0.635$ となっているのです．p 値を見れば何％の有意水準でH_0を棄却できるかが分かります．かりに p 値が1％を下回っていれば，1％の有意水準でもH_0を棄却できます．この場合，β の p 値は0.635なので，有意水準10％ですらH_0を棄却できません．

付録 C　実証分析の手引

本書で得た知識をもとに論文を書く機会のある方もいるかもしれません．ここでは研究論文を作成するうえで役立つポイントを紹介します．

C.1　先行研究の調べ方

論文を書くうえではっきりしていることは，「何も新味のない論文を書く意味はあまりない」ということです．論文を執筆するうえでは，何よりもまず，先行研究のサーベイ（文献調査）を行って，自分のアイデアが新しいことを確認する必要があります[1]．「巨人の肩の上に立つ（Standing on the shoulders of giants）」という言葉があるように，学問は先人が築いた蓄積のうえに成立しています．そもそも新しいアイデアは，先人の業績を知ることなく考え出すことは難しいということです．

先行研究のサーベイには，さまざまな方法があります．最近では，論文検索用のサーチエンジンである Google Scholar が便利です（図 C‐1 参照）．Google Scholar の検索では，関連論文，引用回数，引用文献を調べることができます．たとえば，Google Scholar で「unit root」という単語を検索すると，この語句に関連した多くの論文が表示されます（日本語でも検索可能）．たとえば，最初の論文は，タイトル "Distribution of the estimators for autoregressive time series with a unit root"，著者名 DA Dickey で，1979年に *Journal of the American statistical association* という学術誌に掲載された論文であることが分かります．引用元9271とありますから，この論文は計9271回も引用されて

---

[1] 先行研究をまとめたサーベイ論文は，新味がなくても価値あるものです．サーベイ論文を読めば，その分野で何が新しいかが一目瞭然で，研究者にとって便利な資料となります．また，先行研究の解釈も人によって異なる可能性があり，その内容自体も興味深いものになる可能性もあります．

図 C-1　Google Scholar

```
Google scholar  unit root                          検索   Scholar検索オプション
                ◉ ウェブ全体から検索 ◎ 日本語のページを検索
Scholar  期間指定なし ▼  引用部分を含める ▼  ✉ メールアラートを作成
ヒント: 日本語のページだけを検索 (Scholar 設定 で検索対象言語を指定できます)

Distribution of the estimators for autoregressive time series with a unit root
DA Dickey... - Journal of the American statistical association, 1979 - JSTOR
Let n observations Y 1, Y 2, ..., Y n be generated by the model Y t= ρ Y t-1+ et, where Y 0 is a
fixed constant and {et} t= 1 n is a sequence of independent normal random variables with
mean 0 and variance σ 2. Properties of the regression estimator of ρ are obtained under ...
引用元 9271 - 関連記事 - 全 16 バージョン

Testing for a unit root in time series regression
PCB Phillips... - Biometrika, 1988 - Biometrika Trust
Page 1. Biometrika (1988), 75, 2, pp. 335-46 Printed in Great Britain Testing for a unit
root in time series regression ... SUMMARY This paper proposes new tests for detecting
the presence of a unit root in quite general time series models. ...
引用元 5866 - 関連記事 - 全 21 バージョン
```

います．重要な論文は引用回数も増えることから，被引用回数は論文の質の客観的指標となります．通常，1000回も引用されていれば有名論文といえますから，9271回という数字の持つインパクトが凄まじいものであることが分かります[2]．引用元をクリックすると，この論文を引用している論文を調べることもできます．この論文を引用しているのですから，これらの論文は「unit root」と関連している論文のはずです．これらもチェックすることで，より包括的なサーベイが可能となります．

先行研究を丹念に調べたうえで，自分のアイデアと同じ論文が公表されていないことがわかれば，そのアイデアは新しいものであり，いよいよ論文として作成する必要性が認められることになります．

C.2　アイデアの見つけ方

とはいえ，そもそも論文のアイデアをどう見つけたらよいものか悩む読者も多いかもしれません．実証研究にはいくつかのスタイルがあります．これらの

---

[2] これは経済分野における筆者の個人的印象です．引用回数は分野によって異なることに留意が必要です．たとえば，理系であれば引用回数は増えますし，文系であれば引用回数は減ります．バスケットボールと野球で得点数を比較しても意味がないのと同じで，他分野の引用回数を相互比較してもあまり意味はありません．

スタイルを知れば，テーマ探しに役に立つはずです．以下では，いくつかのスタイルを紹介します．

第1は，制度変更の目的の達成状況を検証するため，制度変更の効果を調べるという検証スタイルです．この研究では，制度自体の深い理解が欠かせません．第2は，既存の研究を異なるデータで再検証する研究スタイルです．たとえば，米国で行われた研究を日本のデータを用いて再検証を行えば，その結果から新しい含意や政策提言を導くことができるかもしれません．第3は，ユニークなデータを用いる研究スタイルです．データがユニークですから，結果もユニークになります．たとえば，自前の調査で作成したデータや，古い歴史書などから作成したデータを用いた研究です．第4は，新しい経済理論などを考案して，それらをデータで検証する研究スタイルです．第5は，既存の研究を異なる推定方法を用いて再検証するスタイルです．推定方法が改善されていれば，結果はより信頼できるものになります．

以上より，論文のテーマを決め，アイデアが新しいことを確認したら，大学教員や友人と意見交換をすることをお勧めします．大学教員や友人との意見交換は，自分のアイデアを客観的に把握するうえで有用です．自分が面白いと思っても，他人にとって面白いものであるとは限りません．そもそも研究は，独りよがりになりがちなものであるとの認識をもって，他人との意見交換を積極的に行いましょう．そうするうちに，良い研究成果につながるものです．ぜひ自分の強みを生かしつつ，自分が面白いと思う論文の作成を目指してください．

C.3 データ収集

何らかの分析を行うためには，関連データの収集が必要不可欠となります．ここではデータベースをいくつか紹介します．

多くの大学で利用可能なデータベースとして，「日経NEEDS」，「国際金融統計（International Financial Statistics: IFS）」，「世界開発指標（World Development Indicators: WDI）」があります．日経NEEDSは，日本経済新聞社のデータベースで，日本の経済データ（マクロ経済，個別企業の財務・株価など）が充実しています．国際金融統計は国際通貨基金（International Monetary Fund) のデータベースで, 各国の経済データがまとめられています. 世界開発指標は世界銀行 (World Bank) のデータベースで, 各国の開発指標 (貧困度, 医療水準など) がまとめられています.

無料でアクセスできるデータベースに, 政府や日本銀行が提供しているデータベースがあります. 政府のデータベースは「政府統計の総合窓口 (e-Stat)」といわれるサイトでまとめられています. 日本銀行のウェブサイトでは, 時系列データ (金利, 為替, 物価など) が提供されています. 他国政府も独自のデータベースを持っており, たとえば, 米セントルイス連銀の「Federal Reserve Economic Data: FRED」は米国だけでなく他国の金融データも充実しています.

上記で紹介したデータベースを用いて, さまざまな分析が可能となります. しかし, 分析対象によっては, 紙ベースの情報だけが利用可能な場合もあります. これらの情報は自分で入力する必要があり, 入力作業は手間がかかり面倒です. しかし, 紙ベースの情報は, 他者によってまだ分析されていない可能性が高く, 分析することで新しい結果が得られる可能性があります. 面白い研究は労力がかかるものなので, 必要であれば面倒くさがらず, 頑張ってデータ入力をしてみましょう.

C.4 分析ソフトの選び方

実際のデータ分析では, 分析ソフトを使用します. 代表的ソフトとしては, エクセルがあります. エクセルでは, 代表的特性値 (平均, 標本分散など) を計算できるだけでなく, 分析ツールを用いれば回帰分析までをも行うことができます. エクセルは図の作成にも便利ですから, ぜひマスターすべき分析ソフトといえるでしょう (付録B参照).

エクセルで回帰分析はできますが, さらに高度な分析を行うためには, 専用の分析ソフトを使用する必要があります. 専用分析ソフトとして, EViews, Stata, RATS, MATLAB, GAUSS, R, Python などがあります. これらのうち, よく用いられているのは EViews, Stata, MATLAB, R, Python のようです. EViews は初心者でも扱いやすいのですが, Stata, RATS のほうが

より高度な分析に耐えることができます．MATLAB, GAUSS, R, Python は扱いが容易ではありませんが，Stata よりもさらに高度な分析を行うことができます．ちなみに，R と Python はフリーソフトであり，パッケージも充実しているのでお勧めです．筆者はエクセル，Stata, GAUSS を使っており，エクセルでデータ整備と図の作成，Stata で簡単な回帰分析，GAUSS でより高度な計算をしています．研究者になりたい方は EViews, Stata のうち1つ，MATLAB, R, Python のうち1つを使うことをお勧めします．研究者を目指していない方はエクセルに加え，EViews, Stata, RATS のいずれかを使えれば十分です．

余談ですが，分析ソフトが異なれば計算結果が少し変わることがあることに留意してください．その理由の1つは，小数点の丸め方の違いにあります．計算するとき，何桁目で四捨五入するかによって，最終的な計算結果が少し変わってきます．その他の理由としては，複雑な非線形モデルでは最小化問題も複雑なものとなり，最小化問題を解くアルゴリズムの違いから，統計ソフトによって推定値が少し変わったりします．ソフトによって値が変わることが心配な方は，複数のソフトで同じ推定をしてみて，その違いを調べることをお勧めします．もっとも，通常，これらの違いはごく小さなものなので，あまり気にする必要はありません．

C.5 結果の再現性

研究では結果の再現性が重要とされます．読者（少なくとも専門家）が論文を丁寧に読めば，自分で論文と同じ結果を再現できなければいけません．もし結果の再現性が担保されなければ，そもそも読者がその研究を信頼などできないでしょう．「研究結果の再現性など当たり前のことだ」と思われるかもしれませんが，残念ながら，専門家による研究でも結果が再現できない事例はたくさんあります．たとえば，黄禹錫氏は，ES 細胞の研究を世界に先駆けて成功させ「韓国の誇り」といわれた研究者でした．しかし，2005年，ES 細胞の論文には再現性がなく，結果の捏造が発覚しました．このような意図的な捏造はまれかもしれません．しかし，単純な計算ミス，データや計算方法の記述ミ

スを考えると,論文の結果が再現できないことは多々あります[3]．

　結果の再現性を担保するためには,次のことを守る必要があります．①論文の中で,使用したデータや計算方法を正確かつ詳細に記述すること,②結果を再現するのに必要なデータ,計算に用いたプログラムをできるだけ公開することです．①は当たり前のことですが,②もまた大事なことです．データやプログラムの公開を原則とすれば,著者はできるだけミスをしないように気をつけるでしょうし,読者も論文に誤りがあればそれを発見しやすくなるでしょう．最近では,論文を掲載する学術誌は著者にデータやプログラムの公開を要求するようになっており,それが学術誌に掲載された論文の信頼性を高める好循環を生んでいます．

---

[3]　多くの論文で結果が再現できないことは,以下の論文で指摘されています．
Dewald, W. G., Thursby, J. G., Anderson, R. G. (1986), "Replication in Empirical Economics: The Journal of Money, Credit and Banking Project," *American Economic Review* 76, 587-603.

文献紹介

　最後まで本書を読まれた方は，統計学がかなり身についているはずです．これからの研究や仕事で，統計学をどんどん活用していってください．そうすることで，さらに深く統計学を理解することができるはずです．ここではさらに勉強を進めたい方向けの文献を紹介します．

　以下は一般書（ビジネス書など）ですが，統計学の理解を深める素晴らしい本ばかりです．

[1] 　デイヴィッド・サルツブルグ『統計学を拓いた異才たち』日本経済新聞社，2006年（竹内惠行／熊谷悦生訳）
[2] 　イアン・エアーズ『その数学が戦略を決める』文藝春秋，2007年（山形浩生訳）
[3] 　レナード・ムロディナウ『たまたま』ダイヤモンド社，2009年（田中三彦訳）
[4] 　コリン・ブルース『まただまされたな，ワトスン君！』角川書店，2002年（布施由紀子訳）
[5] 　カイザー・ファング『ヤバい統計学』阪急コミュニケーションズ，2011年（矢羽野薫訳）
[6] 　スティーヴン・D・レヴィット／スティーヴン・J・ダブナー『ヤバい経済学』東洋経済新報社，2006年（望月衛訳）
[7] 　スティーヴン・D・レヴィット／スティーヴン・J・ダブナー『超ヤバい経済学』東洋経済新報社，2010年（望月衛訳）
[8] 　ジェフリー・S・ローゼンタール『運は数学にまかせなさい――確率・統計に学ぶ処世術』早川書房，2007年（中村義作／柴田裕之訳）

　[1]は統計学の歴史を紹介しており，なぜ統計学が必要とされてきたのかが理解できます．[2][5][8]は統計的手法が現場でどのように用いられているかが紹介されています．[3]は世の中にあふれる不確実性が分かりやすく解説されています．[4]はシャーロック・ホームズが統計学や数学を用いて，さまざまな難事件を解決するお話です．[6][7]は，社会の裏側を経済学と統計学を用いて検証しています．全てを読む時間がとれない方は，とくに[3][6]をお勧めします．

統計学をさらに勉強するためには，数学の理解が欠かせません．数学が苦手という読者には以下の本をお勧めします．

[9] A・C・チャン／K・ウエインライト『現代経済学の数学基礎（第4版）上』彩流出版，2020年（小田正雄／高森寛／森崎初男／森平爽一郎訳）

統計学をさらに学習したい方に，本書に加えてお勧めする教科書です．

[10] 鳥居泰彦『はじめての統計学』日本経済新聞社，1994年

[11] 宮川公男『基本統計学（第5版）』有斐閣，2022年

[12] 岩田暁一『経済分析のための統計的方法（第2版）』東洋経済新報社，1983年

[10]は簡潔に要点が述べられているだけでなく演習問題も充実しており，本書の副読本として読まれることで，効果的に統計学の勉強を進めることができるはずです．統計学が苦手な方にとくにお勧めします．[11]はより網羅的な内容となっています．[12]は証明が丁寧になされており，大学院進学を考えている方にお勧めです．

計量経済学の教科書としては，以下がお勧めです．

[13] 藪友良『入門　実践する計量経済学』東洋経済新報社，2023年

[14] J・ストック／M・ワトソン『入門計量経済学』共立出版，2016年（宮尾龍蔵訳）

[13]は本書の姉妹書であり，計量経済学の入門書となっています．標準的仮定が満たされない場合の対処法だけでなく，最新の研究まで多数紹介されており，データを用いた練習問題も豊富です．さらに勉強したい方には[14]をお勧めします．

大学院では計量経済学は行列で説明がなされ，難易度は格段に上がります．大学院で計量経済学を研究されたい方は，以下の本がお勧めです．

[15] Judge, G. G., Hill, R. C., Griffiths, W. E., Lütkepohl, H., Lee, T-C., 1988. *Introduction to the Theory and Practice of Econometrics.* Wiley.

[16] Hayashi, F., 2000. *Econometrics.* Princeton University Press.

[17] Hamilton, J. D., 1994. *Time Series Analysis.* Princeton University Press.

[18] Wooldridge, J. M., 2010. *Econometric Analysis of Cross Section and Panel Data.* The MIT Press.

さまざまな難易度の本がありますが，最初に読む本としては[15]が優れています．行列で説明がされていますが，証明が丁寧なため，理解が容易な書籍となっています．行列に馴染みがない読者にはとくにお勧めです．さらに勉強したい方は[16]がよいでしょう．また，専門的にさらに勉強したい方は，時系列分析なら[17]，ミクロ計量なら[18]をお勧めします．

付表一覧

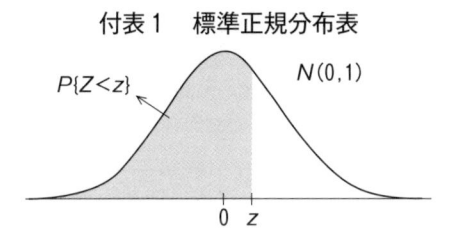

付表1　標準正規分布表

$P\{Z<z\}$　　$N(0,1)$

z	0.00	0.01	0.02	0.03	0.04	0.05	0.06	0.07	0.08	0.09
0.0	0.5000	0.5040	0.5080	0.5120	0.5160	0.5199	0.5239	0.5279	0.5319	0.5359
0.1	0.5398	0.5438	0.5478	0.5517	0.5557	0.5596	0.5636	0.5675	0.5714	0.5753
0.2	0.5793	0.5832	0.5871	0.5910	0.5948	0.5987	0.6026	0.6064	0.6103	0.6141
0.3	0.6179	0.6217	0.6255	0.6293	0.6331	0.6368	0.6406	0.6443	0.6480	0.6517
0.4	0.6554	0.6591	0.6628	0.6664	0.6700	0.6736	0.6772	0.6808	0.6844	0.6879
0.5	0.6915	0.6950	0.6985	0.7019	0.7054	0.7088	0.7123	0.7157	0.7190	0.7224
0.6	0.7257	0.7291	0.7324	0.7357	0.7389	0.7422	0.7454	0.7486	0.7517	0.7549
0.7	0.7580	0.7611	0.7642	0.7673	0.7704	0.7734	0.7764	0.7794	0.7823	0.7852
0.8	0.7881	0.7910	0.7939	0.7967	0.7995	0.8023	0.8051	0.8078	0.8106	0.8133
0.9	0.8159	0.8186	0.8212	0.8238	0.8264	0.8289	0.8315	0.8340	0.8365	0.8389
1.0	0.8413	0.8438	0.8461	0.8485	0.8508	0.8531	0.8554	0.8577	0.8599	0.8621
1.1	0.8643	0.8665	0.8686	0.8708	0.8729	0.8749	0.8770	0.8790	0.8810	0.8830
1.2	0.8849	0.8869	0.8888	0.8907	0.8925	0.8944	0.8962	0.8980	0.8997	0.9015
1.3	0.9032	0.9049	0.9066	0.9082	0.9099	0.9115	0.9131	0.9147	0.9162	0.9177
1.4	0.9192	0.9207	0.9222	0.9236	0.9251	0.9265	0.9279	0.9292	0.9306	0.9319
1.5	0.9332	0.9345	0.9357	0.9370	0.9382	0.9394	0.9406	0.9418	0.9429	0.9441
1.6	0.9452	0.9463	0.9474	0.9484	0.9495	0.9505	0.9515	0.9525	0.9535	0.9545
1.7	0.9554	0.9564	0.9573	0.9582	0.9591	0.9599	0.9608	0.9616	0.9625	0.9633
1.8	0.9641	0.9649	0.9656	0.9664	0.9671	0.9678	0.9686	0.9693	0.9699	0.9706
1.9	0.9713	0.9719	0.9726	0.9732	0.9738	0.9744	0.9750	0.9756	0.9761	0.9767
2.0	0.9772	0.9778	0.9783	0.9788	0.9793	0.9798	0.9803	0.9808	0.9812	0.9817
2.1	0.9821	0.9826	0.9830	0.9834	0.9838	0.9842	0.9846	0.9850	0.9854	0.9857
2.2	0.9861	0.9864	0.9868	0.9871	0.9875	0.9878	0.9881	0.9884	0.9887	0.9890
2.3	0.9893	0.9896	0.9898	0.9901	0.9904	0.9906	0.9909	0.9911	0.9913	0.9916
2.4	0.9918	0.9920	0.9922	0.9925	0.9927	0.9929	0.9931	0.9932	0.9934	0.9936
2.5	0.9938	0.9940	0.9941	0.9943	0.9945	0.9946	0.9948	0.9949	0.9951	0.9952
2.6	0.9953	0.9955	0.9956	0.9957	0.9959	0.9960	0.9961	0.9962	0.9963	0.9964
2.7	0.9965	0.9966	0.9967	0.9968	0.9969	0.9970	0.9971	0.9972	0.9973	0.9974
2.8	0.9974	0.9975	0.9976	0.9977	0.9977	0.9978	0.9979	0.9979	0.9980	0.9981
2.9	0.9981	0.9982	0.9982	0.9983	0.9984	0.9984	0.9985	0.9985	0.9986	0.9986
3.0	0.9987	0.9987	0.9987	0.9988	0.9988	0.9989	0.9989	0.9989	0.9990	0.9990

付表2　χ^2 分布表

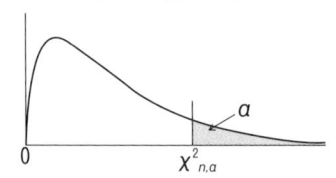

n \ α	0.995	0.99	0.975	0.95	0.90	0.10	0.05	0.025	0.01	0.005
1	0.00004	0.00016	0.00098	0.0039	0.0158	2.71	3.84	5.02	6.63	7.88
2	0.010	0.020	0.051	0.103	0.211	4.61	5.99	7.38	9.21	10.60
3	0.072	0.115	0.216	0.352	0.584	6.25	7.81	9.35	11.34	12.84
4	0.207	0.297	0.484	0.711	1.06	7.78	9.49	11.14	13.28	14.86
5	0.412	0.554	0.831	1.15	1.61	9.24	11.07	12.83	15.09	16.75
6	0.676	0.872	1.24	1.64	2.20	10.64	12.59	14.45	16.81	18.55
7	0.989	1.24	1.69	2.17	2.83	12.02	14.07	16.01	18.48	20.28
8	1.34	1.65	2.18	2.73	3.49	13.36	15.51	17.53	20.09	21.95
9	1.73	2.09	2.70	3.33	4.17	14.68	16.92	19.02	21.67	23.59
10	2.16	2.56	3.25	3.94	4.87	15.99	18.31	20.48	23.21	25.19
11	2.60	3.05	3.82	4.57	5.58	17.28	19.68	21.92	24.72	26.76
12	3.07	3.57	4.40	5.23	6.30	18.55	21.03	23.34	26.22	28.30
13	3.57	4.11	5.01	5.89	7.04	19.81	22.36	24.74	27.69	29.82
14	4.07	4.66	5.63	6.57	7.79	21.06	23.68	26.12	29.14	31.32
15	4.60	5.23	6.26	7.26	8.55	22.31	25.00	27.49	30.58	32.80
16	5.14	5.81	6.91	7.96	9.31	23.54	26.30	28.85	32.00	34.27
17	5.70	6.41	7.56	8.67	10.09	24.77	27.59	30.19	33.41	35.72
18	6.26	7.01	8.23	9.39	10.86	25.99	28.87	31.53	34.81	37.16
19	6.84	7.63	8.91	10.12	11.65	27.20	30.14	32.85	36.19	38.58
20	7.43	8.26	9.59	10.85	12.44	28.41	31.41	34.17	37.57	40.00
21	8.03	8.90	10.28	11.59	13.24	29.62	32.67	35.48	38.93	41.40
22	8.64	9.54	10.98	12.34	14.04	30.81	33.92	36.78	40.29	42.80
23	9.26	10.20	11.69	13.09	14.85	32.01	35.17	38.08	41.64	44.18
24	9.89	10.86	12.40	13.85	15.66	33.20	36.42	39.36	42.98	45.56
25	10.52	11.52	13.12	14.61	16.47	34.38	37.65	40.65	44.31	46.93
26	11.16	12.20	13.84	15.38	17.29	35.56	38.89	41.92	45.64	48.29
27	11.81	12.88	14.57	16.15	18.11	36.74	40.11	43.19	46.96	49.64
28	12.46	13.56	15.31	16.93	18.94	37.92	41.34	44.46	48.28	50.99
29	13.12	14.26	16.05	17.71	19.77	39.09	42.56	45.72	49.59	52.34
30	13.79	14.95	16.79	18.49	20.60	40.26	43.77	46.98	50.89	53.67
40	20.71	22.16	24.43	26.51	29.05	51.81	55.76	59.34	63.69	66.77
50	27.99	29.71	32.36	34.76	37.69	63.17	67.50	71.42	76.15	79.49
100	67.33	70.06	74.22	77.93	82.36	118.50	124.34	129.56	135.81	140.17

付表 3　t 分布表

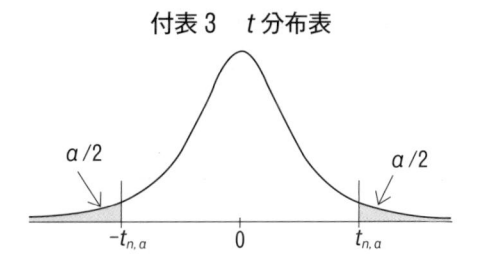

α $\backslash$ n	0.2	0.1	0.05	0.02	0.01
1	3.078	6.314	12.706	31.821	63.657
2	1.886	2.920	4.303	6.965	9.925
3	1.638	2.353	3.182	4.541	5.841
4	1.533	2.132	2.776	3.747	4.604
5	1.476	2.015	2.571	3.365	4.032
6	1.440	1.943	2.447	3.143	3.707
7	1.415	1.895	2.365	2.998	3.499
8	1.397	1.860	2.306	2.896	3.355
9	1.383	1.833	2.262	2.821	3.250
10	1.372	1.812	2.228	2.764	3.169
11	1.363	1.796	2.201	2.718	3.106
12	1.356	1.782	2.179	2.681	3.055
13	1.350	1.771	2.160	2.650	3.012
14	1.345	1.761	2.145	2.624	2.977
15	1.341	1.753	2.131	2.602	2.947
16	1.337	1.746	2.120	2.583	2.921
17	1.333	1.740	2.110	2.567	2.898
18	1.330	1.734	2.101	2.552	2.878
19	1.328	1.729	2.093	2.539	2.861
20	1.325	1.725	2.086	2.528	2.845
21	1.323	1.721	2.080	2.518	2.831
22	1.321	1.717	2.074	2.508	2.819
23	1.319	1.714	2.069	2.500	2.807
24	1.318	1.711	2.064	2.492	2.797
25	1.316	1.708	2.060	2.485	2.787
26	1.315	1.706	2.056	2.479	2.779
27	1.314	1.703	2.052	2.473	2.771
28	1.313	1.701	2.048	2.467	2.763
29	1.311	1.699	2.045	2.462	2.756
30	1.310	1.697	2.042	2.457	2.750
40	1.303	1.684	2.021	2.423	2.704
50	1.299	1.676	2.009	2.403	2.678
100	1.290	1.660	1.984	2.364	2.626
∞	1.282	1.645	1.960	2.326	2.576

付表4　F 分布表（上側 5％点）

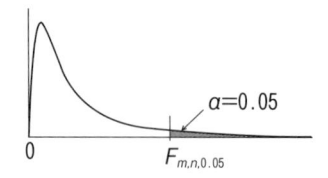

$$\alpha = 0.05$$

$F_{m,n,0.05}$

m \ n	1	2	3	4	5	6	7	8	9	10	12	15	20	30	∞
1	161	199	216	225	230	234	237	239	241	242	244	246	248	250	254
2	18.5	19.0	19.2	19.2	19.3	19.3	19.4	19.4	19.4	19.4	19.4	19.4	19.4	19.5	19.5
3	10.13	9.55	9.28	9.12	9.01	8.94	8.89	8.85	8.81	8.79	8.74	8.70	8.66	8.62	8.53
4	7.71	6.94	6.59	6.39	6.26	6.16	6.09	6.04	6.00	5.96	5.91	5.86	5.80	5.75	5.63
5	6.61	5.79	5.41	5.19	5.05	4.95	4.88	4.82	4.77	4.74	4.68	4.62	4.56	4.50	4.37
6	5.99	5.14	4.76	4.53	4.39	4.28	4.21	4.15	4.10	4.06	4.00	3.94	3.87	3.81	3.67
7	5.59	4.74	4.35	4.12	3.97	3.87	3.79	3.73	3.68	3.64	3.57	3.51	3.44	3.38	3.23
8	5.32	4.46	4.07	3.84	3.69	3.58	3.50	3.44	3.39	3.35	3.28	3.22	3.15	3.08	2.93
9	5.12	4.26	3.86	3.63	3.48	3.37	3.29	3.23	3.18	3.14	3.07	3.01	2.94	2.86	2.71
10	4.96	4.10	3.71	3.48	3.33	3.22	3.14	3.07	3.02	2.98	2.91	2.85	2.77	2.70	2.54
11	4.84	3.98	3.59	3.36	3.20	3.09	3.01	2.95	2.90	2.85	2.79	2.72	2.65	2.57	2.40
12	4.75	3.89	3.49	3.26	3.11	3.00	2.91	2.85	2.80	2.75	2.69	2.62	2.54	2.47	2.30
13	4.67	3.81	3.41	3.18	3.03	2.92	2.83	2.77	2.71	2.67	2.60	2.53	2.46	2.38	2.21
14	4.60	3.74	3.34	3.11	2.96	2.85	2.76	2.70	2.65	2.60	2.53	2.46	2.39	2.31	2.13
15	4.54	3.68	3.29	3.06	2.90	2.79	2.71	2.64	2.59	2.54	2.48	2.40	2.33	2.25	2.07
16	4.49	3.63	3.24	3.01	2.85	2.74	2.66	2.59	2.54	2.49	2.42	2.35	2.28	2.19	2.01
17	4.45	3.59	3.20	2.96	2.81	2.70	2.61	2.55	2.49	2.45	2.38	2.31	2.23	2.15	1.96
18	4.41	3.55	3.16	2.93	2.77	2.66	2.58	2.51	2.46	2.41	2.34	2.27	2.19	2.11	1.92
19	4.38	3.52	3.13	2.90	2.74	2.63	2.54	2.48	2.42	2.38	2.31	2.23	2.16	2.07	1.88
20	4.35	3.49	3.10	2.87	2.71	2.60	2.51	2.45	2.39	2.35	2.28	2.20	2.12	2.04	1.84
21	4.32	3.47	3.07	2.84	2.68	2.57	2.49	2.42	2.37	2.32	2.25	2.18	2.10	2.01	1.81
22	4.30	3.44	3.05	2.82	2.66	2.55	2.46	2.40	2.34	2.30	2.23	2.15	2.07	1.98	1.78
23	4.28	3.42	3.03	2.80	2.64	2.53	2.44	2.37	2.32	2.27	2.20	2.13	2.05	1.96	1.76
24	4.26	3.40	3.01	2.78	2.62	2.51	2.42	2.36	2.30	2.25	2.18	2.11	2.03	1.94	1.73
25	4.24	3.39	2.99	2.76	2.60	2.49	2.40	2.34	2.28	2.24	2.16	2.09	2.01	1.92	1.71
30	4.17	3.32	2.92	2.69	2.53	2.42	2.33	2.27	2.21	2.16	2.09	2.01	1.93	1.84	1.62
40	4.08	3.23	2.84	2.61	2.45	2.34	2.25	2.18	2.12	2.08	2.00	1.92	1.84	1.74	1.51
50	4.03	3.18	2.79	2.56	2.40	2.29	2.20	2.13	2.07	2.03	1.95	1.87	1.78	1.69	1.44
100	3.94	3.09	2.70	2.46	2.31	2.19	2.10	2.03	1.97	1.93	1.85	1.77	1.68	1.57	1.28
∞	3.84	3.00	2.60	2.37	2.21	2.10	2.01	1.94	1.88	1.83	1.75	1.67	1.57	1.46	1.00

付表5　F分布表（上側1％点）

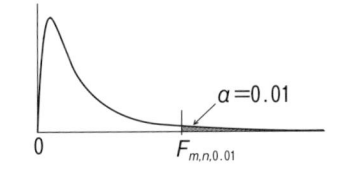

$\alpha = 0.01$, $F_{m,n,0.01}$

m\n	1	2	3	4	5	6	7	8	9	10	12	15	20	30	∞
1	4052	4999	5403	5625	5764	5859	5928	5981	6022	6056	6106	6157	6209	6261	6366
2	98.5	99.0	99.2	99.2	99.3	99.3	99.4	99.4	99.4	99.4	99.4	99.4	99.4	99.5	99.5
3	34.1	30.8	29.5	28.7	28.2	27.9	27.7	27.5	27.3	27.2	27.1	26.9	26.7	26.5	26.1
4	21.2	18.0	16.7	16.0	15.5	15.2	15.0	14.8	14.7	14.5	14.4	14.2	14.0	13.8	13.5
5	16.3	13.3	12.1	11.4	11.0	10.7	10.5	10.3	10.2	10.1	9.89	9.72	9.55	9.38	9.02
6	13.7	10.9	9.78	9.15	8.75	8.47	8.26	8.10	7.98	7.87	7.72	7.56	7.40	7.23	6.88
7	12.2	9.55	8.45	7.85	7.46	7.19	6.99	6.84	6.72	6.62	6.47	6.31	6.16	5.99	5.65
8	11.3	8.65	7.59	7.01	6.63	6.37	6.18	6.03	5.91	5.81	5.67	5.52	5.36	5.20	4.86
9	10.6	8.02	6.99	6.42	6.06	5.80	5.61	5.47	5.35	5.26	5.11	4.96	4.81	4.65	4.31
10	10.0	7.56	6.55	5.99	5.64	5.39	5.20	5.06	4.94	4.85	4.71	4.56	4.41	4.25	3.91
11	9.65	7.21	6.22	5.67	5.32	5.07	4.89	4.74	4.63	4.54	4.40	4.25	4.10	3.94	3.60
12	9.33	6.93	5.95	5.41	5.06	4.82	4.64	4.50	4.39	4.30	4.16	4.01	3.86	3.70	3.36
13	9.07	6.70	5.74	5.21	4.86	4.62	4.44	4.30	4.19	4.10	3.96	3.82	3.66	3.51	3.17
14	8.86	6.51	5.56	5.04	4.69	4.46	4.28	4.14	4.03	3.94	3.80	3.66	3.51	3.35	3.00
15	8.68	6.36	5.42	4.89	4.56	4.32	4.14	4.00	3.89	3.80	3.67	3.52	3.37	3.21	2.87
16	8.53	6.23	5.29	4.77	4.44	4.20	4.03	3.89	3.78	3.69	3.55	3.41	3.26	3.10	2.75
17	8.40	6.11	5.18	4.67	4.34	4.10	3.93	3.79	3.68	3.59	3.46	3.31	3.16	3.00	2.65
18	8.29	6.01	5.09	4.58	4.25	4.01	3.84	3.71	3.60	3.51	3.37	3.23	3.08	2.92	2.57
19	8.18	5.93	5.01	4.50	4.17	3.94	3.77	3.63	3.52	3.43	3.30	3.15	3.00	2.84	2.49
20	8.10	5.85	4.94	4.43	4.10	3.87	3.70	3.56	3.46	3.37	3.23	3.09	2.94	2.78	2.42
21	8.02	5.78	4.87	4.37	4.04	3.81	3.64	3.51	3.40	3.31	3.17	3.03	2.88	2.72	2.36
22	7.95	5.72	4.82	4.31	3.99	3.76	3.59	3.45	3.35	3.26	3.12	2.98	2.83	2.67	2.31
23	7.88	5.66	4.76	4.26	3.94	3.71	3.54	3.41	3.30	3.21	3.07	2.93	2.78	2.62	2.26
24	7.82	5.61	4.72	4.22	3.90	3.67	3.50	3.36	3.26	3.17	3.03	2.89	2.74	2.58	2.21
25	7.77	5.57	4.68	4.18	3.85	3.63	3.46	3.32	3.22	3.13	2.99	2.85	2.70	2.54	2.17
30	7.56	5.39	4.51	4.02	3.70	3.47	3.30	3.17	3.07	2.98	2.84	2.70	2.55	2.39	2.01
40	7.31	5.18	4.31	3.83	3.51	3.29	3.12	2.99	2.89	2.80	2.66	2.52	2.37	2.20	1.80
50	7.17	5.06	4.20	3.72	3.41	3.19	3.02	2.89	2.78	2.70	2.56	2.42	2.27	2.10	1.68
100	6.90	4.82	3.98	3.51	3.21	2.99	2.82	2.69	2.59	2.50	2.37	2.22	2.07	1.89	1.43
∞	6.63	4.61	3.78	3.32	3.02	2.80	2.64	2.51	2.41	2.32	2.18	2.04	1.88	1.70	1.00

索 引

【ア行】

i.i.d　　267, 333
一時的ダミー　　299, 300
一様分布　　168
一致推定量　　178
一致性　　177, 271, 273
因果関係　　65
F 分布　　235
F 分布表　　237, 358, 359, 237
横断面データ　　4, 283, 309

【カ行】

回帰係数　　245
回帰直線　　252
回帰分析　　15, 18, 245, 246, 247
階級値　　27
χ^2 分布　　221
χ^2 分布表　　222, 356
階乗　　144, 322
回答のランダム化　　9
確率　　11, 77
確率収束　　178
確率的モデル　　265, 291, 292
確率の公理　　84
確率分布　　110
確率変数　　109, 172
加重平均　　35
仮説検定　　14, 193, 275
片側検定　　194

加法定理　　87, 102
頑健性　　315
関数　　78, 176
観測番号　　3
観測表　　26
管理図　　189, 227
棄却域　　195, 197, 279
危険率　　198
記述統計　　2, 25, 53
季節性　　306, 307
季節ダミー　　306
期待値　　111
帰無仮説　　14, 193
共分散　　127, 129
空事象　　76
区間推定　　171, 183
組合せ　　166, 323
経験的確率　　79
係数ダミー　　303
結果事象　　99
決定係数　　255, 256, 282, 294, 339
原因事象　　99
検定力　　197
恒等式　　318
誤差項　　265, 274, 291
固定効果モデル　　309, 310, 318
コブ＝ダグラス生産関数　　260, 261

【サ行】

最小 2 乗推定量　　250, 262, 270, 293

最小2乗法　249, 250
最小分散不偏推定量　183, 270
採択域　195, 279
最頻値　32
差の検定　209
残差　249, 263
残差2乗和　249, 262, 293
散布図　53
サンプルサイズ　1, 29
時間効果　318
Σ　29, 319
時系列データ　4, 283, 309
試行　75
事象　75
指数　324
指数関数　146, 324
システマティック・リスク　157, 160
自然対数　264, 327
自然対数の差　328
実現値　109, 172
社会調査　8
重回帰モデル　245, 291
自由度　221
自由度調整済み決定係数　293, 294, 339
周辺確率分布　124
重力モデル　304
主観的確率　83
順列　323
条件付き確率　90
小数の法則　18
小標本　181, 224, 228, 232
乗法定理　94
信頼区間　184, 185, 275, 276, 339
信頼度　184, 185
推測統計　2
推定誤差　177

推定値　176, 270
推定量　176, 270
正規分布　146, 267
正規方程式　262
正規母集団　172, 225
正の相関　55, 58, 128
積事象　76, 90
積和　263, 321
説明変数　245
説明変数の重要性　280, 315
線形関係　63, 245, 258
線形結合　155, 275
線形変換　40, 44, 114, 120, 320
先験的確率　78
セント・ペテルスブルクの逆説　112
相関　55, 65
相関係数　130
相対度数　27, 79, 80
総和　29, 319

【タ行】

第1種の過誤　197, 199
対数　326
対数関数　326
大数の法則　80, 81, 112
第2種の過誤　197, 199
大標本　181
対立仮説　14, 193
多重共線性　295, 296, 309
ダミー変数　299
単回帰モデル　245
誕生日問題　105
弾力性　329
チェビシェフの不等式　139
中央値　30
中心極限定理　161, 181, 268
底　146, 324

索 引

t 検定　276, 278
定数ダミー　303
t 値　279, 339
t 統計量　276, 278
t 分布　228, 229
t 分布表　230, 357, 230
データ　1
点推定　171, 179
統計値　176
統計的有意性　280, 315
統計量　176
同時確率　87, 92, 123
同時確率分布表　123
特性値　29
独立　95, 128, 136
度数　26
度数分布表　26, 27
トレンド　282, 283, 284

【ナ行】

二項分布　144
二項分布の正規近似　163
二重和　136, 321
ネイピア数　146, 326

【ハ行】

バイアス　5, 177, 293
排反　77, 107
外れ値　29, 30, 32, 299
パネルデータ　4, 309
ばらつき　38, 116
パラメータ　245
p 値　280, 339
ヒストグラム　27
被説明変数　245
非線形関係　68, 259
非復元抽出　333

標準化　152, 153
標準誤差　177, 271
標準正規分布　149, 151
標準正規分布表　151, 355
標準的仮定　266
標準偏差　116, 117, 177
標本　1
標本共分散　60
標本空間　75
標本相関係数　62
標本点　75
標本標準偏差　40
標本分散　39, 118, 159
標本変動　171
フィリップス曲線　258
復元抽出　333
含む　77, 86
負の相関　55, 58, 128
不偏推定量　177, 271
不偏性　177, 270
分割表　72
分散　116, 117, 118
分散投資　131, 133, 157
分散比の検定　237
平均　29
平均2乗誤差　190
平均への回帰　246, 247, 248
ベイズの定理　13, 98, 99, 105
ベルヌーイ分布　141
変化率　56, 59, 283, 328
偏差　39, 116
ベン図　76
ベンフォードの法則　207
変量効果モデル　310
母集団　1
母数　171, 245
母分散　171

母平均　　171, 182
母割合　　171, 181

【マ行】

見せかけの回帰　　285
見せかけの相関　　66
密度関数　　134, 146, 151, 169
無限母集団　　3
無作為抽出　　5, 9, 175
無相関　　58
モデル　　245

【ヤ行】

有意水準　　198, 199, 201, 279
有効回答率　　8
有効性　　179, 270
弱い意味の多重共線性　　297
余事象　　76, 84
予測値　　252

【ラ行】

ランダム　　18, 96
ランダムウォーク　　57
離散確率分布　　110, 141
離散確率変数　　109
離散変数　　4
両側検定　　194, 205
理論値　　252
累積相対度数　　27
累積分布関数　　168
連続確率分布　　110, 141, 146
連続確率変数　　109, 134
連続変数　　4
労働分配率　　260, 261

【ワ行】

和記法　　319
和事象　　76, 87

【著者紹介】
藪　友良（やぶ　ともよし）
1997年　法政大学経済学部卒業．
1999年　一橋大学大学院経済学研究科修士号取得．
2006年　ボストン大学大学院経済学研究科Ph. D.（経済学）取得．
日本銀行エコノミスト，筑波大学システム情報系専任講師を経て，
現在，慶應義塾大学商学部教授．

主要論文・著書
藪友良（2023）『入門 実践する計量経済学』東洋経済新報社．
Perron, P. and Yabu, T. (2009) "Estimating Deterministic Trends with an Integrated or Stationary Noise Component," *Journal of Econometrics* 151(1).
Perron, P. and Yabu, T. (2009) "Testing for Shifts in Trend with an Integrated or Stationary Noise Component," *Journal of Business & Economic Statistics* 27(3).
Ito, T. and Yabu, T. (2007) "What Prompts Japan to Intervene in the Forex Market: A New Approach to a Reaction Function," *Journal of International Money and Finance* 26(2).
ほか多数．

入門　実践する統計学
2012年10月4日　第1刷発行
2025年3月17日　第10刷発行

著　者　藪　友良
発行者　山田徹也

〒103-8345
発行所　東京都中央区日本橋本石町1-2-1　東洋経済新報社
　　　　電話　東洋経済コールセンター03(6386)1040
印刷・製本　丸井工文社

本書のコピー，スキャン，デジタル化等の無断複製は，著作権法上での例外である私的利用を除き禁じられています．本書を代行業者等の第三者に依頼してコピー，スキャンやデジタル化することは，たとえ個人や家庭内での利用であっても一切認められておりません．
Ⓒ 2012（検印省略）落丁・乱丁本はお取替えいたします．
Printed in Japan　　ISBN 978-4-492-47085-5　　https://toyokeizai.net/